智能制造系列丛书

轮胎设计研发智能化技术

曹金凤 等著

机械工业出版社

本书分为两部分，共包含6章：第一部分为第1章，介绍了轮胎设计研发智能化技术相关配置，为后面章节的学习奠定基础；第二部分为第2~6章，分别详细介绍了基于计算机视觉的轮胎高效建模技术、轮胎断面网格自动划分技术、轮胎设计仿真一体化技术、深度学习算法与轮胎性能预测、轮胎缺陷与损伤识别技术。书中通过大量的实例脚本和详细注释介绍了编写调试脚本的方法、技巧和注意事项，以提高轮胎建模、设计、仿真分析及预测的效率和准确度。

本书内容从实际应用出发，文字通俗易懂，深入浅出，读者不需要具备很深的理论和编程功底，即可轻松掌握相关技术。

本书主要面向具备一定 Python 编程基础和轮胎结构设计仿真基础的中级和高级用户，对于初级用户也有一定的参考价值。

图书在版编目（CIP）数据

轮胎设计研发智能化技术/曹金凤等著. —北京：机械工业出版社，2023.2
（智能制造系列丛书）
ISBN 978-7-111-72493-3

Ⅰ.①轮… Ⅱ.①曹… Ⅲ.①智能技术-应用-轮胎-设计-研究
Ⅳ.①TQ336.1-39

中国国家版本馆 CIP 数据核字（2023）第 010258 号

机械工业出版社（北京市百万庄大街 22 号　邮政编码 100037）
策划编辑：孔　劲　　　　责任编辑：孔　劲　李含杨
责任校对：陈　越　李　杉　　封面设计：马精明
责任印制：郜　敏
中煤（北京）印务有限公司印刷
2023 年 4 月第 1 版第 1 次印刷
184mm×260mm · 16.75 印张 · 391 千字
标准书号：ISBN 978-7-111-72493-3
定价：119.00 元

电话服务	网络服务
客服电话：010-88361066	机 工 官 网：www.cmpbook.com
010-88379833	机 工 官 博：weibo.com/cmp1952
010-68326294	金 书 网：www.golden-book.com
封底无防伪标均为盗版	机工教育服务网：www.cmpedu.com

序　一

轮胎行业的设计仿真大多选用达索系统 SIMULIA 品牌旗下的 Abaqus 软件作为分析工具，该软件被广泛地认为是功能最强大的有限元分析软件之一，可以分析复杂的固体力学、流固耦合、结构力学系统等问题，特别是能够驾驭十分庞大复杂和高度非线性问题。

Abaqus/CAE 是 Abaqus 的前后处理器和用户交互界面，其软件架构工程师在开发之初，就十分明智地选择了功能强大的 Python 作为内核脚本语言，并内置了 Python 脚本接口，为用户二次开发奠定了基础。任何一位 Abaqus 用户都可以通过 Python 编程提高 Abaqus 仿真分析的效率，少则数十倍，多则上万倍。

除此之外，Python 语言在深度学习框架结构、数据分析和机器视觉领域等，都受到工程技术人员和读者的广泛欢迎。例如，谷歌发布的深度学习框架 TensorFlow、FaceBook 推出的机器学习库 PyTorch，数据分析库 Numpy、Pandas 等都采用 Python 语言编写，易学易上手，且开发效率高。通常情况下，读者希望实现的大部分功能，Python 官方库里都有相应的模块支持，直接下载调用后，再进行开发，能够大大降低开发周期，提高研发效率。

2020 年，曹金凤博士出版了《Python 语言在 Abaqus 中的应用第 2 版》，出版两年来已重印 3 次，这充分说明了以 Abaqus 软件、Python 语言为代表的工程仿真分析技术已经成为当前产品开发研究的热点方向之一。企业对研发技术愈来愈重视，对提高设计仿真研发效率、实现知识工程化的需求愈加旺盛。本书针对“轮胎”这一特定研究对象，将 Python 语言与 Abaqus 软件结合，首次在该行业引入机器视觉和深度学习算法进行快速建模和分析预测，逐步帮助企业实现轮胎仿真工作从传统手工建模、划分网格，向设计仿真一体化和智能化设计方向发展。相信广大读者阅读本书后，会让轮胎设计仿真分析工作更加高效，助力和引领轮胎行业设计研发的数字化和智能化，从而增强企业的产品竞争力。

再次感谢曹老师对我公司和 Abaqus 软件的持续深入应用和撰写高水平书籍！预祝本书畅销，读者越来越多，应用越来越火！

白锐

达索系统中国区仿真技术总监

序 二

随着中国轮胎行业近些年来的发展，我们与世界一流轮胎企业之间的差距，无论是从市场份额、产品质量，还是从产品技术应用上都在不断缩小。但随着市场的变化越来越快，对轮胎产品的开发、产品的新技术和开发周期都提出了新的挑战。这些年，我们与世界龙头轮胎企业的差距从轮胎质量、产品技术应用逐步转移到数字化技术的应用。近些年，国外的轮胎企业加大了在轮胎虚拟试验和数字化研发方面的投入，我国的轮胎企业要想跻身世界前列，发展数字化研发是必要条件，而数字化研发的主要手段之一就是借助功能强大的仿真技术。

Abaqus 软件强大的非线性仿真能力是轮胎行业选之成为仿真分析工具的主要原因，该软件被广泛地认为是功能最强大的有限元分析软件之一，特别是能够驾驭非常庞大复杂的问题和模拟高度非线性问题。

曹金凤教授作为达索系统旗下 Abaqus 软件进入中国的最早一批将其应用在轮胎行业实践中的导师，开展了大量的培训和轮胎仿真技术研究工作，为我国的轮胎行业仿真分析发展及人才培养做出了卓越的贡献。

从 2009 年至今，曹金凤教授先后出版了《Abaqus 有限元分析常见问题解答》《Python 语言在 Abaqus 中的应用》（第 1 版和第 2 版）、《Abaqus 有限元分析常见问题解答与实用技巧》等书籍，均已重印多次，这充分说明了以 Abaqus 软件、Python 语言为代表的设计仿真二次开发已经成为当下研究热点之一。随着企业对数字化、智能化等现代研发技术的重视，提高设计仿真效率、实现知识工程化的需求越来越迫切，在此背景下，本书针对“轮胎”这一特定研究对象，引入机器视觉和深度学习算法进行快速建模和分析预测，将 Python 语言与 Abaqus 软件结合以提高建模和网格自动化效率，加速轮胎的设计研发。相信广大读者阅读本书后，会让轮胎设计仿真分析工作更加高效，使企业知识能够得到有效沉淀，从而增强企业的竞争力。

期待本书能够为中国轮胎行业数字化研发技术指引方向，预祝“她”畅销，应用越来越广！

金永春
达索系统大中华区轮胎行业高级顾问
于上海

前　言

轮胎是各种车辆或机械的接地滚动圆环形弹性橡胶制品，具有支承车身、缓冲外界冲击，实现与路面接触并保证车辆平稳行驶的功能。由于轮胎经常在复杂多变的路况使用，行驶过程中还承受复杂负荷及高低温作用，因此必须具有良好的承载性、牵引性、缓冲性、耐磨性等。随着汽车行业的迅速发展，我国已经成为全球最大的轮胎生产国。各大轮胎企业纷纷引进新技术，采购或开发新软件，研发新产品，以保持其在轮胎设计制造领域的优势。例如，开发建模速度快、效率高的软件或插件，开发设计仿真一体化平台，开发网格自动化划分软件等是轮胎企业的迫切需求。

2011 年和 2020 年，笔者分别出版了《Python 语言在 Abaqus 中的应用》一书的第 1 版和第 2 版，书中介绍了将 Python 语言与 Abaqus 软件结合进行二次开发的相关知识。鉴于轮胎企业大多采用 Abaqus 软件作为仿真分析的工具，以及笔者积累的 Python 二次开发经验，针对复杂轮胎结构这一特定研究对象，做了一些研究工作。目前，国内针对“轮胎”这一研究对象，引入计算机视觉技术、深度学习算法等人工智能技术的书籍较少，笔者决定出版《轮胎设计研发智能化技术》一书，希望能够为轮胎行业用户提供一些帮助和借鉴。在撰写本书的过程中，笔者时刻警醒自己，尽最大所能将内容介绍清楚，让读者真正学会轮胎设计研发智能化技术。但是，使用 Python 语言开发本身就是一项庞大的课题，将它与轮胎结构这一对象绑定，并引入深度学习算法进行分析预测，就变得更加复杂。笔者深感无法在一本书中将所有内容都介绍清楚，如果本书能够为读者在学习、科研或项目实施过程中提供一点思路，就感觉到十分欣慰了。

本书由曹金凤负责章节内容的安排和全书统稿工作，由曹英杰负责第 1 章和第 5 章内容的撰写和整理工作，由李策负责第 2 章内容的撰写和整理工作，由曹金凤和王志文负责第 3 章和第 4 章内容的撰写和整理工作，由沈大港负责第 6 章内容的撰写和整理工作。

本书主要面向具备一定 Python 编程基础和轮胎结构设计仿真基础的中级和高级用户，对于初级用户也有一定的参考价值。

在开始学习本书前，假设读者已经掌握了 Python 语言基础知识，熟悉轮胎设计仿真流程，熟悉 Abaqus/CAE 的操作界面，了解深度学习算法基础知识。如果使用本书过程中遇到问题，可以参考笔者撰写的《Python 语言在 Abaqus 中的应用第 2 版》《Abaqus 有限元分析常见问题解答与实用技巧》等书籍，也可以下载运行随书资源包的源代码，以提高学习效率。（链接：https://pan.baidu.com/s/1wi3uY8Y2J_fYsJu-GOq0LA，提取码：1234，也可扫描下方二维码下载）

说明：

◇ 为了便于读者学习具体的设计研发智能化技术，第 1 章详细介绍了软件及模块的配置方法，为后面章节的学习奠定基础。

◇ 本书内容从实际应用出发，文字通俗易懂，深入浅出，读者不需要具备很深的理论知识，即可轻松地掌握相关智能化技术。

◇ 本书介绍了大量实例脚本的编写思路和方法，并对关键代码做了详细讲解。对于编写过程中可能出现的问题、应该避免的错误做法都通过“提示”或“注意”的方式给予提醒。

◇ 为了方便读者学习，书中所有实例的相关代码、图片等都放在随书资源包中。在提供实例脚本的基础上，读者可以修改或添加代码来满足实际编程过程中的需要。

◇ 为了便于讲解各行代码的含义，在每行代码的开始位置，笔者都使用了阿拉伯数字标识，而脚本源代码中这些标识都是不存在的。

◇ 本书在排版过程中，部分代码做了适当处理，当运行代码时，以随书资源包中提供的代码为准。

本书的写作与出版，得到了浦林成山（山东）轮胎有限公司山东省专业学位研究生教学案例库项目（SDYAL20112）和山东省自然科学基金项目（ZR2021QE059）的资助，在此表示衷心的感谢。

感谢达索系统中国区仿真技术总监白锐和大中华区轮胎行业高级顾问金永春在百忙之中为本书撰写了序言。在本书即将出版之际，向他们表示深深的谢意。

衷心感谢恩师中国矿业大学（北京）姜耀东教授给予笔者的大力支持、温暖鼓励、悉心帮助和指导，恩师严谨的科研精神、谦逊宽容的态度是我一生学习的榜样。

编写本书的过程中，笔者参考了一些机器视觉与深度学习算法的书籍、网站、帮助文档等，感谢这些作者的辛勤劳动。

感谢青岛理工大学机械与汽车工程学院各位同仁对本人工作的支持，让我可以心无旁骛地撰写本书。

感谢机械工业出版社负责本书审核校对工作的编辑们，在你们的辛勤劳动下，本书才能在第一时间与读者见面。

由于笔者水平有限，书中错误和纰漏之处在所难免，敬请各位专家和广大读者批评指正，并欢迎通过电子邮件 caojinfeng@ qut. edu. cn 与笔者交流。

曹金凤
于青岛

目　录

第1章 轮胎设计研发智能化技术相关配置

本章内容：

※ 1.1　安装 Python 语言
※ 1.2　安装 NumPy 库
※ 1.3　安装 Matplotlib 库
※ 1.4　安装 OpenCV 库
※ 1.5　安装 Pandas 库
※ 1.6　安装 Pillow 库
※ 1.7　安装 pyautocad 库
※ 1.8　安装 scikit-image 库
※ 1.9　安装 scikit-learn 库
※ 1.10　安装 torchvision 库
※ 1.11　安装 tqdm 库
※ 1.12　安装 PyTorch 框架
※ 1.13　安装 TensorFlow 框架
※ 1.14　本章小结

对复杂轮胎结构的智能化设计研发，首先需要搭建优秀的技术平台，对重复、复杂的建模、划分网格、仿真模拟、结果分析、缺陷损伤识别等工作“瘦身”，以提高设计研发效率。

本章将详细介绍轮胎设计研发智能化技术平台的配置方法和搭建过程，旨在帮助读者搭建研发平台，并通过简单、有趣、易理解的实例演示，让读者快速掌握每个库的功能和用法，为后续章节的研究奠定基础。

1.1 安装 Python 语言

由于本书所有内容都基于 Python 语言开发，因此本节将详细介绍下列内容：Python 语言的历史和特点、开发环境的配置、开发工具的选取和安装，最后通过一个简单的例子介绍如何编写和运行第 1 个 Python 程序。

1.1.1 Python 语言简介

1989 年，Guido von Rossum 为了打发圣诞节假期，在阿姆斯特丹开发了一门解释型编程语言 Python。这个名字来自 Guido 所挚爱的电视剧 Monty Python's Flying Circus，他希望Python语言是一种功能全面、易学易用、可拓展的语言。Python 语言近年来受到广大编程人员追捧的主要原因是它拥有很多优秀的“品质”，下面列出了最具代表性的 8 个：

1）简单性：Python 语言的代码简洁、易于阅读、保留字较少。Python3. 8 版本所有的保留字见表 1-1（按照英文字母排序）。与 C 语言不同，Python 语言中不包含分号（;）、begin、end 等标记，而是通过使用空格或制表键缩进的方式完成代码分隔，对代码格式的要求没有那么严格，让用户在编写代码时更加舒服。

表 1-1　Python 3. 8 版本所有保留字

保留字	说明
and	表达式运算，逻辑“和”操作
as	类型转换
assert	判断变量或条件表达式的值是否为真
break	中止循环语句的执行
class	定义类
continue	退出当前循环，继续执行下一次循环
def	定义函数或方法
del	删除变量或序列的值
elif	条件语句，与 if、else 联合使用
else	条件语句，与 if、elif 联合使用，也可以用于异常和循环语句
except	包含捕获异常后的操作代码块，与 try、finally 联合使用
exec	执行 Python 语句
finally	出现异常后始终执行 finally 代码块中的语句，与 try、except 联合使用
for	用于 for 循环语句
from	用于导入模块，与 import 联合使用
global	定义全局变量
if	条件判断语句，与 else、elif 联合使用
import	导入模块，与 from 联合使用
in	判断变量是否“包含”在序列中
is	判断变量是否“是”某个类的实例
lambda	定义匿名函数

（续）

保留字	说明
not	用于表达式运算，逻辑“非”操作
or	用于表达式运算，逻辑“或”操作
pass	空的类、方法或函数的占位符
print	输出语句
raise	抛出异常
return	返回函数的计算结果
try	测试可能出现异常的语句，与 except、finally 联合使用
while	while 循环语句
with	简化 Python 中的语句
yield	从 Generator 函数中每次返回 1 个值

2）健壮性：Python 语言提供了优秀的异常处理机制，能够捕获程序的异常情况。它的堆栈跟踪对象功能能够指出程序出错的位置和出错的原因。异常处理机制能够避免不安全退出，为程序员调试程序提供了极大的帮助。

3）开源、免费：Python 的开源体现在两方面：一是使用 Python 编写的代码是开源的；二是 Python 语言的解释器和库是开源的。

4）跨平台的解释型语言：Python 语言是解释型语言，它在运行过程中边解释边执行，具有可移植性好等优点。

5）面向对象性：面向对象的程序设计可以大大降低结构化程序设计的复杂性，使设计过程更贴近现实生活，编写程序的过程就如同说话办事一样简单。面向对象的程序设计抽象出对象的行为和属性，并将行为和属性分开后，再合理地组织在一起。Python 语言具有很强的面向对象的特性，它消除了保护类型、抽象类、接口等元素，使面向对象的概念更容易理解。

6）包含众多功能强大的库：Python 的库众多，基本实现了从简单的字符串处理到复杂的 3D 图形绘制的所有功能。Python 社区发展良好，除了官方提供的核心库，很多第三方机构开发了非常多优质的库。

7）可扩展性强：Python 语言是在 C 语言的基础上开发的，因此可以使用 C 语言来扩展 Python 语言，或者为 Python 语言添加新的模块、类等。大型非线性有限元分析软件 Abaqus 就是在 Python 语言的基础上扩展了自己的模块（例如，Part 模块、Property 模块等）。同样，Python 语言也可以嵌入 C、C++语言中，使程序具有脚本语言的特性。例如，如果希望保护某些算法，可以使用 C 语言或 C++语言来编写算法程序，并在 Python 程序中使用它们。

8）动态类型：在 Python 语言中，直接赋值就可以创建一个新的变量，而不需要单独声明，Python 语言也不会检查数据类型，这与 JavaScript、Perl 语言等类似。

1.1.2 搭建 Python 开发环境

目前，Python2. x 和 Python3. x 两个 Python 版本并存。Python2. x 是早期版本，解释器的名称是 Python，Python3. x 是 Python2. x 的升级版本，解释器名称是 Python3。为了方便读者学习和使用本书附带的代码资源，本书选取比较稳定的 Python 3. 8. 5 版本进行编程及演示。详细的安装步骤如下：

1）在随书资源包下列位置：\chapter 1\python-3. 8. 5-amd64. exe，双击打开进行安装。

2）勾选“Add Python 3. 8 to PATH”选项，单击自定义安装（Customize installation），如图 1-1 所示。

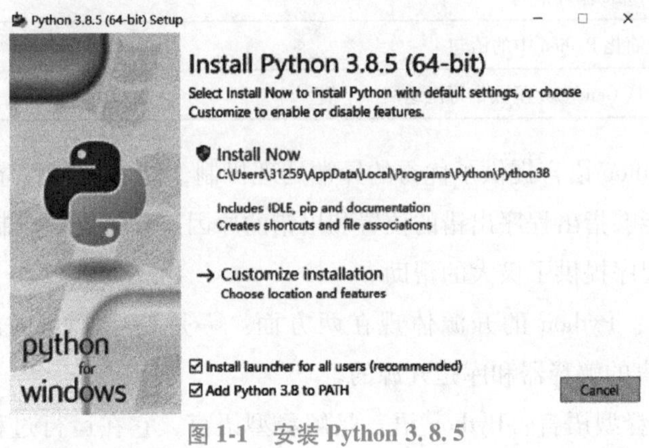

图 1-1 安装 Python 3. 8. 5

3）选择默认的勾选项，单击【Next】按钮，如图 1-2 所示。

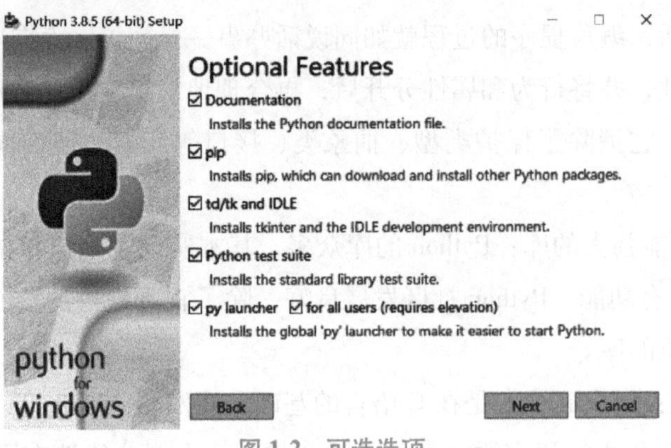

图 1-2 可选选项

4）如图 1-3 所示，勾选“Install for all users”选项并单击【Browse】按钮，选择安装位置，完成后，单击【Install】按钮开始安装。

【提示】安装路径默认在 C 盘，建议读者更换盘符或指定安装路径。

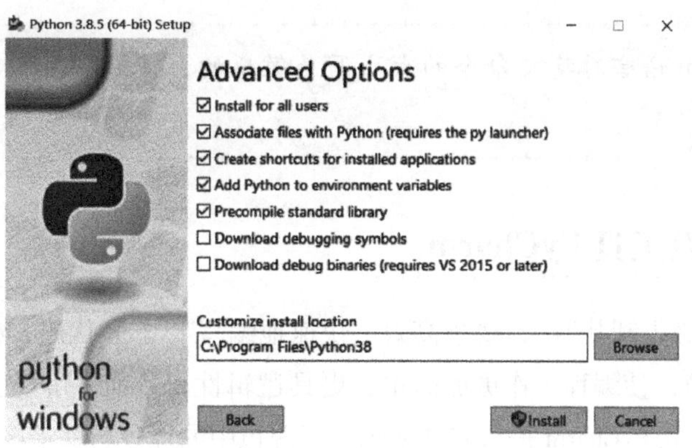

图 1-3　高级选项

5）安装完毕，单击【Close】按钮，关闭界面，如图 1-4 所示。

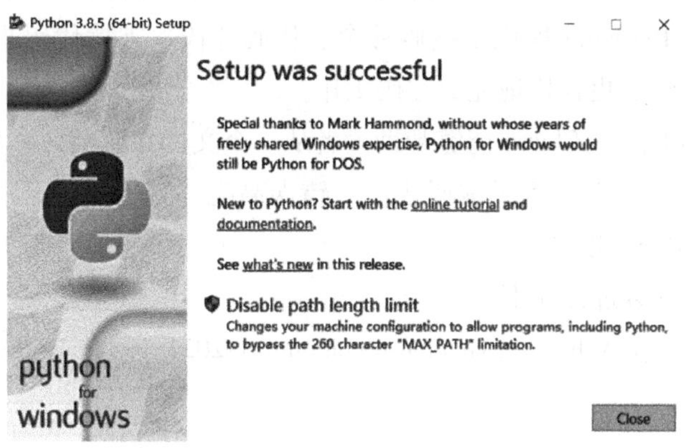

图 1-4　安装成功图

完成 Python 语言的安装后，可以按照下列步骤测试 Python 开发环境是否安装成功。

1）同时按下 Windows+R 键，在弹出的对话框中输入 cmd 命令（见图 1-5），单击【确定】按钮。

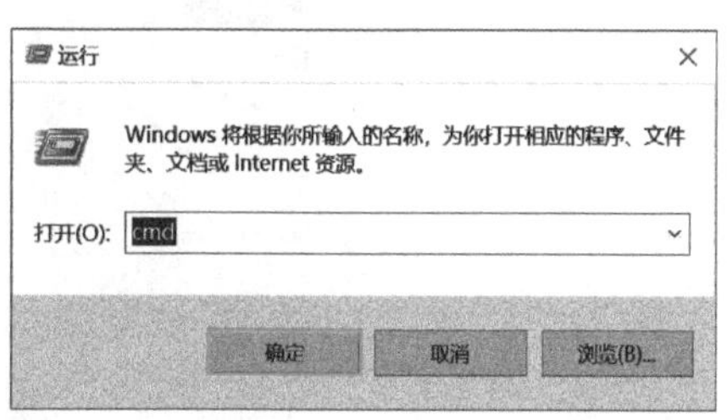

图 1-5　运行框

2）在命令行窗口中输入 python 命令，按下“Enter”键，此时将出现图 1-6 所示的 Python 版本信息，表示已经安装成功。

```
C:\Windows\system32\cmd.exe - python
Microsoft Windows [版本 10.0.19043.1586]
(c) Microsoft Corporation。保留所有权利。

C:\Users\CAOYJ>python
Python 3.8.5 (tags/v3.8.5:580fbb0, Jul 20 2020, 15:57:54) [MSC v.1924 64 bit (AMD64)] on win32
Type "help", "copyright", "credits" or "license" for more information.
>>>
```

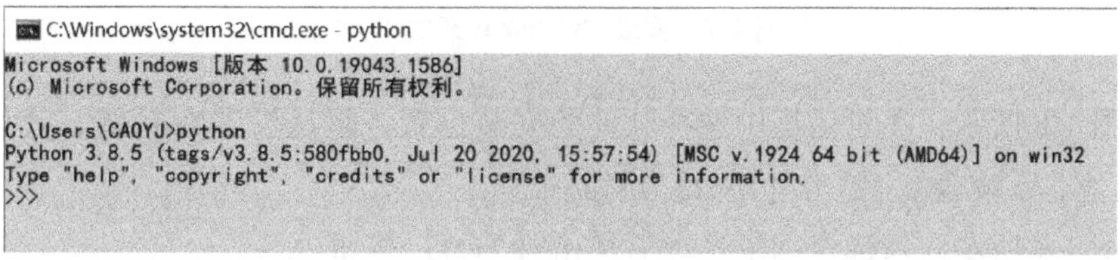

图 1-6　Python 安装成功图

【提示】Python 语言对英文命令的大小写是敏感的，读者在输入命令时一定要正确输入大小写。

1.1.3 安装开发工具 PyCharm

“工欲善其事，必先利其器”，要想高效、快速地编写 Python 代码，必须选择一个优秀的集成开发环境（IDE），使编程工作更加简单、更具逻辑性。目前，市场上受欢迎的集成开发工具比较多，本书选取 PyCharm 进行安装演示，资源包中的程序均基于该开发环境编写。

PyCharm 由著名的 JetBrains 软件公司开发，在人工智能和机器学习领域，它被认为是最好的 Python IDE。最主要的原因是它合并了多个库（例如，Matplotlib 库和 NumPy 库），能够帮助开发者探索更多的可用选项。除此之外，PyCharm 还具有下列优点：

（1）编码协助　PyCharm 提供了编码补全、代码片段、支持代码折叠和分割窗口的功能，可以帮助读者更快、更轻松地完成编码工作。

（2）项目代码导航　PyCharm 能够帮助读者从一个文件导航至另一个文件。

（3）代码分析　为读者提供了编码语法、错误高亮、智能检测、一键式代码快速补全建议等功能，使编码更优化等。

PyCharm 的详细安装过程如下：

1）双击随书资源包：\chapter1\pycharm-community-2021. 3. 3. exe 进行安装，如图 1-7 所示，单击【Next】按钮。

图 1-7　安装 PyCharm 开发工具

2）如图 1-8 所示，在对话框中选择软件的安装位置，默认设置在 C 盘，建议将其改为 E 盘（或其他非系统盘），单击【Next】按钮。

3）如图 1-9 所示，勾选全部复选框后单击【Next】按钮。

4）单击【Install】按钮开始安装，如图 1-10 所示。

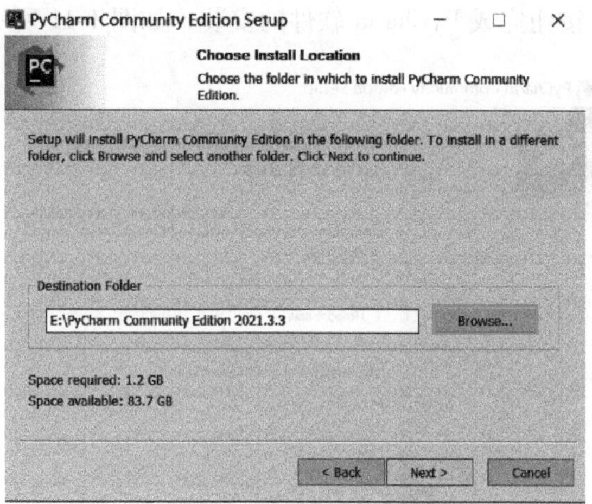

图 1-8　选择安装位置

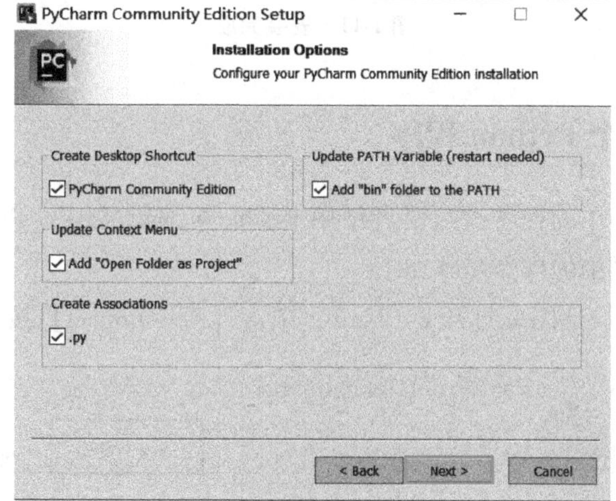

图 1-9　勾选所有安装选项

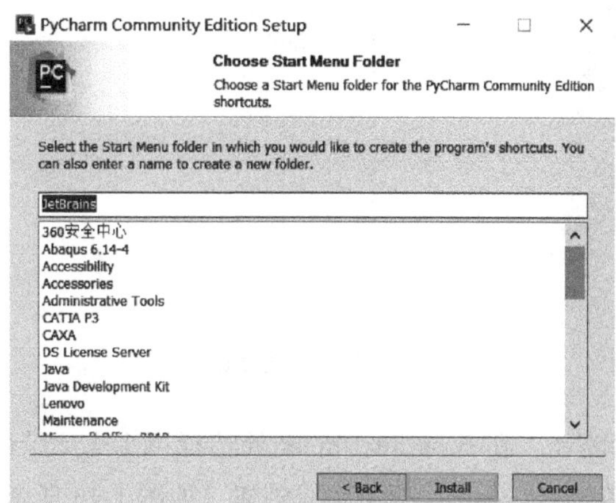

图 1-10　单击 Install 按钮安装软件

5）单击【Finish】按钮完成 PyCharm 软件的安装，如图 1-11 所示。

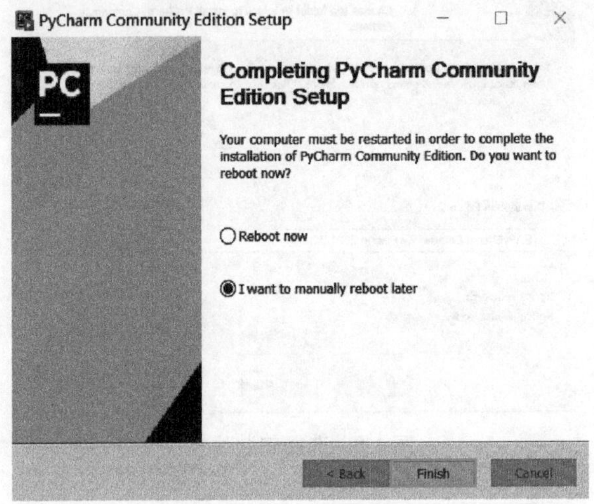

图 1-11　安装完成

1.1.4　编写第 1 个 Python 程序

本节将通过一个简单的程序教给读者使用 PyCharm 编辑器编写 Python 代码的方法，以便于读者快速上手，详细的操作步骤如下：

1）双击 PyCharm 快捷图标打开 PyCharm，单击【New Project】按钮，如图 1-12 所示。

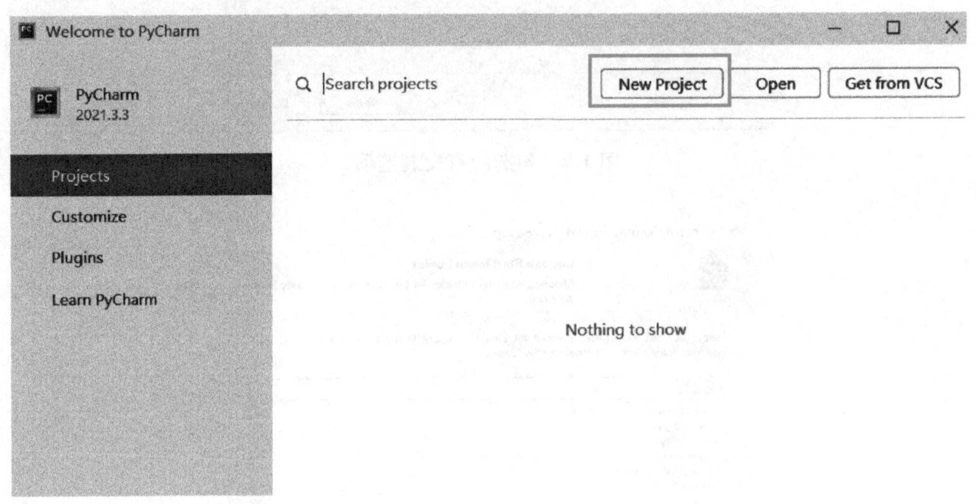

图 1-12　新建项目

2）选择项目的保存路径，在 Base interpreter 处选择第 1.1.2 节的 Python 安装路径（本书为 D:\python.exe），单击【Create】按钮完成创建，如图 1-13 所示。

3）单击【File】菜单下的 New 选项，如图 1-14 所示。

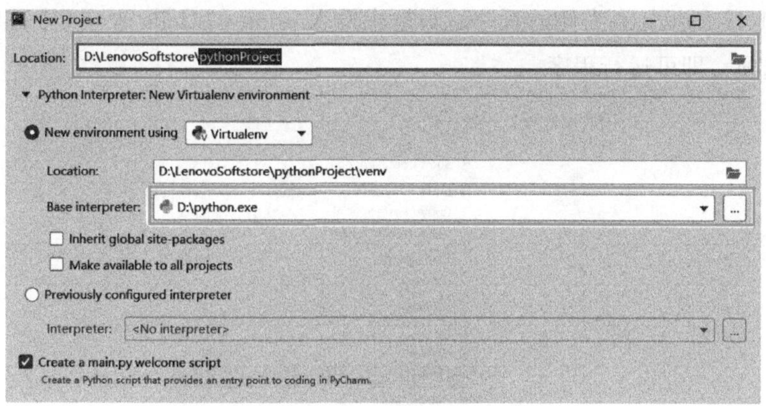

图 1-13　完成项目创建

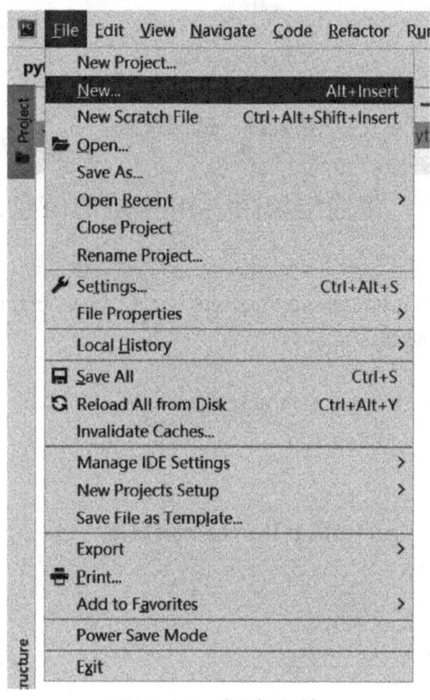

图 1-14　新建文件

4）选择创建的文件类型为 Python File，在弹出的对话框中输入文件名。需要注意的是：文件名必须以 . py 作为扩展名，如图 1-15 和图 1-16 所示。

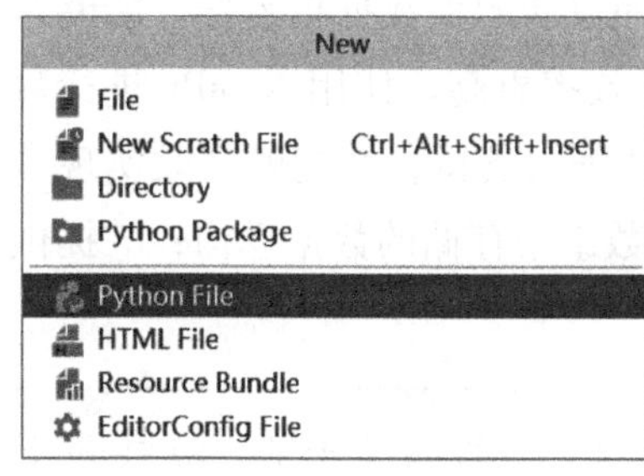

图 1-15　选择文件类型为 Python 文件

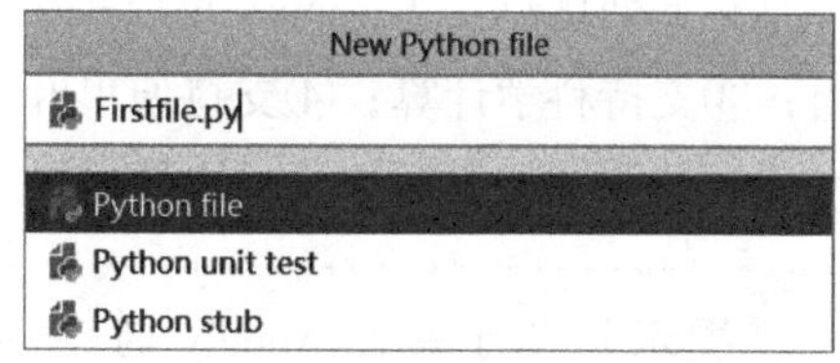

图 1-16　文件命名

5）如图 1-17 所示，在右侧的程序编辑框中输入 print（"Hello World"），单击鼠标右键并选择 Run 选项，即可运行程序。

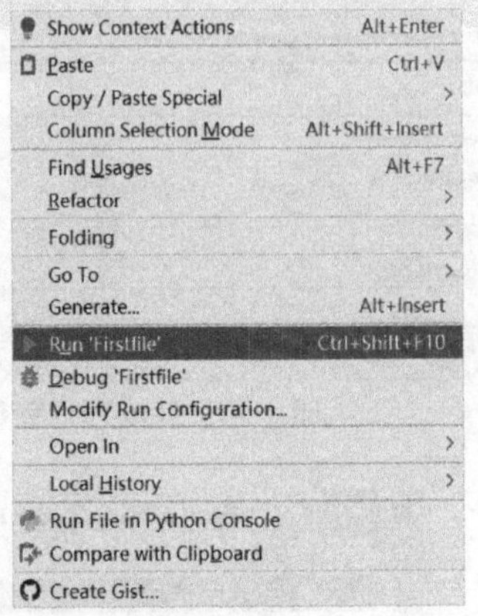

图 1-17　运行程序

6）在下方的运行信息区中，将输出如图 1-18 所示的信息，表明程序已经成功运行。

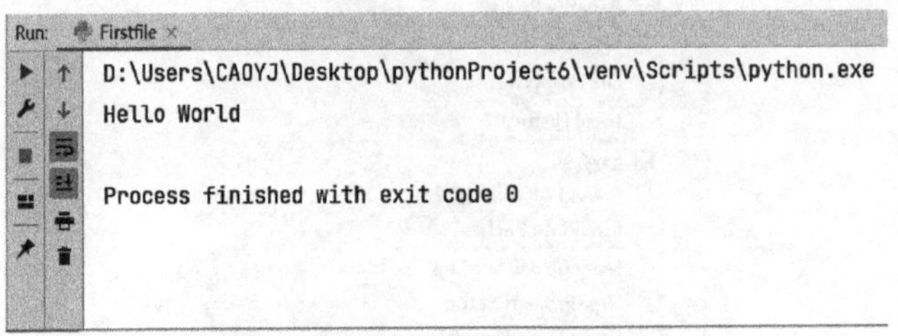

图 1-18　运行信息图

1.2　安装 NumPy 库

1. NumPy 库简介

NumPy（Numerical Python）是高性能科学计算和数据分析的基础包，也是 Python 语言的一个扩展程序库。此外，NumPy 针对数组运算提供了大量的数学函数库，最重要的一个特点就是其 *N* 维数组对象（ndarray），该对象是一个快速而灵活的大数据集容器，能够对整块数据执行数学运算，比 Python 语言自带的数组及元组的效率更高。使用 NumPy 进行数据运算具有下列优点：①NumPy 可以提供对数组/向量运算的强大支持；②能够高效实现多维数组；③支持科学计算；④支持傅里叶变换，能够对多维数组中存储的数据重构；⑤提供了线性代数计算和随机数生成的内置函数。

【提示】关于其他 NumPy 的详细介绍，请参考 NumPy 库的相关手册，链接如下：https://numpy.org/。

2. 安装 NumPy 库

本书后面章节安装所有的库都会用到 pip 安装工具。由于 Python 安装包自带的 pip 安装工具版本较低，需要更新 pip，在命令行窗口中输入 python-m pip install--upgrade pip，并按下 "Enter" 键即可。

【提示】pip 是一个现代、通用的 Python 库管理工具，提供了对 Python 库的查找、下载、安装、卸载功能。如果系统中只安装了 Python2，那么就只能使用 pip。如果系统中只安装了 Python3，那么既可以使用 pip 也可以使用 pip3，二者是等价的。如果系统中同时安装了 Python2 和 Python3，则 pip 默认给 Python2 用，pip3 指定给 Python3 用。

安装 NumPy 库的操作步骤如下：

1）同时按下 Windows+R 键，在弹出的对话框中输入 cmd 命令（见图 1-19），单击【确定】按钮。

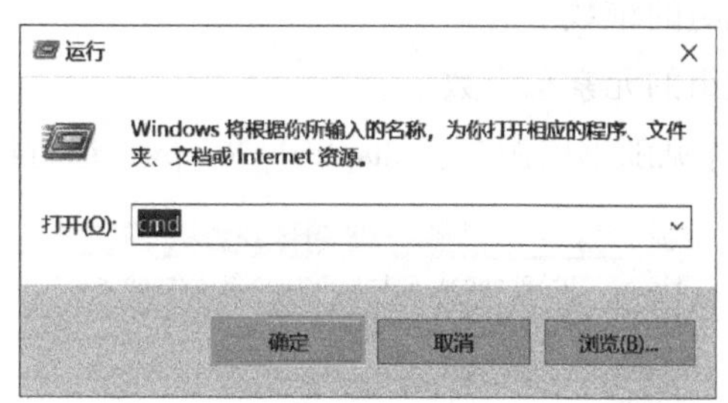

图 1-19　运行 cmd 命令对话框

2）如图 1-20 所示，在命令提示符下输入 pip install numpy==1.19.5，按下 "Enter" 键完成安装。

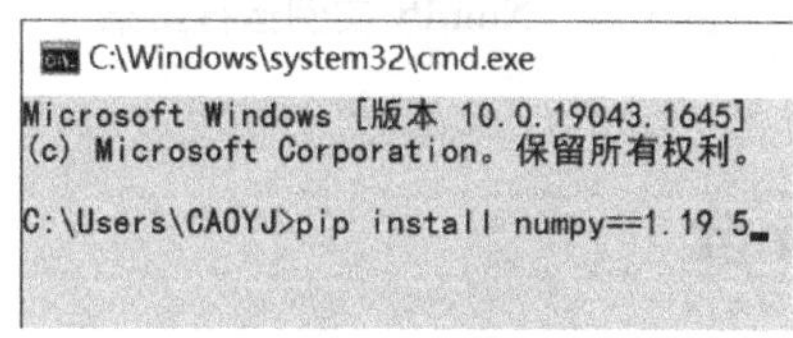

图 1-20　安装 NumPy 库

3. 测试 NumPy 库

本节将借助 NumPy 库来生成一个数组实例，并输出该对象的相关属性，让读者熟悉该扩展库的部分功能，同时测试该库是否已成功安装。

【提示】为了便于介绍关键代码的功能，故将代码进行编号，后面章节表示方法相同。

代码如下：

```
1 import numpy as np
2 arr = np.array([[1,2,3],[4,5,6]])
3 print(arr)
4 print(type(arr))
5 print(arr.ndim)
6 print(arr.shape)
7 print(arr.size)
```

- 第 1 行代码导入 NumPy 库，并将其重命名为 np。
- 第 2 行代码调用 array( ) 函数来生成一个数组，并将其赋值给变量 arr。
- 第 3 行代码调用 print( ) 函数输出数组。
- 第 4 行代码输出变量 arr 的类型。
- 第 5 行代码输出数组的行数。
- 第 6 行代码输出数组的维数。
- 第 7 行代码输出数组的元素总个数。

本实例的完整源代码详见随书资源包：\chapter1\Nu. py，运行结果如图 1-21 所示。

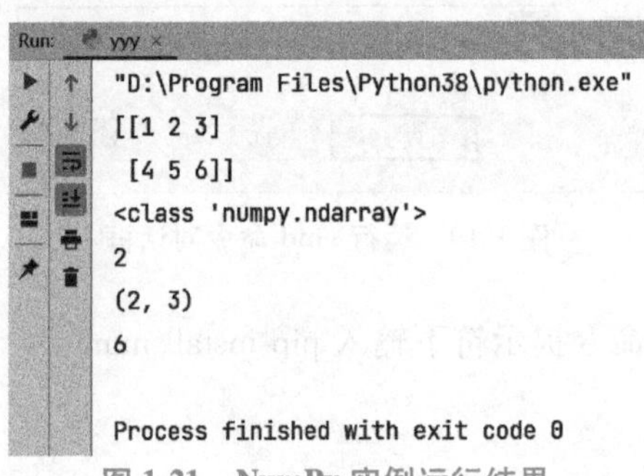

图 1-21　NumPy 实例运行结果

1.3　安装 Matplotlib 库

1. Matplotlib 库简介

Matplotlib 是 Python 语言中最受欢迎的数据可视化软件包之一，它支持跨平台运行，同时提供了 2D 和 3D 绘图接口，通常只需几行代码就可以快捷生成各种美观的直方图、功率谱、条形图、误差图、散点图等。Matplotlib 通常与 NumPy、Pandas 等软件一起使用，在数据分析领域应用广泛，读者可以对其扩展以实现个性化的功能。Matplotlib 软件包基于 Python 语言编写，并提供了一个面向对象的应用程序开发接口（API），便于使用 Python 图像化界面（GUI）工具包在应用程序中嵌入绘图。

【提示】关于 Matplotlib 的其他介绍，请参考 Matplotlib 相关手册，链接如下：https://pypi.org/project/matplotlib/。

2. 安装 Matplotlib 库

本书选用 Matplotlib 库 3.5.0 版本进行安装演示，详细的安装过程如下：

1）同时按下 Windows+R 键，在命令行窗口输入命令 cmd，单击【确定】按钮，如图 1-22 所示。

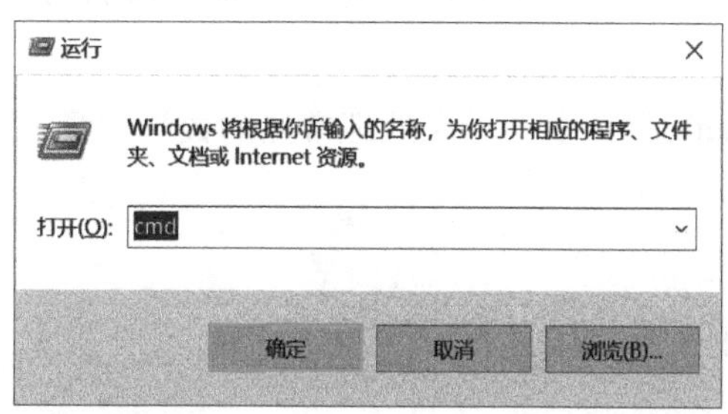

图 1-22　cmd 命令运行对话框

2）如图 1-23 所示，在命令行提示符窗口中输入 pip install matplotlib==3.5.0，按下回车键开始安装。

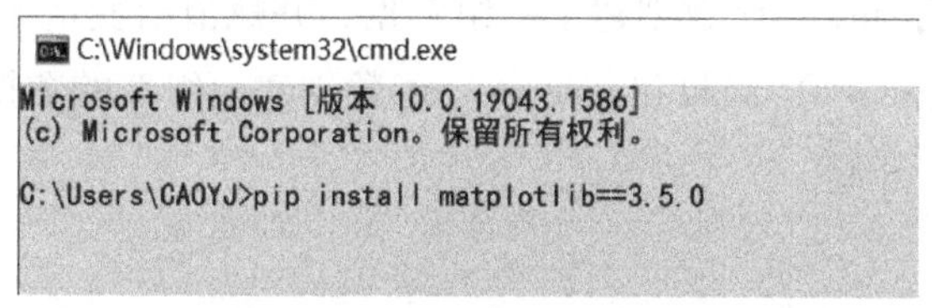

图 1-23　在命令行中安装 Matplotlib

读者也可以在命令行提示符窗口中输入如下命令：

pip install matplotlib==3.5.0-i https://pypi.tuna.tsinghua.edu.cn/simple，通过增加国内镜像链接来加快下载速度，如图 1-24 所示。

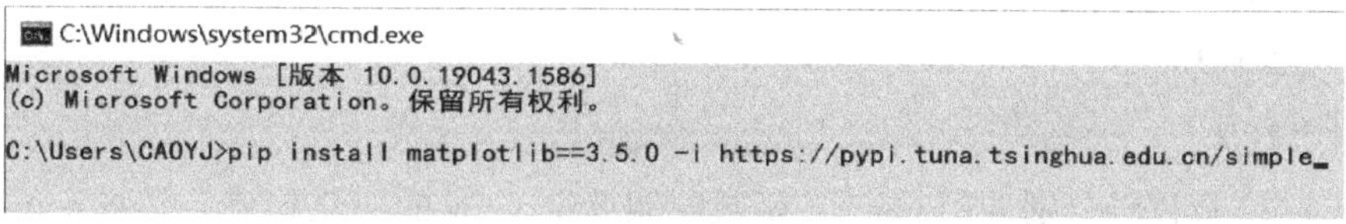

```
C:\Windows\system32\cmd.exe
Microsoft Windows [版本 10.0.19043.1586]
(c) Microsoft Corporation。保留所有权利。

C:\Users\CAOYJ>pip install matplotlib==3.5.0 -i https://pypi.tuna.tsinghua.edu.cn/simple
```

图 1-24　镜像安装 Matplotlib

3. 测试 Matplotlib 库

本节将编写一个简单的绘图程序来测试 Matplotlib 库是否成功安装，并教给读者使用该库的基本方法。通常情况下，应该按照下列顺序绘制图表：首先，导入相应的库；其次，准备相关数据；最后，绘制 Matplotlib 图表。

轮胎设计研发智能化技术

1）导入相应库。

代码如下：

```
1  import matplotlib.pyplot as plt
2  import numpy as np
3  import math
```

• 第 1 行代码导入 Matplotlib 库中的快速绘图库 pyplot，并将其重新命名为 plt，方便编写程序时调用。

• 第 2 行代码导入科学计算库 NumPy，并将其重新命名为 np。其中，NumPy 是 Matplotlib 库的基础。

• 第 3 行代码导入 math 库，主要用来处理常见的数学运算。

2）准备数据。

代码如下：

```
1  t = np.linspace(0, math.pi, 1000)
2  x = np.sin(t)
3  y = np.cos(t) + np.power(x, 2.0 / 3)
```

• 第 1 行代码调用 NumPy 库的 linspace( ) 函数，在（0~π）之间创建 1000 个等分点，并赋值给变量 t。

• 第 2 行代码调用 sin( ) 函数创建了一组数据，并赋值给变量 x。

• 第 3 行代码调用 cos( ) 函数和 power( ) 函数创建一组新的数据，并赋值给变量 y。

3）绘制 Matplotlib 图表。

代码如下：

```
1  plt.plot(x, y, color='blue', linewidth=2, label=' x ')
2  plt.plot(-x, y, color='red', linewidth=2, label=' -x ')
3  plt.xlabel('t')
4  plt.ylabel('h')
5  plt.xlim(-2, 2)
6  plt.ylim(-2, 2)
7  plt.legend()
8  plt.show()
```

• 第 1、2 行代码分别调用 plot( ) 函数绘制变量 x、y 的变化趋势，并将 x 正半轴的曲线颜色设置为蓝色，负半轴设置为红色，线宽都设置为 2，标签文本分别设置为 x 和-x。

• 第 3、4 行代码分别调用 xlabel( ) 和 ylabel( ) 函数创建 x、y 轴标签。

• 第 5、6 行代码调用 xlim( ) 和 ylim( ) 函数设置 x、y 轴范围。

• 第 7、8 行代码分别调用 legend( ) 和 show( ) 函数，绘制曲线。

本实例的完整源代码详见随书资源包\chapter 1\Ma. py，绘制效果如图 1-25 所示。

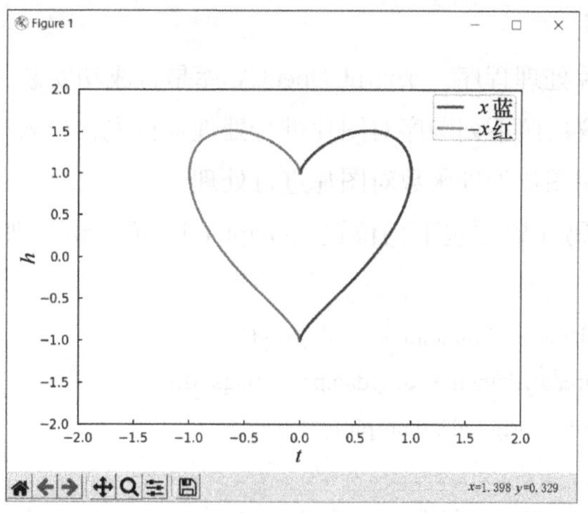

图 1-25　使用 Matplotlib 库绘制心形曲线

1.4 安装 OpenCV 库

1. OpenCV 库简介

OpenCV（Open Source Computer Vision Library）是一个开源的跨平台计算机视觉库，包含图像处理和计算机视觉领域的很多通用算法，已成为计算机视觉领域影响力最大的研究工具之一。OpenCV 库采用 C 语言和 C++语言编写，提供了 C++、Python、Java 和 MATLAB 等接口，支持 Windows、Linux、Android 和 Mac OS 等操作系统，包含计算机视觉领域内的 500 多个函数。OpenCV 库像一个黑盒，让读者专注于视觉应用的开发，而不必过多关注图像处理的具体细节，已广泛应用于人机交互、物体识别、图像分区、人脸识别、动作识别、运动跟踪和机器人等研究领域。

【提示】关于 OpenCV 库的其他介绍和操作，请读者参考 OpenCV 相关手册，链接如下：https://opencv.org/。

2. 安装 OpenCV 库

同时按下 Windows+R 键，在命令行窗口输入 cmd 命令后单击确定按钮，在命令提示符窗口输入 pip install opencv-contrib-python 命令，按下“Enter”键将开始安装，如图 1-26 所示。

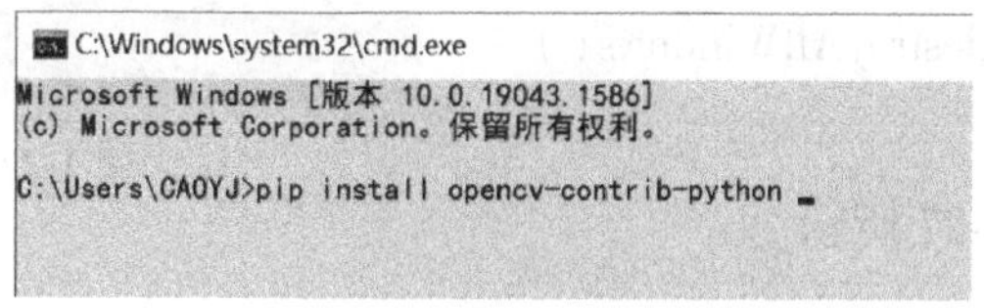

图 1-26　安装 OpenCV 库

轮胎设计研发智能化技术

3. 测试 OpenCV 库

本节将编写一个图片处理程序，来测试 OpenCV 库是否成功安装，并介绍基本的图片处理函数。通常情况下，建议按照下列顺序对图片进行处理：首先，导入相应的库；然后，准备待处理的图片；最后，调用图片处理函数对图片进行处理。

本实例完整的源代码（资源包下列位置：\chapter 1\OCV. py）如下：

```
1  import cv2
2  pic = cv2.imread(filename="qingdao.png", flags=-1)
3  pic_huidu = cv2.imread(filename="qingdao.png", flags=0)
4  cv2.imshow(winname="original", mat=pic)
5  cv2.waitKey()
6  cv2.imshow(winname="pic_huidu", mat=pic_huidu)
7  cv2.waitKey()
8  cv2.destroyAllWindows()
```

- 第 1 行代码表示导入 cv2 库。
- 第 2 行代码调用 imread( ) 函数读取图片，该函数支持多种静态图片。其中，filename 参数为图片的完整文件名；flags 参数为读取标记，用来控制读取文件的类型，其中-1 表示按原格式读取，并赋值给变量 pic。读者可以使用随书资源包 \ chapter1 \ qingdao. png 的彩色风景图测试，也可以选择自己喜欢的彩色图片。
- 第 3 行代码的功能同第 2 行代码类似，flags 的参数为 0，表示读取单通道灰度图片，读取完毕将其赋值给变量 pic_huidu。
- 第 4 行代码调用 imshow( ) 函数显示图片。其中，winname 参数表示窗口名称，mat 参数则表示要显示的图片。
- 第 5 行代码调用 waitKey( ) 函数用来等待按键，当读者按下键盘的任意键后，将执行程序，否则会一直等待。原因是：当程序执行到显示图片命令时，图片窗口在极短时间内打开后关闭，不易看清，设置等待程序可以方便读者观察结果。
- 第 6、7 行代码与第 4、5 行代码的功能相同，此处不再赘述。
- 第 8 行代码调用 destroyAllWindows( ) 函数来销毁所有窗口。

程序执行结果如图 1-27 所示。

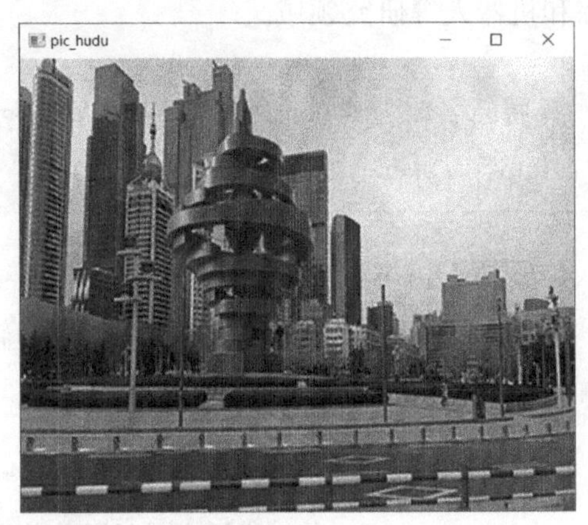

图 1-27　灰度图

1.5 安装 Pandas 库

1. Pandas 库简介

Pandas 库是 Python 语言的一个数据分析包，2008 年 4 月由 AQR Capital Management 开发，目前主要由专注于 Python 数据包开发的 PyData 团队继续开发和维护。Pandas 的名称来自于面板数据（panel data）和 Python 数据分析（data analysis），主要是为解决数据分析任务而创建，它包含大量的库及标准数据模型，并提供了操作大型数据集所需的高效工具，同时提供了快速处理数据的函数和方法。本书后面章节将使用 Pandas 的 1. 3. 4 版本来处理数据。

【提示】关于 Pandas 库的详细介绍，请读者参考 Pandas 手册，链接如下：https://pandas. pydata. org/。

2. 安装 Pandas 库

同时按下 Windows+R 键，在弹出的命令行窗口输入 cmd 命令并单击确定按钮，在命令提示符窗口输入 pip install pandas= =1. 3. 4，按下“Enter”键开始安装，如图 1-28 所示。

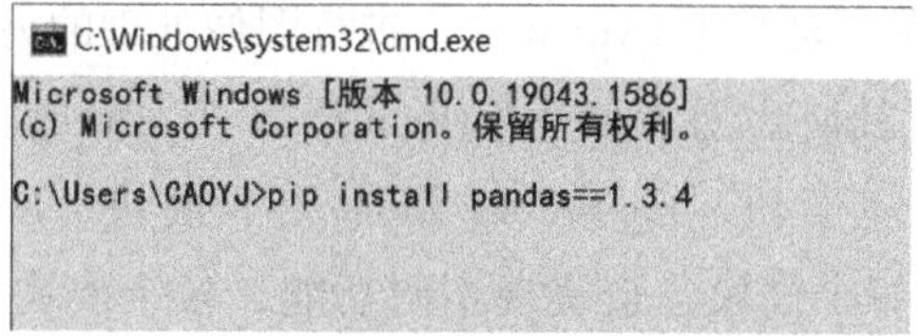

图 1-28　安装 Pandas 库

由于本书后面章节将使用 Pandas 读取 Excel 数据并对其处理，读取过程中依赖于 openpyxl 库，因此，此处同时安装 openpyxl 库，只需在命令提示符窗口输入 pip install openpyxl= =3. 0. 7 命令，按下“Enter”键即可开始安装，如图 1-29 所示。

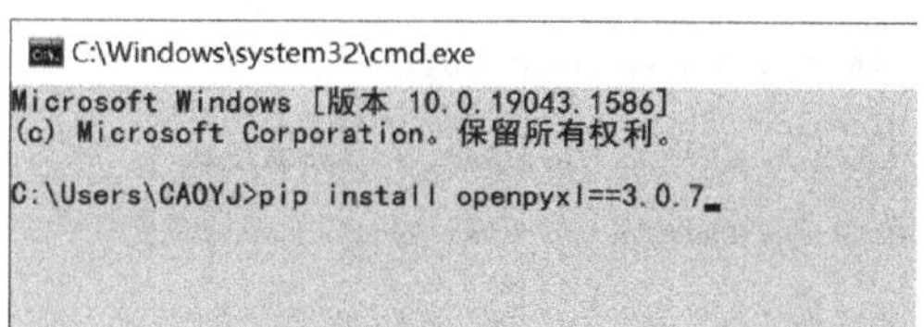

图 1-29　安装 openpyxl 库

3. 测试 Pandas 库

本节将编写一个读取 Excel 表格数据的实例，来测试 Pandas 库是否安装成功，让读者对 Pandas 库的功能有直观的认识，同时激发读者去探索更多 Pandas 知识。通常情况下，应该

轮胎设计研发智能化技术

按照下列顺序对数据进行处理：首先，导入相应的库；其次，准备相关数据；最后，调用函数处理数据。

代码如下：

```
1 import pandas as pd
2 data = pd.read_excel("fenshu.xlsx")
3 print(data)
```

- 第 1 行代码导入 Pandas 库并将其命名为 pd。
- 第 2 行代码调用 read_excel( ) 函数读取数据，参数为文件名，读者可在随书资源包\chapter1\fenshu. xlsx 找到测试文件，也可以选择其他 Excel 文件进行测试。
- 第 3 行代码调用 print( ) 函数输出数据。

该实例代码较少，请读者自行输入上述代码进行验证。如果运行框输出数据，则表示 Pandas 库安装成功。关于 Pandas 处理 Excel 的详细介绍，请读者参考相关书籍。

1.6 安装 Pillow 库

1. Pillow 库简介

Pillow 库（也称 PIL 库）是基于 Python 语言进行图像处理的另一个基础库，也是免费开源的第三方库，由 Python 社区志愿者使用 Python 语言开发而成。Pillow 库包含 20 多个模块（例如，Image 图像处理模块、ImageFont 添加文本模块、ImageColor 颜色处理模块、ImageDraw 绘图模块等），每个模块各自实现不同功能，各个模块之间又互相配合，可以让读者很轻松地完成某些图像处理任务。与 Python 的其他图像处理库相比（例如，OpenCV 库和 scikit-image 库等），Pillow 库简单易用，非常适合初学者学习。

2. 安装 Pillow 库

同时按下 Windows+R 键，在弹出的命令行窗口输入 cmd 命令后，单击确定按钮，进入命令提示符窗口，输入 pip install pillow= =8. 4. 0 命令，按下“Enter”键后开始安装，如图 1-30 所示。

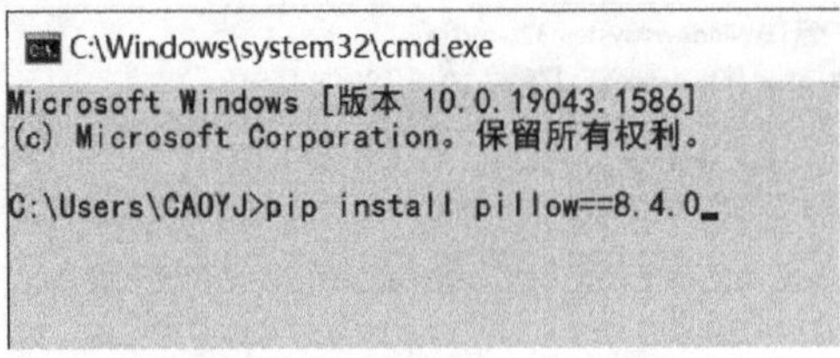

图 1-30　安装 Pillow 库

3. 测试 Pillow 库

本节将编写一个简短的程序实现图片读取功能，让读者初步了解 Pillow 库的导入方法和简单函数的调用。代码如下：

```
1 from PIL import Image
2 # image = Image.open("D:/Users/CAOYJ/Desktop/pythonProject5/qingdao.png")
3 #image = Image.open("D:\\Users\\CAOYJ\\Desktop\\pythonProject5\\qingdao.png")
4 image = Image.open("qingdao.png")
5 image.show()
6 print(image.size)
```

- 第 1 行代码导入 PIL 库中的 Image 模块。
- 第 2、3 行代码调用 Image 模块中的 open( ) 函数，并使用绝对路径来读取图片将其赋值给变量 image。需要注意的是：只能用正斜杠或双反斜杠来表示路径。
- 第 4 行代码调用 Image 模块中的 open( ) 函数，并使用相对路径来读取图片。需要注意的是：本实例中的图片和 . py 文件须放在同一个文件夹下才可以用图片名作为路径，否则要根据实际情况确定相对路径。
- 第 5 行代码调用 show( ) 函数显示图片。
- 第 6 行代码将输出图片的大小。

本实例的完整源代码详见随书资源包\chapter 1\Pw. py，测试图片见随书资源包\chapter 1\qingdao. png，读者也可以自行准备图片进行测试。

1.7 安装 pyautocad 库

1. pyautocad 库简介

AutoCAD 软件（Autodesk Computer Aided Design）是 Autodesk（欧特克）公司首次于 1982 年开发的计算机辅助设计软件，广泛应用于土木建筑、工程制图等领域，以完成 2D 及 3D 绘图。pyautocad 是一款功能非常强大的 AutoCAD 操作处理库，由俄罗斯工程师 Roman Haritonov 开发，用于简化 Python 语言对 AutoCAD 软件的二次开发，可以实现 Python 自动绘图、CAD 图像读取、对象属性修改等操作。本书第 2 章将使用 pyautocad 库对 AutoCAD 软件进行二次开发，以实现复杂轮胎断面的自动化建模。

> 【提示】有关 pyautocad 库的详细介绍和操作，请读者参考相关手册，链接如下：https://pyautocad. readthedocs. io/en/latest/。

2. 安装 pyautocad 库

同时按下 Windows+R 键，在弹出的对话框中输入 cmd 命令，单击确定按钮将打开命令提示符窗口，输入 pip install pyautocad = =0. 2. 0 并按下“Enter”键，则开始安装 0. 2. 0 版本的 pyautocad 库，如图 1-31 所示。

3. 测试 pyautocad 库

本节将编写一个简单的绘图程序来测试 pyautocad 库是否安装成功，同时帮助读者学会

第 1 章 轮胎设计研发智能化技术相关配置

轮胎设计研发智能化技术

使用 Python 语言完成 AutoCAD 软件的建模操作，完整的源代码详见随书资源包\chapter 1\Pcad. py，测试之前请读者确认电脑上已成功安装任一版本的 AutoCAD 软件。该实例的代码如下：

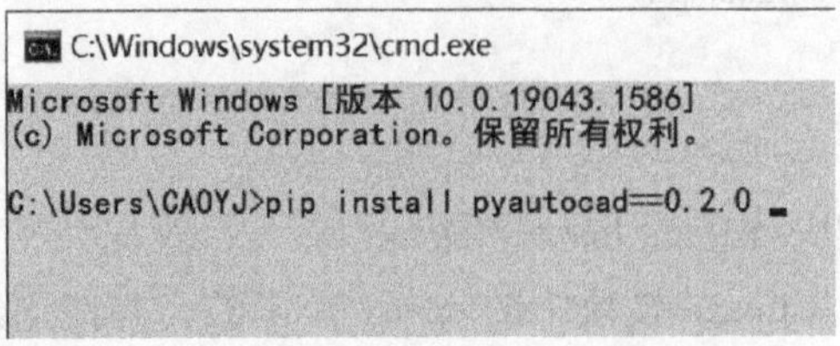

```
C:\Windows\system32\cmd.exe
Microsoft Windows [版本 10.0.19043.1586]
(c) Microsoft Corporation。保留所有权利。

C:\Users\CAOYJ>pip install pyautocad==0.2.0
```

图 1-31　安装 pyautocad 库

```
1  from pyautocad import Autocad, APoint
2  acad = Autocad(create_if_not_exists=True)
3  acad.prompt("Hello, Autocad from Python")
4  print(acad.doc.Name)
5  center = APoint(5, 5)
6  radius = 4
7  circleObj = acad.model.AddCircle(center, radius)
```

- 第 1 行代码将导入 pyautocad 库的 Autocad 和 APoint 模块。
- 第 2 行代码调用 Autocad 方法来自动连接 AutoCAD 软件。如果已经打开 Auto CAD 软件，则创建 1 个<pyautocad. api. Autocad>对象，该对象连接最近打开的 CAD 文件。如果没有打开 Auto CAD 软件，则创建 1 个新的扩展名为 . dwg 的文件，并自动打开 Auto CAD 软件。
- 第 3 行代码调用 prompt( ) 函数在 Auto CAD 命令行中输出文字。
- 第 4 行代码调用 print( ) 函数输出调取的 Auto CAD 文件名。
- 第 5 行代码调用 APoint( ) 函数指定圆心坐标。
- 第 6 行代码定义圆的半径。
- 第 7 行代码调用 AddCircle( ) 函数绘制半径为 4，圆心坐标为（5，5）的圆。

运行该程序，将自动打开 AutoCAD 软件并绘制圆形，如图 1-32 所示。

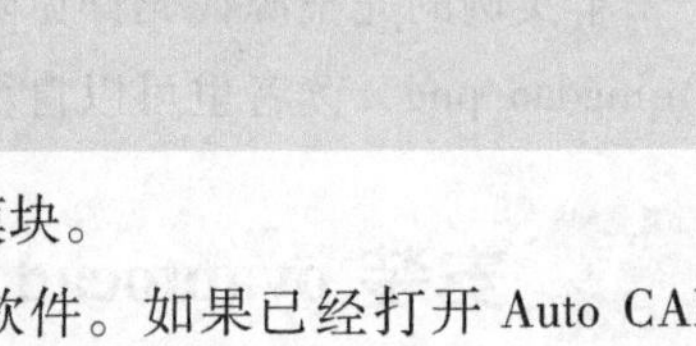

图 1-32　绘制结果图

1.8 安装 scikit-image 库

1. scikit-image 库简介

scikit-image（也可简写为 skimage）是对 sciPy 扩展后的一款图像处理库，提供了很多图片处理功能，它由 SciPy 社区开发和维护。scikit-image 库包含很多功能不同的模块，详见表 1-2。

表 1-2　scikit-image 库中的功能模块

模块名称	模块功能
io	读取、保存和显示图片或视频
data	提供测试图片和样本数据
color	颜色空间变换
filters	图像增强、边缘检测、排序滤波器、自动阈值等
draw	绘制 NumPy 数组构成的基本图形（线条、矩形、圆和文本等）
transform	几何变换或其他变换（旋转、拉伸变换等）
morphology	形态学（开闭运算、骨架提取等）操作
exposure	图片强度调整（例如，亮度调整、直方图均衡等）
feature	特征检测与提取等
measure	测量图像属性（例如，相似性、等高线等）
segmentation	图像分割
restoration	图像恢复
util	通用函数

【提示】关于 scikit-image 库的其他介绍，请读者参考 scikit-image 说明手册，链接如下：https://scikit-image.org/。

2. 安装 scikit-image 库

同时按下 Windows+R 键，在弹出的对话框中输入 cmd 命令，单击确定按钮进入命令提示符窗口，输入命令 pip install scikit-image==0.19.2 并按下“Enter”键开始安装，如图 1-33 所示。

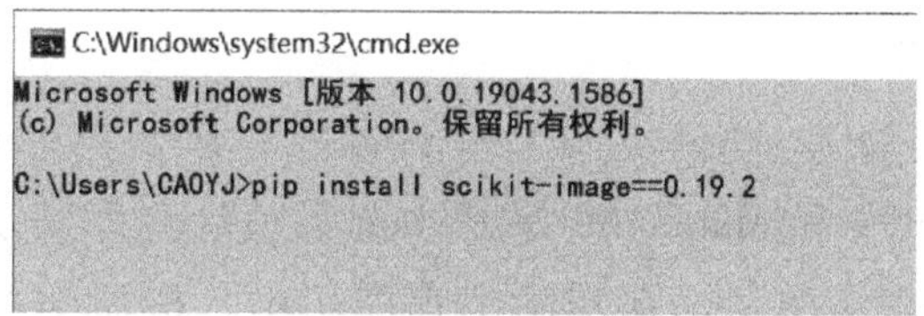

图 1-33　安装 scikit-image 库

3. 测试 scikit-image 库

本节将通过一个简单的实例让读者了解 scikit-image 库中的函数，源代码详见随书资源包：\chapter 1\SKI.py，代码如下：

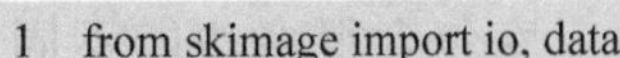

```
1  from skimage import io, data
2  img = data.logo()
3  io.imshow(img)
4  io.show()
5  print(type(img))        # 类型
6  print(img.shape)        # 形状
7  print(img.shape[0])     # 图片宽度
8  print(img.shape[1])     # 图片高度
9  print(img.shape[2])     # 图片通道数
10 print(img.size)         # 显示总像素个数
11 print(img.max())        # 最大像素值
12 print(img.min())        # 最小像素值
13 print(img.mean())       # 像素平均值
```

- 第 1 行代码表示从 skimage 库导入 io 和 data 模块。需要注意的是：scikit-image 库简写为 skimage，导入库时只能从 skimage 中导入。
- 第 2 行代码表示调用 data 模块的 logo( ) 函数获得内置图片。
- 第 3、4 行代码表示调用 io 模块的 imshow( ) 和 show( ) 函数，并显示图片。
- 第 5~13 行代码将分别输出图片的类型、形状、图片宽度等属性，详见行代码尾部注释。

SKI. py 的运行结果如图 1-34 所示。

```
Run:  SkI (1) ×
"D:\Program Files\Python38\python.exe"
<class 'numpy.ndarray'>
(500, 500, 4)
500
500
4
1000000
255
0
199.809231

Process finished with exit code 0
```

图 1-34　程序运行结果

1.9 安装 scikit-learn 库

1. scikit-learn 库简介

scikit-learn（也可简写为 sklearn）是一个开源的、基于 Python 语言的机器学习工具库，它通过 NumPy、SciPy 和 Matplotlib 等 Python 数值计算库实现算法的高效应用，几乎涵盖了所有主流机器学习算法。在实际工程应用中，机器学习的顺序通常是：①分析采集数据；②根据数据特征选择合适算法，并在工具库中调用算法；③调整算法的参数，实现算法效率和效果之间的平衡。sklearn 正是可以帮助读者高效实现算法应用的工具库，常用的模块有分类、回归、聚类、降维、模型选择、预处理等（见表 1-3）。

表 1-3　sklearn 库中的功能模块

模块名称	模块功能
feature_selection	提供了一些选择，处理特征的函数
datasets	提供了一些经典数据集
model_selection	模型选择，涉及的操作包括：数据集切分、参数调整和验证等
preprocessing	数据预处理
Metrics	提供了多种度量指标
decomposition	降维操作
cluster	提供了一些聚类方法，如 Kmeans、DBSCAN 等
liner_model	线性模型，做一些分类任务和回归任务
svm	支持向量机模型
tree	模型树
neighbors	近邻模型
naive_bayes	朴素贝叶斯模型
ensemble	集成学习，将多个基学习器的结果集成起来汇聚出最终结果

2. 安装 scikit-learn 库

同时按下 Windows+R 键，在弹出的对话框中输入 cmd 命令，单击确定按钮进入命令提示符窗口，输入 pip install scikit-learn==1.0.1 命令，按下“Enter”键开始安装，如图 1-35 所示。

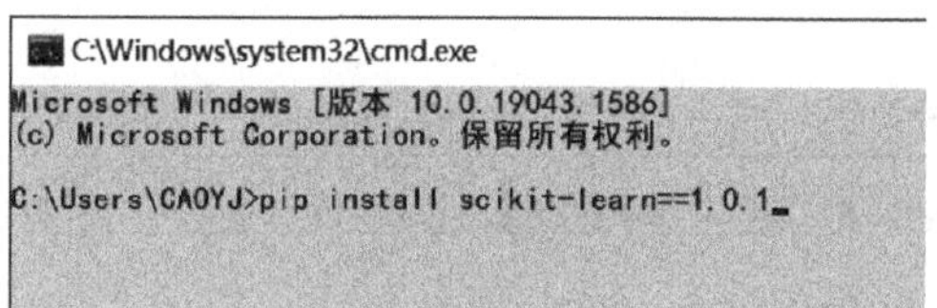

图 1-35　安装 scikit-learn 库

3. 测试 scikit-learn 库

本节将通过一个导入数据集的简单程序来测试 scikit-learn 库是否安装成功，同时让读者了解 scikit-learn 库的内置数据集，便于练习时使用。源代码详见随书资源包：\chapter 1\SK. py。代码如下：

```
1  from sklearn import preprocessing
2  import numpy as np
3  X_train = np.array([[ 1., -1.,  2.],
                [ 2.,  0.,  0.],
                [ 0.,  1., -1.]])
4  scaler = preprocessing.MinMaxScaler().fit_transform(X_train)
5  print(scaler)
```

- 第 1 行代码表示将从 sklearn 库导入数据预处理模块。
- 第 2 行代码导入 NumPy 模块并命名为 np。
- 第 3 行代码创建一个数组 X_train。

• 第 4 行代码调用预处理模块最大最小归一化操作对创建的数组进行归一化，并赋给变量 Scaler。

• 第 5 行代码输出归一化的数组。

在 PyCharm 中输入上述代码，执行效果如图 1-36 所示，表明 scikit-learn 库安装成功。

```
"D:\Program Files\Python38\python.exe
[[0.5        0.         1.        ]
 [1.         0.5        0.33333333]
 [0.         1.         0.        ]]

Process finished with exit code 0
```

图 1-36　程序运行结果

【提示】关于 scikit-learn 库的其他介绍和使用，请读者参考 scikit-learn 说明手册，链接如下：https://scikit-learn. org. cn/。

1.10 安装 torchvision 库

1. torchvision 库简介

torchvision 库是 PyTorch 框架中的图像处理库。这个库中有 4 个模块，分别是：torchvision. datasets、torchvision. transforms、torchvision. models 和 torchvision. utils。本书主要介绍前 3 个模块：

1）torchvision. datasets 的主要功能是加载数据，PyTorch 团队在该包中提供了大量的公开图像数据集［例如：手写数字数据集（MNIST）；图像识别、分割和字幕数据集（COCO）；微型图像数据集（CIFAR）；图像、字幕的数据集（Captions）］等。

2）torchvision. transforms 中提供了常见的图像操作类（例如：随机切割、旋转、数据类型转换等）。

3）torchvision. models 中提供了已经训练好的模型（例如：AlexNet，VGG 等），加载数据后可以通过该接口直接使用。

torchvision 库的主要功能模块见表 1-4。

表 1-4　torchvision 库的主要功能模块

模块名称	模块功能
datasets	包含常用视觉数据集，可以下载和加载
models	提供流行的模型，如 AlexNet、VGG、ResNet 和 Densenet 及训练好的参数
transforms	包含常用的图像操作功能
utils	用于把给定形状的张量保存到硬盘中

2. 安装 torchvision 库

同时按下 Windows+R 键，在弹出的窗口中输入 cmd 命令并单击确定按钮，在命令行提示符窗口中输入 pip install torchvision = = 0. 11. 1 命令，按下 “Enter” 键后开始安装，如图 1-37 所示。

```
C:\Windows\system32\cmd.exe
Microsoft Windows [版本 10.0.19043.1586]
(c) Microsoft Corporation。保留所有权利。

C:\Users\CAOYJ>pip install torchvision==0.11.1
```

图 1-37　安装 torchvision 库

3. 测试 torchvision 库

本节将导入 torchvision 库中的 transforms 模块对图片进行操作，让读者直观地了解 torchvision 库，并通过该实例代码测试 torchvision 库是否安装成功。本实例的源代码详见随书资源包：\chapter 1\Tv. py，代码如下：

```
1  from PIL import Image
2  from torchvision import transforms
3  im = Image.open("qingdao.png")
4  im.show()
5  im = transforms.CenterCrop(200)(im)
6  im.show()
```

- 第 1 行代码表示从 PIL 中导入 Image 模块，用来加载图片。
- 第 2 行代码表示导入 torchvision 库中的 transforms 模块，用来处理图像。
- 第 3 行代码调用 open( ) 函数打开图片。需要注意的是：此处使用相对路径。
- 第 4 行代码调用 show( ) 函数来显示图像。
- 第 5 行调用 CenterCrop( ) 函数来裁剪一个 200×200 的图像，读者可以根据需要设置图像大小。
- 第 6 行代码同第 4 行代码的功能相同，用来显示图片。

运行程序，对比两张图像就会看到 CenterCrop 的功能是将图片剪切成指定大小的形状。剪切前后的效果分别如图 1-38 和图 1-39 所示。

图 1-38　原图

图 1-39　剪切后效果图

【提示】 关于其他处理功能的详细介绍，请读者参考 torchvision 的相关手册，链接如下：https://pypi. org/project/torchvision/。

轮胎设计研发智能化技术

1.11 安装 tqdm 库

1. tqdm 库简介

tqdm 库是一个快速、可扩展的 Python 进度条，可以在长循环中添加进度提示信息，不仅漂亮、直观，而且不会影响原程序的执行效率，读者只需封装任意的迭代器 tqdm（iterator）即可。

【提示】更多 tqdm 介绍和使用方法，请读者参考 tqdm 相关手册，链接如下：https://pypi.org/project/tqdm/。

2. 安装 tqdm 库

同前几节库的安装方法类似，打开命令提示符窗口，输入 pip install tqdm==4.62.3 即可完成安装，如图 1-40 所示。

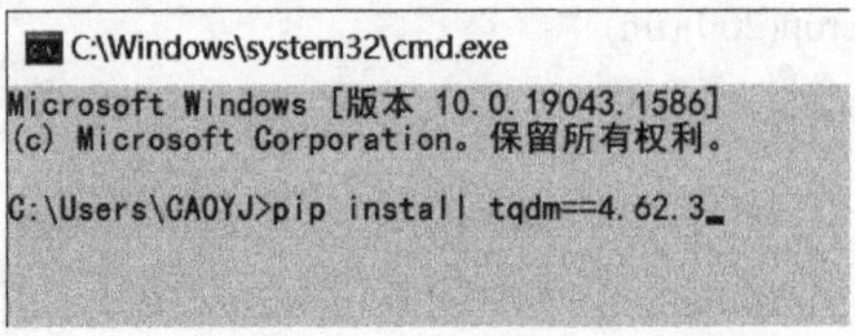

```
C:\Windows\system32\cmd.exe
Microsoft Windows [版本 10.0.19043.1586]
(c) Microsoft Corporation。保留所有权利。

C:\Users\CAOYJ>pip install tqdm==4.62.3
```

图 1-40　安装 tqdm 库

3. 测试 tqdm 库

本节将编写一个简单的循环程序，通过进度条的显示让读者熟悉 tqdm 库的功能。源代码详见随书资源包：\chapter 1\Tq.py，如下：

```
1 from tqdm import tqdm
2 import time
3 for i in tqdm(range(500)):
4     time.sleep(0.01)
```

- 第 1 行代码表示导入 tqdm 模块。
- 第 2 行代码表示导入 time 模块，该模块为 Python 语言自带模块，读者无须安装。
- 第 3 行代码的功能是在循环的同时显示进度条。
- 第 4 行代码调用 time 模块的 sleep( ) 函数，设置每次循环等待 0.01s，便于观看进度条的更新过程。

1.12 安装 PyTorch 框架

1. PyTorch 框架简介

PyTorch 是一个由 Facebook 开源的神经网络框架，也是一个基于 Python 的可续计算库，提供了两个高级功能：一是强大的图形处理器（GPU）加速的张量计算（如 NumPy）；二是包含自动求导系统的深度神经网络。与 Tensorflow 的静态计算图不同，PyTorch 的计算图是动态的，可以根据计算需要实时改变计算图。但由于 Torch 语言采用 Lua，导致在国内一直很小众，并逐渐被支持 Python 的 Tensorflow 抢走用户。作为经典机器学习库 Torch 的端口，PyTorch 为 Python 语言使用者提供了舒适的编程选择。具有下列特点：

1）简洁：PyTorch 的源码只有 TensorFlow 的 1/10 左右，简单、直观地设计使 PyTorch 的源码十分易于阅读。

2）速度：PyTorch 的灵活性不以速度为代价，在许多测评中，PyTorch 的速度表现优于 TensorFlow 和 Keras 等框架。当然，框架的运行速度与程序员的编码水平有极大关系，对于同样的算法，使用 PyTorch 实现的效率会高于其他框架。

3）易用：PyTorch 面向对象的接口设计来源于 Torch，而 Torch 的接口设计以灵活易用著称。此外，PyTorch 的设计最符合人们的思维，它能够让读者尽可能地专注于实现自己的想法。

4）活跃的社区：PyTorch 提供了完整的文档说明和循序渐进的使用指南，更加友好。Facebook 人工智能研究院为 PyTorch 提供了强力支持，FAIR 的支持能够确保 PyTorch 获得持续开发和更新。

【提示】有关 PyTorch 库的详细介绍，请读者参考 PyTorch 相关手册，链接如下：https://pytorch.org/。

2. 安装 PyTorch 框架

同时按下 Windows+R 键，在弹出的窗口中输入 cmd 命令并单击确定按钮，将进入命令行提示窗口，输入 pip install torch==1.10.0，按下“Enter”键并开始安装，如图 1-41 所示。

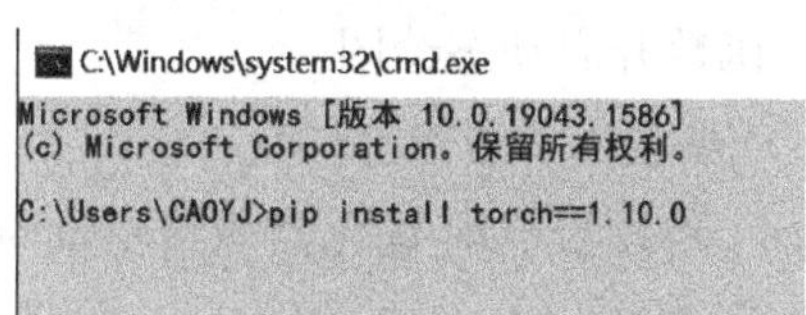

图 1-41　安装 PyTorch 框架

3. 测试 PyTorch 框架

本节将导入 PyTorch 库中的 ones 函数生成一个张量，同时测试 PyTorch 框架是否已经成功安装。源代码详见随书资源包：\chapter 1\PT.py，如下：

```
import torch
import matplotlib.pyplot as plt
x = torch.unsqueeze(torch.linspace(-1,1,100),dim=1)
y = x.pow(2) + 0.2*torch.rand(x.size())
net = torch.nn.Sequential(
    torch.nn.Linear(1,10),
```

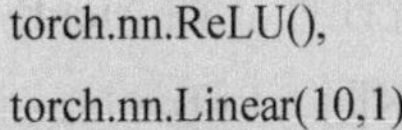


```
    torch.nn.ReLU(),
    torch.nn.Linear(10,1))
6  plt.ion()
7  plt.show()
8  optimizer = torch.optim.SGD(net.parameters(),lr=0.2)
9  loss_func = torch.nn.MSELoss()
10 for t in range(100):
11     pre_y = net(x)
12     loss = loss_func(pre_y,y)
13     optimizer.zero_grad()
14     loss.backward()
15     optimizer.step()
16     if t%5 == 0 :
17         plt.cla()
18         plt.scatter(x.data.numpy(),y.data.numpy())
19         plt.plot(x.data.numpy(),pre_y.data.numpy(),'r_',lw=5)
20         plt.text(0.5,0,'Loss=%.4f'%loss.data.numpy(),fontdict={'size':20,'color':'red'})
21         plt.pause(0.1)
```

- 第 1 行代码表示导入 torch 库。
- 第 2 行代码导入 matplotlib 库的 pyplot 函数并命名为 plt。
- 第 3 行代码的功能是创建数据 x。
- 第 4 行代码的功能是创建数据 y。
- 第 5 行代码的功能是创建一个模型序列并搭建模型赋给变量 net。
- 第 6 行代码调用 ion( ) 函数开启动态绘图。
- 第 7 行代码调用 show( ) 函数显示图像。
- 第 8 行代码调用 optim( ) 函数的 SGD 优化器赋给变量 optimizer。
- 第 9 行代码调用 nn 模块下的 MSELoss( ) 损失函数并赋给变量 loss_func。
- 第 10 行代码定义一个 for 循环，用采训练模型。
- 第 11 行代码为 Lnet 模型训练数据 x。
- 第 12 行代码的功能是计算损失函数赋给变量 loss。
- 第 13 行代码则清空上一步的残余更新参数值。
- 第 14 行代码表示误差反向传递。
- 第 15 行代码将参数更新值添加到 net 的 parameters 上。
- 第 16 行至第 21 行代码定义绘图功能。
- 第 16 行代码定义 for 循环，表示模型每训练 5 次就更新一次图像。
- 第 17 行代码调用 cla( ) 函数清除图像。
- 第 18 行代码调用 scatter( ) 函数绘制散点图。

- 第 19 行代码调用 plot( ) 函数绘制曲线图。
- 第 20 行代码调用 text( ) 函数向图像上添加文本信息。
- 第 21 行代码调用 pause( ) 函数实现每次绘制后停顿 0.1s。

程序运行结果如图 1-42 所示。

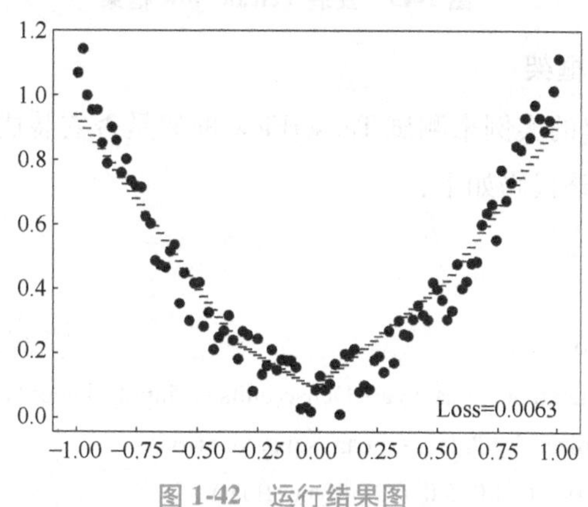

图 1-42　运行结果图

1.13 安装 TensorFlow 框架

1. TensorFlow 框架简介

TensorFlow 是一个用于研究和生产的开放源代码机器学习库，它提供了各种应用程序接口（API），可供初学者和专家在桌面、移动、网络和云端环境下进行开发。TensorFlow 最初由 Google 大脑小组的研究员和工程师们开发，用于机器学习和深度神经网络方面的研究，该系统的通用性也可广泛用于其他计算领域。TensorFlow 采用数据流图来计算，运行过程就像是张量从图的一端流动到另一端，其优点主要包括：

1）高度的灵活性：只要能够将计算表示成一个数据流图，那么就可以使用 TensorFlow 进行机器学习。

2）可移植性：TensorFlow 支持中央处理器（CPU）和 GPU 运算，并且可以在台式机、服务器、手机移动端设备等运行。

3）自动求微分：TensorFlow 内部实现了对于各种给定目标函数自动求导的方法。

4）支持多种语言：TensorFlow 支持多种语言，包括：Python、C++等。

【提示】有关 TensorFlow 详细介绍，请读者参考 TensorFlow 相关手册，链接如下：https://tensorflow.google.cn/。

2. 安装 TensorFlow 框架

同时按下 Windows+R 键，在弹出的对话框中输入 cmd 命令并单击确定按钮，进入命令提示窗口，输入 pip install tensorflow==2.2.0，按下“Enter”键进行安装，如图 1-43 所示。

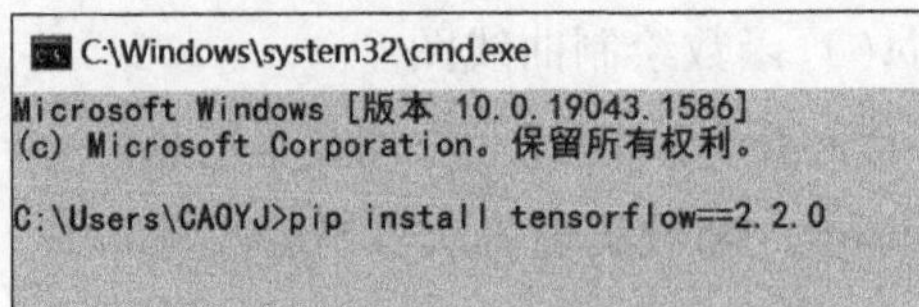

图 1-43　安装 TensorFlow 框架

3. 检测 TensorFlow 框架

本节将通过一个简单的实例来测试 TensorFlow 框架是否安装成功。源代码详见随书资源包：\chapter 1\Tf. py，完整代码如下：

```
1 import tensorflow as tf
2 import numpy as np
3 from tensorflow import keras
4 model = tf.keras.Sequential([keras.layers.Dense(units=1, input_shape=[1])])
5 model.compile(optimizer='sgd', loss='mean_squared_error')
6 xs = np.array([1.0, 2.0, 3.0, 4.0, 5.0, 6.0], dtype=float)
7 ys = np.array([1.0, 1.5, 2.0, 2.5, 3.0, 3.5], dtype=float)
8 model.fit(xs, ys, epochs=1000)
9 print("预测结果:",model.predict([7.0]))
```

- 第 1 行代码导入 TensorFlow 库并命名为 tf。
- 第 2 行代码导入 NumPy 库并命名为 np，便于后面使用。
- 第 3 行代码从 TensorFlow 库导入 keras 模块。
- 第 4 行代码调用 keras 模块的 Sequential( ) 函数，创建一个序列模型并添加一个全连接层，设置神经元数和输入，最后将其赋给变量 model。
- 第 5 行代码调用 compile( ) 函数配置模型训练过程需要的参数，优化器选择随机梯度下降函数（sgd），损失函数选择均方误差（mean_squared_error）。
- 第 6 行代码创建数组并赋给变量 xs，作为模型的输入。
- 第 7 行代码创建数组并赋给变量 ys，作为模型的输出。
- 第 8 行代码调用 fit( ) 函数训练模型并设置训练次数 epochs 为 1000。
- 第 9 行代码调用 predict( ) 函数预测数值并输出。

运行程序后结果如图 1-44 所示，则表明安装成功。（提示：由于每次训练的随机性可能导致预测结果与图 1-44 略有不同。）

```
1/1 [==============================] - 0s 0s/step - loss: 4.8334e-05
Epoch 998/1000
1/1 [==============================] - 0s 0s/step - loss: 4.7982e-05
Epoch 999/1000
1/1 [==============================] - 0s 997us/step - loss: 4.7633e-05
Epoch 1000/1000
1/1 [==============================] - 0s 996us/step - loss: 4.7286e-05
预测结果: [[4.0099187]]
```

图 1-44　预测结果

1.14 本章小结

本章主要介绍了下列内容:

1. 第 1.1 节主要介绍了 Python 语言的历史和特点、Python 语言的环境搭建、开发工具 PyCharm 的安装等，帮助读者做好智能化设计研发前的准备工作，并通过一个简单的程序带领读者轻松入门，感受编程的快乐。

2. 第 1.2~1.11 节分别详细介绍了本书后续章节用到的库和框架，包括：擅长数据处理的库 NumPy 和 Pandas；擅长图像处理的库 OpenCV、Matplotlib、scikit-image 等，并教给读者安装库和检测库的方法，方便后期使用。

3. 第 1.12~1.13 节介绍了两个广受欢迎的深度学习算法框架，并通过两个实例让读者对深度学习算法有初步了解，为后续章节的学习奠定基础。

参考文献

[1] 关东升. 看漫画学 Python：有趣、有料、好玩、好用（全彩版）[M]. 北京：电子工业出版社，2020.
[2] 刘大成. Python 数据可视化之 matplotlib 精进 [M]. 北京：电子工业出版社，2019.
[3] 李立宗. OpenCV 轻松入门：面向 Python [M]. 北京：电子工业出版社，2019.
[4] 伊美·史蒂文斯，卢卡·安蒂加，托马斯·菲曼. PyTorch 深度学习实战 [M]. 牟大恩，译. 人民邮电出版社，2017.
[5] 李金洪. 深度学习之 Tensorflow：入门、原理与进阶实战 [M]. 北京：机械工业出版社，2018.

第2章 基于计算机视觉的轮胎高效建模技术

本章内容：

本章将介绍计算机视觉技术和复杂轮胎结构建模的基础知识，主要包括：计算机视觉技术简介、图像处理技术、图像采集技术、获取轮胎断面轮廓特征、相机标定等知识，最后通过一个实例教给读者建立轮胎模型的实现过程。

2.1 概述

2.1.1 计算机视觉技术简介

1. 计算机视觉技术基础

计算机视觉（Computer Vision）是人工智能领域的一个重要分支，属于典型的交叉学科研究内容，涉及生物、心理、物理、工程、数学、计算机科学等领域，与其他许多学科或研究方向之间相互渗透、相互支撑。

实质上，计算机视觉要解决的问题是让计算机看懂图像或者视频里的内容。例如，图片里的宠物是猫还是狗？图片里的人是李老师还是学生小明？视频里的人在做什么事情？更进一步地说，计算机视觉就是指用摄影机和计算机代替人眼对目标进行识别、跟踪和测量等，以避免大量重复性的工作，并进一步做图像处理，将其转换为更适合人眼观察或传送给仪器检测的图像。

作为一个学科，计算机视觉研究相关的理论和技术试图建立能够从图像或者多维数据中获取高层次信息的人工智能系统。从工程的角度来看，它寻求利用自动化系统模仿人类视觉系统来完成任务。计算机视觉的最终目标是使计算机能够像人那样通过视觉观察来理解世界，具有自主适应环境的能力。但让计算机真正能够通过摄像机感知这个世界却是非常困难的，原因是虽然摄像机拍摄的图像与平时所见相同，但对于计算机来说，任何图像都只是像素值的排列组合，是一堆生冷的数字。如何让计算机从这些数字里面读取有意义的视觉线索，是计算机视觉致力解决的关键问题。

在生理学上，视觉（Vision）的产生都始于视觉器官感受细胞的兴奋，并于视觉神经系统对收集到的信息进行加工后形成。人类通过视觉来直观地了解眼前事物的形体和状态，大部分人都依靠视觉来完成做饭、越过障碍、读路牌、看视频及无数其他任务。因此，对于人类来说，视觉是最重要的一种感觉。对于大多数动物，视觉也起到了十分重要的作用。通过视觉，人和动物感知外界物体的大小、明暗、颜色、动静，获得对机体生存具有重要意义的各种信息，通过这些信息能够判断周围的世界是怎样的，以及如何与世界交互。而在计算机视觉出现之前，图像对于计算机来说处于黑盒状态。一张图像只是一个文件、一串数据。如果计算机、人工智能想要在现实世界发挥重要作用，首先就必须能够看懂图片。半个世纪以来，计算机科学家一直在想办法让计算机拥有视觉功能，从而产生了“计算机视觉”这个领域。

2. 基本原理与典型应用

用过相机或手机的人都知道，计算机擅长拍出有惊人保真度和细节的照片，从某种程度上来说，计算机“视觉”比人类与生俱来的视觉能力强大得多。但如平日所说“听见不等于听懂”，“看见”也不等于“看懂”，要想让计算机真正地“看懂”图像，那就不是一件简单的事情了。图像是一个大像素网格，每个像素有颜色，而颜色又是 3 种基色（红、绿、蓝）的组合。通过组合三种颜色的强度，就可以得到任何颜色。

最简单和最适合用来入门的计算机视觉算法是：跟踪一个有颜色的物体，如一个红色的球，首先记下球的颜色，保存中心像素的 RGB 值，然后编写程序读取该图，并寻找最接近该颜色的像素。当设计算法时，可以从左上角开始，循环判断每个像素点与目标颜色的差异。其中，差值最小的像素，就是该球的像素。该算法并不限制在单张图片上判断，也可以对视频的每一帧图像进行判断，来跟踪球的位置。但是，由于光线、阴影和其他因素的影响，球的颜色会有变化，并不会与预设的颜色系统（RGB）值完全相同。对于某些极端情况，如晚上进行的足球比赛，追踪效果可能会非常差；如果一队的球衣颜色与球的颜色相同，算法可能就完全“晕”了。因此，在很多情况下，计算机视觉技术在应用过程中，通常都需要进行图像预处理和图像增强技术处理，通过对不同算法进行测试，以获取适应不同领域的最佳实现效果。常用的技术包括：图像处理、图像分类、目标检测、语义分割、实例分割 5 个方面，下面分别予以介绍。

（1）图像处理　图像处理技术就是对图像施加某种运算和处理，以提取图像中的各种信息，从而达到某种特定需求的技术。图像处理技术具有改善图像质量、增强图像定位精度、提高信息传输效率和减少图像信息存储容量等特点。常用的图像处理方法包括：图像增强和复原、图像超分辨率、平滑去噪、匹配和描述等。图像处理通常指数字图像处理，而数字图像则是指用工业相机、摄像机、扫描仪等设备经过拍摄得到二维数组，该数组的元素称为像素。图 2-1 所示为彩色图片经过图像处理后转换为二值化图片的效果，二值化图片只有黑、白两种颜色，黑色像素值为 0，白色像素值为 255。

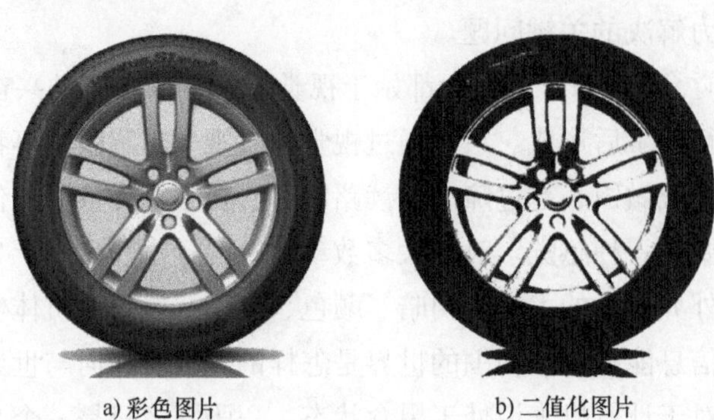

a) 彩色图片　　b) 二值化图片

图 2-1　彩色图片和二值化图片

（2）图像分类　图像分类是计算机视觉技术的核心，目的是根据图像的语义信息对不同类别的图像进行区分，也是目标检测、语义分割、实例分割等其他高层次视觉任务的基础。在图 2-2 中，通过图像分类，计算机能够识别出图像中的对象是汽车（car）。

图像分类在许多领域有着广泛的应用。例如，安防领域的人脸识别和智能视频分析、交通领域的交通场景识别、互联网领域基于内容的图像检索和相册自动归类、医学领域的图像识别等。

图 2-2　识别对象为汽车

（3）目标检测　目标检测的任务是对给定的图片或视频帧，让计算机识别所有目标的位置，并给出每个目标的类别。如图 2-3 所示，以识别检测汽车和货车为例，用边框标记图像中所有汽车和卡车的位置，并在标记框左上角标注成汽车或货车（truck）。对于多类别目标检测，通常使用不同颜色的边框对检测物体的位置进行标记。

（4）语义分割　语义分割中需要将视觉输入分为不同的语义可解释类别。它将整个图像分成像素组，并对像素组进行标记和分类。例如，根据需要区分图像中属于汽车的所有像素，并把这些像素涂成蓝色。在图 2-4 给出的实例中，将图像分为人（红色）、汽车（深蓝色）、路灯（灰色）等。

图 2-3　目标检测

图 2-4　语义分割

（5）实例分割　实例分割综合了目标检测和语义分割技术，目的是对图像中的目标进行检测（目标检测），并给每个像素打上标签（语义分割）。图 2-5 所示为实例分割效果。比较图 2-4 与图 2-5 可以看出：如果以人为目标，语义分割并不区分属于相同类别的不同实例（所有人都标为红色），实例分割则区分同类目标的不同实例（使用不同颜色区分不同的人），即实例分割是语义分割的具体化。

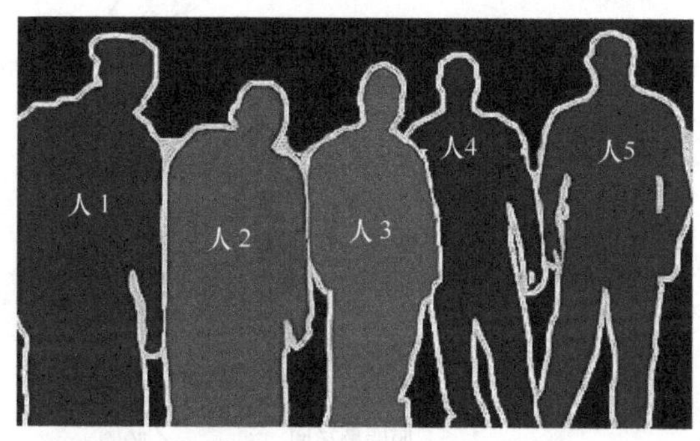

图 2-5　实例分割

3. 计算机视觉技术的挑战

目前，计算机视觉技术发展迅速，已具备初步的产业规模。未来计算机视觉技术的发展主要面临以下挑战：

1）有标注的图像和视频数据较少，机器在模拟人类智能进行认知或感知的过程中，需要大量有标注的图像或者视频数据，指导机器学习其中的一般模式。当前，主要依赖人工标注海量的图像视频数据，不仅费时费力而且没有统一标准，可用有标注数据量有限，使机器学习能力受限。

2）计算机视觉在解决某些问题时可以广泛利用大数据，虽然其已经逐渐成熟并且可以超过人类，然而在某些问题上仍无法达到很高的精度。

3）降低计算机视觉算法的开发时间和人力成本，目前计算机视觉算法需要大量的数据与人工标注，需要较长的研发周期以达到应用领域所要求的精度与耗时。

4）加快新型算法的设计开发，随着新的成像硬件与人工智能芯片的出现，针对不同芯片与数据采集设备的计算机视觉算法的设计与开发也是挑战之一。

2.1.2 复杂轮胎断面建模

子午线轮胎是世界轮胎工业发展的主流产品，是我国轮胎行业的更新换代产品，它具有高速、耐磨、耐刺、节能、舒适、安全等一系列优点。在我国，子午线轮胎已列入国家鼓励优先发展的产业。子午线轮胎已成世界轮胎主流产品，轮胎的质量、使用性能与轮胎设计、生产、检测等过程息息相关，采用先进的设计、生产、检测等手段和技术，改善设计方法，提高生产水平，提升轮胎质量检测水平是当务之急。

子午线轮胎是由胎面、胎侧等变形大、强度低的柔性橡胶部件与模量大、强度高的刚性骨架（橡胶复合部件）组成的复杂结构体，如图 2-6 所示。

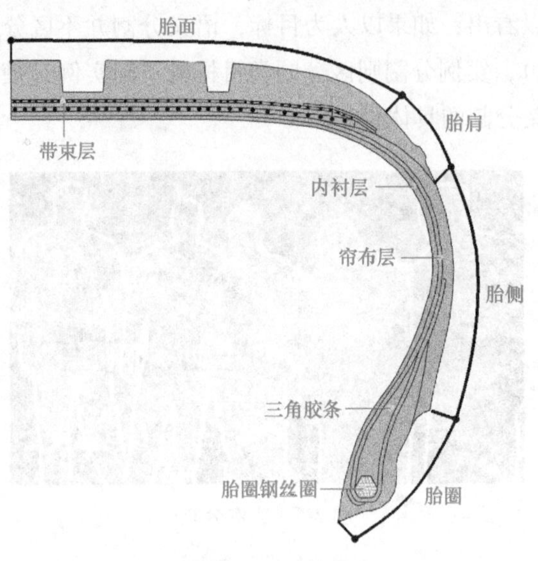

图 2-6 轮胎结构

轮胎设计主要包括 4 部分，分别是：胎面花纹形状、轮胎轮廓、轮胎结构和轮胎材料。

目前，对轮胎轮廓理论设计的研究比较深入，常用轮廓模型理论有轮胎最佳滚动轮廓理论、应变能最小化理论、最佳张力控制理论、预应力理论、动态模拟最佳轮廓理论等，但无论采用何种理论模型，都需要对轮胎轮廓主要参数进行合理设计。

轮胎断面轮廓设计主要包括外轮廓设计和内轮廓设计。外轮廓设计中的胎圈直径、轮胎断面宽高比和接地宽度等直接影响汽车的动力性能、制动性能、操纵稳定性和燃料经济性。胎面花纹主要包括纵向、横向或混合块状花纹、沟槽空隙比、沟槽宽度、角度及深度等，它们将决定或影响车辆的牵引力、制动性能和操纵稳定性。内轮廓设计包括胎圈处三角胶条的结构和尺寸设计，其设计质量很大限度上影响轮胎的侧偏特性。因此，断面轮廓设计对轮胎性能及与汽车的匹配性会产生较大影响。

目前，国内轮胎设计技术人员通常依据经验来选择上述参数，或者将经典轮廓参数进行组合和变换，或者对高性能轮胎轮廓进行手工测量获取相应参数。由于手工测量费时费力，且检测粗糙，人为误差较大，更重要的是无法直接转换到计算机设计环境下，从设计的角度进行分析和改进，而且成本太高。

2.1.3 基于计算机视觉技术的轮胎建模

轮胎产品设计是设计师综合应用专业知识和经验，提出不同的构思和设想，创造性地寻求最优目标的综合、决策、迭代和寻优过程。特征设计是现代产品设计的基石，也是逆向工程建模的关键。逆向工程特征设计与正向工程特征设计既有区别又有联系，逆向工程建模是基于测量数据进行特征提取、重构进而实现复杂形体的建模。

基于视觉的特征提取与重构是特征设计的基础，轮廓是产品最重要的外形特征。计算机视觉测量系统获取的图像数据经过预处理（例如，滤波、图像分割）后，得到关于产品轮廓的散乱数据集，但这些数据不能直观、确定地表达产品轮廓特征及几何意义，也不能直接用于产品设计过程的建模，必须将其转化成建模所需特征。因此，通过选择 Python 语言对AutoCAD软件进行二次开发，将提取的轮胎轮廓特征在 CAD 软件中逆向重建，能够为产品设计人员提供很大帮助。

为了提高轮胎建模的效率和可靠性，国内外众多学者、企业工程师开展了大量的研究工作，主要包括下列几种方法。

1）拟合法：基于直线和圆弧的轮胎断面轮廓重构方法，并结合轮胎轮廓数据特点，考虑轮廓各段之间位置连续及平滑连接的条件，提出基于分段点约束的轮廓重构模型，解决了直线和圆弧构成的轮胎断面轮廓精确重构问题，图 2-7 所示为拟合法绘制的轮廓重构图。

2）二次开发：基于 Abaqus 软件提供的 Python 二次开发接口，研究复杂轮胎结构的参数化高效建模方法。通过宏录制功能录制所需 Python 代码，修改参数后生成脚本文件，设计（RSG）对话框创建轮胎建模插件，输入轮胎结构关键参数后可以一键生成

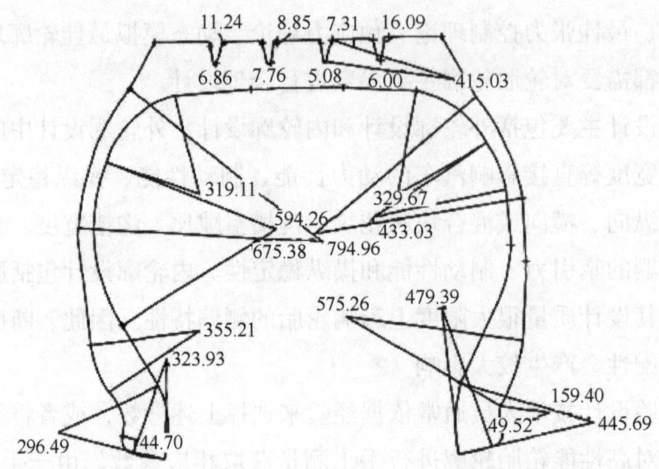

图 2-7　拟合法绘制的轮廓重构图

轮胎有限元几何模型。该方法将原来需要数小时才能完成的轮胎建模缩短为几秒钟，极大地提高了复杂结构轮胎的设计效率。开发的插件和生成的轮胎外轮廓如图 2-8 所示。

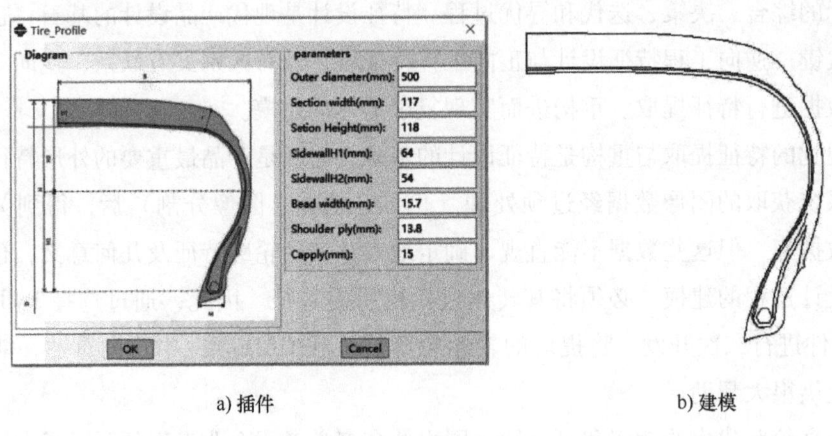

a) 插件　　　　b) 建模

图 2-8　基于二次开发的轮胎建模

除了上述方法之外，也有学者基于 AutoCAD 软件提供的二次开发接口，采用内嵌的 Visual LISP 语言开发轮胎有限元建模几何清理模块。利用三维激光扫描仪对轮胎进行扫描，通过 CATIA 软件对所得点云数据进行处理，通过曲面重构重建立轮胎的 3D 模型。

综上，众多学者已经对轮胎自动化高效建模做了大量的研究工作，为提高复杂轮胎结构的建模效率提供了思路与方法，但仍然存在人工参与多、设备昂贵等问题。

2.2 图像处理技术

2.2.1 简介

数字图像处理涉及的知识非常广泛，具体的方法种类繁多。传统的图像处理技术主要集中在图像获取、变换、增强、恢复（还原）、压缩编码、分割与边缘提取等方面，并且随着新工具、新方法的不断出现，图像处理技术也一直在更新与发展。

近十多年来，随着计算机技术的不断发展，图像特征分析、图像配准、图像融合、图像分类、图像识别、基于内容的图像检索等领域都取得了飞速进展。它们在一定程度上反映了人类的智力活动，并在计算机上模仿、延伸和扩展了人的智能。数字图像处理技术包括：

1. 图像数字化

图像数字化是将一幅画面转化成计算机能够处理的形式——数字图像的过程。要在计算机中处理图像，必须首先把真实图像（照片、画报、图书、图纸等）通过数字化转变成计算机能够接受的显示和存储格式，然后再用计算机进行分析处理。

图像的数字化过程主要包括采样、量化与压缩编码 3 个步骤。采样的实质是要用多少个点来描述一幅图像，采样质量的好坏通过图像分辨率来衡量。简单来讲，对二维空间上连续的图像在水平和垂直方向上等间距地分割成矩形网状结构，其中的微小方格称像素点。一副图像则被采样成有限个像素点构成的集合。量化则是指使用多大范围的数值来表示图像采样后的每一个点。量化结果是图像能够容纳的颜色总数，它反映了采样的质量。数字化后得到的图像数据量十分庞大，必须采用编码技术压缩其信息量。编码压缩技术是实现图像传输与储存的关键。图 2-9 所示为图像数字化的简单过程。

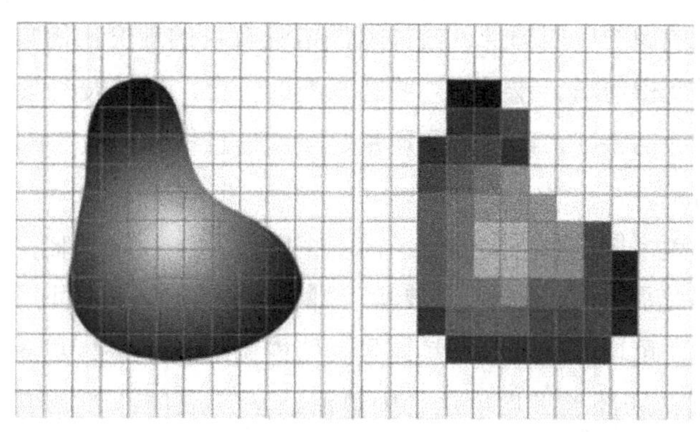

图 2-9　图像数字化的简单过程

2. 图像变换

为了有效和快速地对图像进行处理和分析，需要将定义在图像空间的原始图像以某种形式转换到另外的空间，利用空间的特有性质方便地进行加工处理，最后再转换到图像空间以得到所需的效果，这个过程称为图像变换技术。

图像变换是许多图像处理和分析技术的基础（以数学为工具），其实质是把图像从一个空间变换到另一个空间，便于分析处理。主要包括两个变换过程①正变换：从图像空间向其他空间的变换；②反变换：从其他空间向图像空间变换（也称逆变换）。

图像变换的算法包括：空域变换等维度算法、空域变换变维度算法、值域变换等维度算法和值域变换变维度算法。其中，空域变换主要指图像在几何上的变换；值域变换主要指图像在像素值上的变换。等维度变换则是在相同的维度空间中进行变换，变维度变换则是在不同的维度空间中实现变换（例如，从二维变换到三维，从灰度空间变换到彩色空间等）。图 2-10 给出了一个实例，通过傅里叶变换将轮胎图片转换为频域上的信号，以用来实现图像降噪、图像增强等技术处理。

a) 轮胎图片

b) 频域信号

图 2-10　傅里叶变换

3. 图像增强

图像增强指的是增强图像中的有用信息，它可以是一个失真过程，其目的是改善图像的视觉效果。针对给定图像的应用场景，通过图像增强有目的地突出图像的整体或局部特性，将原来不清晰的图像变得清晰，或强调某些感兴趣的特征，以扩大图像中不同物体特征之间的差别，抑制不感兴趣的特征，改善图像质量、丰富信息量，加强图像判读和识别效果，满足某些特殊分析的需要。

图像增强可分成频率域法和空间域法。前者把图像看作一种二维信号，对其进行基于二维傅里叶变换的信号增强。采用低通滤波法（即只让低频信号通过），可去掉图像中的噪声；采用高通滤波法，可增强边缘等高频信号，使模糊的图片变得更加清晰。空间域法中最有代表性的算法包括：局部求平均值法、中值滤波法（取局部邻域中的中间像素值）等，主要用于去除或减弱噪声，图 2-11 所示为轮胎图片在图像增强前后的效果。

4. 图像恢复

图像恢复指的是消除成像过程中因摄像机与物体相对运动、系统误差、畸变、噪声等因素的过程。首先，需要建立图像质量下降的退化模型，再应用模型反推真实图像，同时运用

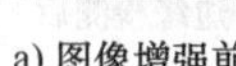

a) 图像增强前

b) 图像增强后

图 2-11　轮胎图片

特定的算法或标准来判定图像恢复的效果。在遥感图像处理中，为了消除遥感图像的失真、畸变，恢复目标的反射波谱特性和正确的几何位置，通常需要对图像进行恢复处理，包括：辐射校正、大气校正、条带噪声消除、几何校正等内容。图 2-12 所示为正常图像和失真图像的对比。

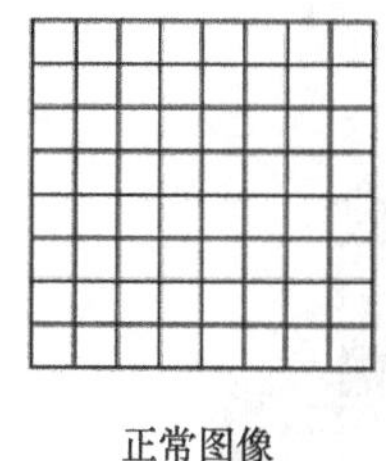

正常图像

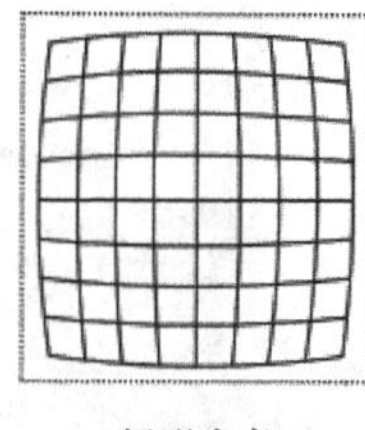

桶形失真

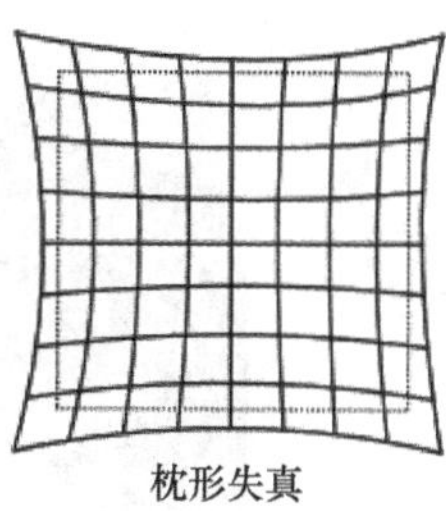

枕形失真

图 2-12　正常图像和失真图像的对比

5. 边缘检测

边缘检测是图像处理和计算机视觉中的基本问题，其目的是标识数字图像中亮度变化明显的点。图像属性中的显著变化通常反映了属性的重要事件和变化，图像边缘是图像的基本特征之一，包含了图像丰富的内在信息（例如，方向、阶跃性质与形状等），它广泛应用于图像分割、图像分类、图像配准和模式识别中。

图像边缘检测能够大大减少数据量，剔除无关信息而保留图像的重要结构属性。边缘检测的算法有很多，通常可以分为两类：基于查找和基于零穿越，前者通过寻找图像一阶导数中的最大和最小值来检测边界，通常将边界定位在梯度最大的方向；后者则通过寻找图像二阶导数零穿越来寻找边界。图 2-13 给出了基于 Canny 算子获取复杂轮胎边缘检测的效果。

6. 图像配准

图像配准指的是将不同时间、不同传感器（成像设备）或不同条件下（天候、照度、摄像位置和角度等）获取的两幅或多幅图像进行匹配、叠加的过程，该技术已经广泛地应用于遥感数据分析、计算机视觉、图像处理等领域。

图像配准技术的流程如下：首先对两幅图像进行特征提取，以得到特征点；然后，通过

a) 边缘检测前

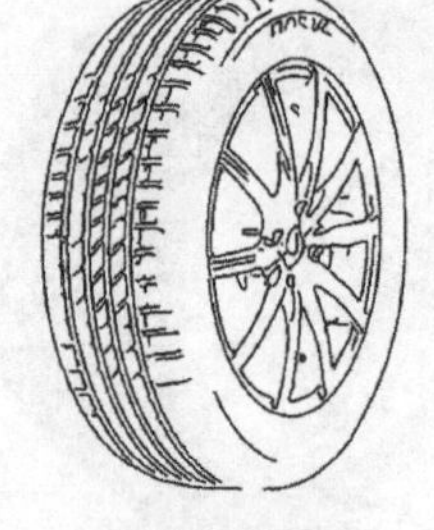

b) 边缘检测后

图 2-13　Canny 算子复杂轮胎边缘检测效果

进行相似性度量找到匹配的特征点对；接着，通过匹配的特征点对得到图像空间坐标变换参数；最后由坐标变换参数进行图像配准。其中，特征提取是配准技术的关键，准确的特征提取为特征匹配的成功进行提供了保障。因此，寻求具有良好不变性和准确性的特征提取方法，对于匹配精度至关重要。图 2-14 所示为图像配准的效果展示。

图 2-14　图像配准

2.2.2　图像的读取、显示与保存

在图像处理的过程中，读取图像、显示图像、保存图像是最基本的操作。本节将逐一介绍。

1. 读取图像

OpenCV 提供了 cv2. imread( ) 函数来读取图像，该函数支持各种静态图像格式，命令如下：

```
retval=cv2. imread(filename[ , flags])
```

其中，retval 是返回值，其值是读取到的图像。如果未读取到图像，则返回值为“None”。filename 表示将要打开图片的路径，可以是绝对路径或相对路径。flags 表示图像的通道和色彩信息（默认值为 1）。常用的标记类型包括：cv2. IMREAD_UNCHANGED（保持原格式不变，-1）、cv2.IMREAD_GRAYSCALE（将图像调整为单通道的灰度图像，0）、cv2.IMREAD_COLOR（将图像调整为 3 通道的 BGR 图像，1）。

2. 显示图像

OpenCV 提供了多个与显示有关的函数，下面对常用的函数进行介绍，更多更详细的介绍，请读者查阅帮助文档。

（1）cv2.namedWindow() 函数　该函数用来创建指定名称的窗口，其语法格式为：

```
None=cv2.namedWindow(winname[, flags])
```

其中，winname 表示将要创建的窗口名称；flag 一般无须设置，默认值为 flags==WINDOW_AUTOSIZE | WINDOW_KEEPRATIO | WINDOW_GUI_EXPANDED。

（2）cv2.imshow() 函数　该函数用来在指定窗口显示图像，其语法格式为：

```
None=cv2.imshow(winname, mat)
```

其中，winname 是窗口名称；mat 是将要显示的图像。

（3）cv2.waitKey() 函数　该函数的功能是等待按键，当用户按下键盘后，该语句会被执行，并获取返回值。在实际使用中，可以通过 cv2.waitKey() 函数获取按下的按键名，并对不同的键做出不同的响应，从而实现交互功能。其语法格式为：

```
retval=cv2.waitKey([delay])
```

其中，retval 表示返回值，默认值为 0。如果没有按键被按下，则返回-1；如果有按键被按下，则返回该按键的 ASCII 码；delay 表示等待键盘触发的时间，当该值是负数或零时，表示无限等待。

（4）cv2.destroyWindow() 函数　该函数的功能是用来释放（销毁）指定窗口，在实际使用中，该函数通常与 cv2.waitKey() 函数组合实现窗口的释放。其语法格式为：

```
None=cv2.destroyWindow(winname)
```

（5）cv2.destroyAllWindows() 函数　该函数用来释放（销毁）所有窗口，其语法格式为：

```
None=cv2.destroyAllWindows()
```

3. 保存图像

OpenCV 提供了函数 cv2.imwrite() 来保存图像，语法格式为：

```
retval=cv2.imwrite(filename, img[, params])
```

其中，retval 是返回值，如果保存成功，则返回逻辑值真（True）；如果保存不成功，则返回逻辑值假（False）；filename 表示要保存的目标文件的完整路径名，包含文件扩展名；img 是保存图像的名称；params 是可选参数，用来表示保存类型。

图像读取、显示、保存的代码示例详见随书资源包：\chapter 2\读取显示保存.py。

轮胎设计研发智能化技术

```
1   import numpy as np
2   import cv2
3   img = cv2.imread('./images/car.jpg', 0)
4   cv2.namedWindow('car')
5   cv2.imshow('car', img)
6   k = cv2.waitKey(0)
7   if k == 27:
8       cv2.destroyAllWindows()
9   elif k == ord('s'):
10      cv2.imwrite('car_gray.jpg', img)
11   cv2.destroyAllWindows()
```

- 第 1 行代码导入 numpy 库并重命名为 np。
- 第 2 行代码导入 cv2 库。
- 第 3 行代码以灰度图格式读取相对路径 car. jpg 图片。
- 第 4 行代码设置窗口，名为 car。
- 第 5 行代码在 car 窗口显示 car. jpg 图片。
- 第 8 行代码表示按下 ESC 键销毁窗口。
- 第 9~11 行代码表示按 s 键保存 car 的灰度图像并销毁窗口。

2.2.3 图像的基础操作

本节将要介绍的所有操作主要与 Numpy 模块相关。要使用 OpenCV 模块编写更好的优化代码，则需要丰富的 Numpy 知识。

1. 获取像素值

加载一张彩色图像，然后可以通过行和列的坐标来访问像素值。对于 BGR 图像，将返回一个由蓝色、绿色和红色值组成的数组。对于灰度图像，只返回相应的灰度。除了以下给出的获取像素值的方法，读者还可以根据不同需求，利用索引的强大功能，获取所需的像素值。

获取像素值的示例代码详见随书资源包：\chapter 2\获取像素值 . py。

```
1   import numpy as np
2   import cv2
3   img = cv2.imread('./images/car.jpg')
4   pixel = img[100, 100]
5   print(pixel)
6   blue = img[100, 100, 0]
7   print( blue )
```

- 第 4 行代码表示获取第 101 行、第 101 列的像素值。

【提示】Python 语言的索引从 0 开始，因此此处的 100 实际是 101。

- 第 5 行代码输出像素值，结果为［149 144 141］。
- 第 6 行代码表示获取第 101 行、第 101 列和第 1 个通道的像素值。
- 第 7 行代码的输出结果为 149。

2. 修改像素值

对于单个像素访问，推荐选用 Numpy 数组的常用方法 array. item( ) 和 array. itemset( )，需要注意的是，它们的返回值为标量。如果需要访问所有的 B、G、R 值，则需要分别调用所有的数组项 array. item( )。修改像素值的示例代码详见随书资源包:\chapter 2\修改像素值 . py。

```
1   img[100, 100] = [255, 255, 255]
2   print( img[100, 100] )
3   print(img.item(100, 100, 2))
4   img.itemset((100, 100, 2), 100)
5   print(img.item(100, 100, 2))
```

- 第 1 行代码表示将第 101 行、第 101 列的像素值修改为［255 255 255］。
- 第 2 行代码的功能是输出像素值［255，255，255］。
- 第 4 行代码表示将第 101 行、第 101 列、第 3 通道的像素值修改为 100。
- 第 5 行代码的输出结果为 100。

3. 拆分及合并图像通道

有些情况下，需要分别处理图像的 B、G、R 通道。此时，需要将 BGR 图像拆分为单个通道。其他情况下，可能需要将这些单独通道加入 BGR 图片，此时可以调用 cv. split( ) 函数和 cv. merge( ) 函数或 Numpy 模块的索引功能来实现。

拆分及合并图像通道的示例代码详见随书资源包:\chapter 2\拆分及合并图像通道 . py。

```
1   b, g, r = cv.split(img)
2   img = cv.merge((b, g, r))
3   b = img [:, :, 0]
4   img [:, :, 2] = 0
```

- 第 1 行代码表示将图片拆分为 3 个通道并分别赋给变量 b，g，r。
- 第 2 行代码表示合并 b，g，r 3 个通道。
- 第 3 行代码表示通过 numpy 模块中的索引方法获取蓝色（第一个）通道。
- 第 4 行代码表示将所有红色通道的像素值都设置为零。

4. 图像加法

通常情况下，灰度图像的像素值范围是［0,255］，可以通过加号（+）运算符或调用

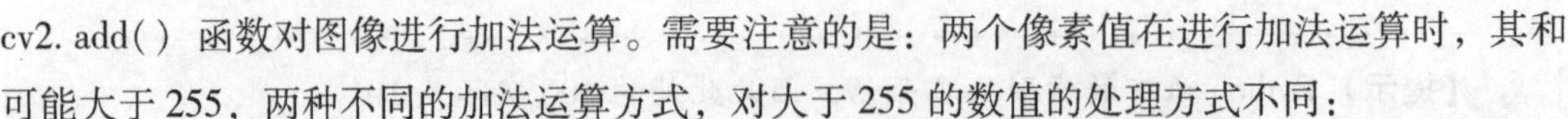

cv2. add( ) 函数对图像进行加法运算。需要注意的是：两个像素值在进行加法运算时，其和可能大于 255，两种不同的加法运算方式，对大于 255 的数值的处理方式不同：

1）使用加号运算符（+）对像素值 a 和像素值 b 求和运算时，遵循式（2-1）的规则，其中“mod(a+b,256)”表示计算“a+b 的和除以 256 取余数”

$$a+b=\begin{cases} a+b & a+b\leqslant 255 \\ \operatorname{mod}(a+b,256) & a+b>255 \end{cases} \tag{2-1}$$

2）cv2. add ( ) 函数可以用来计算图像像素值之和，其语法格式为：计算结果 = cv2. add（像素值 a，像素值 b）。当该函数对像素值 a 和像素值 b 进行求和运算时，会得到像素值对应图像的饱和值（最大值），并遵循式（2-2）的规则

$$a+b=\begin{cases} a+b & a+b\leqslant 255 \\ 255 & a+b>255 \end{cases} \tag{2-2}$$

图像加法的示例代码详见随书资源包：\chapter 2\图像加法 . py。

```
1   import cv2
2   a=cv2.imread("./images/2-15(a).jpg"，0)
3   b=a
4   result1=a+b
5   result2=cv2.add(a，b)
6   cv2.imshow("original"，a)
7   cv2.imshow("result1"，result1)
8   cv2.imshow("result2"，result2)
9   cv2.waitKey()
10  cv2.destroyAllWindows()
```

- 第 2 行代码表示读取图片“./images/2-15(a).jpg”赋值给变量 a。
- 第 3 行代码表示将变量 a 赋值给变量 b。
- 第 4 行和第 5 行代码分别采用“+”运算和 add( ) 函数，实现图像 a 和图像 b 相加，效果如图 2-15 所示。

a) 轮胎图片

b) “+”运算后效果

c) cv2.add()运算后效果

图 2-15　图像加法

第2章 基于计算机视觉的轮胎高效建模技术

2.2.4 图像的加权和运算

图像加权和运算指的是计算两幅图像的像素值之和时，考虑每幅图像的权重。当图像进行加权和运算时，要求图像 1 和图像 2 必须大小、类型相同，但对具体是什么类型和通道没有特殊限制，可以是任意数据类型，也可以有任意数量的通道。

OpenCV 模块提供了 cv2. addWeighted( ) 函数来实现图像的加权和（混合、融合）运算，该函数的语法格式为：

```
dst=cv2.addWeighted(src1, alpha, src2, beta, gamma)
```

其中，参数 alpha 和 beta 分别表示 src1 和 src2 所对应的权重系数，它们的和可以等于 1，也可以不等于 1。

该函数返回的像素值如式（2-3）所示

$$dst=src1\times alpha+src2\times beta+gamma \tag{2-3}$$

需要注意的是，参数 gamma 是必选参数，其值可以是 0，不能省略。可以将式（2-3）理解为“像素值=图像 1×系数 1+图像 2×系数 2+亮度调节量”。

图像加权和运算的示例代码详见随书资源包：\chapter 2\图像的加权运算 . py。

```
1  import cv2
2  a=cv2.imread("./images/2-16(a).jpg")
3  b=cv2.imread("./images/2-16(b).jpg")
4  result=cv2.addWeighted(a, 0.8, b, 0.2, 0)
5  cv2.imshow("test1", a)
6  cv2.imshow("test2", b)
7  cv2.imshow("result", result)
8  cv2.waitKey()
9  cv2.destroyAllWindows()
```

- 第 2 行和第 3 行代码的功能是读取图片“2-16（a）.jpg”和图片“2-16（b）.jpg”并分别赋值给变量 a 和变量 b。
- 第 4 行将两幅图像分别按照 0.8 和 0.2 的比例合成为一幅新图像并赋值给变量 result。
- 第 5~7 行代码分别显示图像 a，b，result，如图 2-16 所示。
- 第 8、9 行代码表示销毁显示窗口。

a) 汽车

b) 轮胎

c) 图像合成结果

图 2-16 图像的加权运算

2.2.5 图像增强技术

图像增强技术是为了突出图像中感兴趣的区域，降低或去除不需要的图像信息，以获取用户所需有用信息的技术。图像增强作为图像处理的一个重要分支，随着需求的不断变化，也在不断更新。通常，受场景本身所包含的动态范围、光照条件、图像捕获设备（如数码相机的局限性），以及摄影者本身技术问题等多种因素影响，多数情况下，拍摄图像很难达到预期目标。例如，场景中的运动目标产生的运动模糊、由于曝光不恰当引起的场景细节损失或是弱小目标辨识不清等，都会给后期的图像前后景分割、目标识别、目标跟踪和最终的图像理解及预测分析等带来难度。

本节将讨论图像增强的基本方法，包括：图像阈值处理、图像平滑处理、形态学操作、图像直方图与均衡化、霍夫变换等。

1. 图像阈值处理

图像阈值处理又称为二值化（Binarization），它可以将一幅图像转换为感兴趣的部分（前景）和不感兴趣的部分（背景）。二值化可以剔除图像中一些低于或高于阈值的像素，从而提取图像中所关心的物体。阈值也称为临界值，主要功能是确定一个范围，然后对在该范围内的像素点使用相同方法处理，阈值之外的部分则采用其他处理方法或保持原样。

阈值处理包括两种方法：固定阈值和非固定阈值，前者的阈值始终不变，后者的阈值则由程序根据算法及给出的最大阈值计算合适的阈值，再选用该阈值进行二值化处理。当进行非固定阈值处理时，需要在固定阈值处理的基础上叠加组合标记，叠加方式与固定阈值方式的标记相同。

（1）全局阈值处理　全局阈值处理是指剔除图像内像素值高于一定值或者低于一定值的像素点。例如，设定阈值为100，则将图像内所有像素值大于100的像素点的值设为255，将图像内所有像素值小于或等于100的像素点的值设为0。通过上述设置可以得到一幅二值图像（像素值只有0与255）。OpenCV模块中的cv2.threshold()函数可以实现阈值化处理，该函数的语法格式为

```
retval, dst=cv2.threshold(src, thresh, maxval, type)
```

其中，retval表示返回的阈值；dst表示阈值分割后的结果图像，该图像与原始图像的大小和类型都相同；src表示待阈值分割图像，可以是多通道、8位或32位浮点型数值；thresh表示设定阈值；maxval表示当type参数为THRESH_BINARY或者THRESH_BINARY_INV类型时，需要设定的最大值；type表示阈值分割的类型。

常用的全局阈值处理方法包括：二值化阈值处理、反二值化阈值处理、截断阈值化处理、低阈值零处理和超阈值零处理。

图像加权和运算的代码示例详见随书资源包：\chapter 2\图像阈值处理.py。

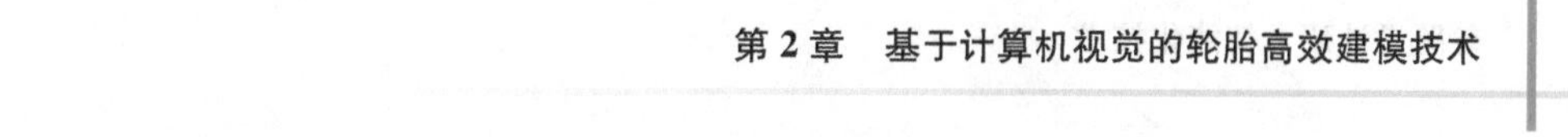


```
1   import cv2 as cv
2   import numpy as np
3   from matplotlib import pyplot as plt
4   img = cv.imread('./images/2-17(a).jpg'，0)
5   ret， thresh1 = cv.threshold(img， 127， 255， cv.THRESH_BINARY)
6   ret， thresh2 = cv.threshold(img， 127， 255， cv.THRESH_BINARY_INV)
7   ret， thresh3 = cv.threshold(img， 127， 255， cv.THRESH_TRUNC)
8   ret， thresh4 = cv.threshold(img， 127， 255， cv.THRESH_TOZERO)
9   ret， thresh5 = cv.threshold(img， 127， 255， cv.THRESH_TOZERO_INV)
10  titles = ['Original Image'， 'BINARY'， 'BINARY_INV'， 'TRUNC'， 'TOZERO'， 'TOZERO_INV']
11  images = [img， thresh1， thresh2， thresh3， thresh4， thresh5]
12  for i in xrange(6):
13      plt.subplot(2， 3， i + 1)， plt.imshow(images[i]， 'gray')
14      plt.title(titles[i])
15      plt.xticks([])， plt.yticks([])
16  plt.show()
```

- 第 1~3 行代码分别导入 cv2 库、numpy 库和 matplotlib 库并重命名为 cv、np 和 plt。
- 第 3 行代码读取图像“./images/2-17(a).jpg”，并赋值给变量 img。
- 第 5~9 行调用了 5 种不同的全局阈值处理方法，顺序依次为二值化阈值处理、反二值化阈值处理、截断阈值化处理、低阈值零处理和超阈值零处理
- 第 10~16 行代码使用 plt 工具显示原始图像和 5 种全局阈值处理后的图像，效果如图 2-17 所示。

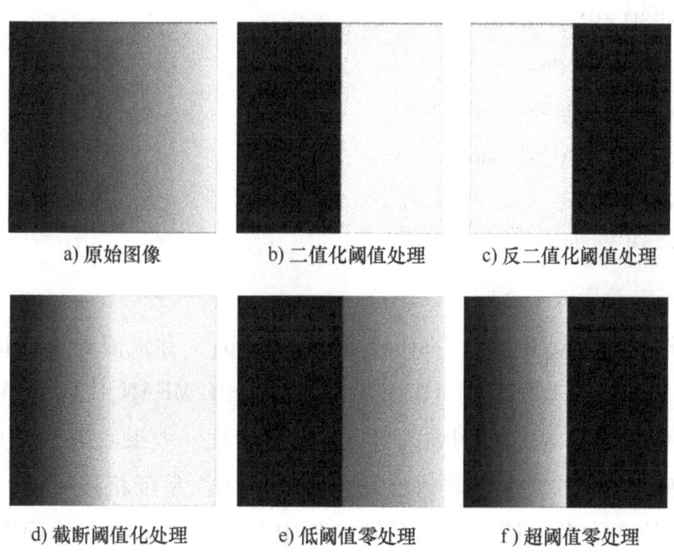

a) 原始图像　b) 二值化阈值处理　c) 反二值化阈值处理

d) 截断阈值化处理　e) 低阈值零处理　f) 超阈值零处理

图 2-17　不同方式的全局阈值处效果

轮胎设计研发智能化技术

（2）自适应阈值处理　在图像阈值化操作中，更关注从二值化图像中分离目标区域和背景区域，对于色彩均衡的图像，直接设置一个阈值就能完成对图像的阈值化处理。但是，有时图像的色彩是不均衡的，因此，通常情况下图片中不同区域的阈值不同，需要一种方法能够根据图像不同区域的亮度或灰度分布，计算其局部阈值来进行阈值处理。该方法就是自适应阈值化图像处理，也称为局部阈值法。

自适应阈值根据像素邻域块的像素值分布来确定该像素位置的二值化阈值，这样做的好处在于每个像素位置处的二值化阈值不是固定不变的，而是由周围邻域像素的分布来决定的。亮度较高的图像区域的二值化阈值通常较大，亮度较低的图像区域的二值化阈值则会相适应变小。不同亮度、对比度、纹理的局部图像区域都会有与之对应的局部二值化阈值。

OpenCV 模块中提供了 cv2. adaptiveThreshold( ) 函数来实现自适应阈值处理，该函数的语法格式为：

```
dst=cv. adaptiveThreshold(src, maxValue, adaptiveMethod, thresholdType, blockSize, C)
```

其中，dst 表示自适应阈值的处理结果；src 表示待处理的原始图像。需要注意的是，该图像必须是 8 位单通道；maxValue 表示最大值；adaptiveMethod 表示自适应方法；thresholdType 表示阈值处理方式。blockSize 表示块的大小，即：一个像素在计算阈值时所使用的邻域尺寸，通常为 3、5、7 等；C 表示常量。

自适应阈值处理的示例代码详见随书资源包：\chapter 2\自适应阈值处理 . py。

```
1    import cv2
2    img=cv2.imread("./images/2-18(a).jpg",0)
3    athdMEAN=cv2.adaptiveThreshold(img,25,cv2.ADAPTIVE_THRESH_MEAN_C,
       cv2.THRESH_BINARY,5,3)
4    athdGAUS=cv2.adaptiveThreshold(img,255,cv2.ADAPTIVE_THRESH_GAUSSIAN_C,
       cv2.THRESH_BINARY,5,3)
5    cv2.imshow("img", img)
6    cv2.imshow("athdMEAN", athdMEAN)
7    cv2.imshow("athdGAUS", athdGAUS)
8    cv2.waitKey()
9    cv2.destroyAllWindows()
```

- 第 1 行代码表示导入 cv2 库。
- 第 2 行代码表示读取图片“./images/2-18(a).jpg”并赋值给变量 img。
- 第 3、4 行代码分别表示使用 ADAPTIVE_THRESH_MEAN_C 或 ADAPTIVE_THRESH_GAUSSIAN_C 两种自适应方法进行图像的自适应阈值处理，效果如图 2-18 所示。

（3）Otsu 处理　在对图像进行阈值处理时，阈值往往是随机设置的，无法很好地对图像进行分割。阈值的选取在阈值处理、图像分割中至关重要。Otsu 处理能够遍历所有的像素值并找到最好的类间分割阈值，然后进行阈值操作。

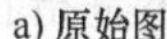
a) 原始图像

b) GAUS方法效果图

c) MEAN方法效果图

图 2-18　自适应阈值分割方法

Otsu 阈值处理的示例代码详见随书资源包：\chapter 2\Otsu. py。

```
1    import cv2
2    img=cv2.imread("./images/2-19(a).jpg", 0)
3    t2, otsu=cv2.threshold(img, 0, 255, cv2.THRESH_BINARY+cv2.THRESH_OTSU)
4    cv2.imshow("img", img)
5    cv2.imshow("otus", otsu)
6    cv2.waitKey()
7    cv2.destroyAllWindows()
```

- 第 1 行代码表示导入 cv2 库。
- 第 2 行代码表示读取图片“./images/2-19(a).jpg”并赋值给变量 img。
- 第 3 行代码表示调用 Otsu 方法实现阈值分隔，效果如图 2-19 所示。

a) 原始图像

b) Otsu阈值分割效果图

图 2-19　Otsu 二值化

2. 图像平滑处理

在尽量保留图像原有信息的情况下，过滤图像内部的噪声，该过程称为对图像进行平滑处理，以得到平滑图像。下面简单介绍图像平滑处理的 5 种滤波方法，分别是：均值滤波、方框滤波、高斯滤波、中值滤波和双边滤波。

（1）均值滤波　均值滤波是指用当前像素点周围 $N \times N$ 个像素的均值来代替当前像素值。在进行均值滤波时，首先要考虑需要对周围多少个像素点取平均值。通常情况下，会以当前像素点为中心，对行数和列数相等的一块区域内的所有像素点的像素值求平均。对于边缘像素点，可以只取图像周围邻域点的像素值均值，也可以扩展当前图像的周围像素点，在新增的行列内填充不同的像素值，再使用该方法遍历处理图像内的每一个像素点，即可完成整幅图像的均值滤波。通常情况下，参与运算的像素点数量越多，图像失真越严重。在 OpenCV 模块中，实现均值滤波的函数是 cv2. blur( )，其语法格式为：

```
dst=cv2. blur(src, ksize, anchor, borderType)
```

其中，dst 代表返回值，表示均值滤波后结果；src 是待处理图像，它可以有任意数量的通道，并能对各个通道独立处理；ksize 是滤波核的大小。滤波核大小是指在均值处理过程中，其邻域图像的高度和宽度。例如，其值可以为（3，3），表示以 3×3 大小的邻域均值作为图像均值滤波处理的结果，如式（2-4）所示。

$$K=\frac{1}{3\times3}\begin{pmatrix}1 & 1 & 1\\ 1 & 1 & 1\\ 1 & 1 & 1\end{pmatrix} \tag{2-4}$$

anchor 表示锚点，其默认值是（-1，-1），表示当前计算均值点位于核的中心位置。该值使用默认值即可，在特殊情况下可以指定不同的点作为锚点；borderType 表示边界样式，该值决定了以何种方式处理边界，通常采用默认值即可。

均值滤波处理的示例代码详见随书资源包:\chapter 2\均值滤波 . py。

```
1    import cv2
2    o=cv2.imread("./images/2-20(a).jpg")
3    r=cv2.blur(o，(5，5))
4    cv2.imshow("original"，o)
5    cv2.imshow("result"，r)
6    cv2.waitKey()
7    cv2.destroyAllWindows()
```

- 第 1 行代码表示导入 cv2 库。
- 第 2 行代码表示读取图片“./images/2-20(a).jpg”并赋值给变量 o。
- 第 3 行代码表示使用均值滤波方法进行平滑处理，kernel 大小为 5×5，执行效果如图 2-20 所示。

a) 原始图像

b) 均值滤波效果

图 2-20　均值滤波

第2章 基于计算机视觉的轮胎高效建模技术

（2）方框滤波　方框滤波与均值滤波的不同在于：方框滤波不会计算像素均值，而且可以自由选择是否对均值滤波的结果进行归一化，即自由选择滤波结果是邻域像素值之和的平均值，还是邻域像素值之和。OpenCV 模块中的 cv2. boxFilter( ) 函数可实现方框滤波功能其语法格式为：

```
dst=cv2. boxFilter(src, ddepth, ksize, anchor, normalize, borderType)
```

其中，dst 是返回值，表示方框滤波的处理结果；src 表示待处理的原始图像；ddepth 表示处理的图像深度；ksize 表示滤波核大小；anchor 表示锚点，默认值是（-1，-1），指的是当前计算均值的点位于核的中心位置，该值使用默认值即可，在特殊情况下可以指定不同的点作为锚点；normalize 表示滤波是否进行归一化操作（此处指的是将计算结果规范化为当前像素值范围内），当参数 normalize=1 时，表示要归一化处理，使用邻域像素值的和除以面积；当参数 normalize=0 时，表示无需归一化处理，直接使用邻域像素值的和即可。

方框滤波处理的示例代详见随书资源包：\chapter 2\方框滤波 . py。

```
1   import cv2
2   o=cv2.imread("./images/2-21(a).jpg")
3   r=cv2.boxFilter(o, -1, (5, 5))
4   cv2.imshow("original", o)
5   cv2.imshow("result", r)
6   cv2.waitKey()
7   cv2.destroyAllWindows()
```

- 第 1 行代码表示导入 cv2 库。
- 第 2 行代码表示读取图片“. /images/2-21(a). jpg”，并赋值给变量 o。
- 第 3 行代码表示调用方框滤波方法进行平滑处理，kernel 大小为 5×5，ddepth=-1（表示与原图保持相同深度），代码执行效果如图 2-21 所示。

a) 原始图像

b) 方框滤波效果

图 2-21　方框滤波

（3）高斯滤波　当对均值滤波和方框滤波操作时，其邻域内每个像素的权重相等。而高斯滤波会将中心点的权重值加大，远离中心点的权重值减小，在此基础上计算邻域内各个

轮胎设计研发智能化技术

像素值不同权重的和。高斯滤波卷积核中的值不再都是 1。例如，一个 3×3 的卷积核可能如式（2-5）所示

$$\text{kernel}=\begin{pmatrix}1 & 2 & 1\\ 2 & 8 & 2\\ 1 & 2 & 1\end{pmatrix} \tag{2-5}$$

OpenCV 模块的 cv2. GaussianBlur( ) 函数能够实现高斯滤波，其语法格式为：

```
dst = cv2. GaussianBlur( src， ksize， sigmaX， sigmaY， borderType)
```

其中，dst 是返回值；src 表示待处理的原始图像，它可以有任意数量的通道，并能对各个通道独立处理；ksize 表示滤波核大小。滤波核大小是指在滤波处理过程中其邻域图像的高度和宽度。需要注意的是，滤波核的值必须是奇数；sigmaX 表示卷积核在水平方向（X 轴方向）的标准差，主要控制权重比例；sigmaY 是卷积核在垂直方向（Y 轴方向）的标准差，如果将该值设为 0，则表示只采用 sigmaX 值；如果 sigmaX 和 sigmaY 都是 0，则通过 ksize. width 和 ksize. height 计算得到；borderType 表示边界样式，该值决定了以何种方式处理边界。

高斯滤波处理的示例代码详见随书资源包：\chapter 2\高斯滤波 . py。

```
1    import cv2
2    o = cv2.imread("./images/2-22(a).jpg")
3    r = cv2.GaussianBlur(o,  (5,  5),  0,  0)
4    cv2.imshow("original",  o)
5    cv2.imshow("result",  r)
6    cv2.waitKey()
7    cv2.destroyAllWindows()
```

- 第 1 行代码表示导入 cv2 库。
- 第 2 行代码表示读取图片“./images/2-22(a).jpg”，并赋值给变量 o。
- 第 3 行代码表示使用高斯滤波方法进行平滑处理，kernel 大小为 5×5，执行效果如图 2-22 所示。

a) 原始图像

b) 高斯滤波效果

图 2-22　高斯滤波

（4）中值滤波　与前面介绍的滤波方式不同，中值滤波不再采用加权求均值的方法计算滤波结果，而是使用邻域内所有像素值的中间值来替代当前像素点的像素值。在 OpenCV 模块中，实现中值滤波的函数是 cv2. medianBlur( )，其语法格式如下：

```
dst=cv2.medianBlur(src, ksize)
```

其中，dst 是返回值；src 表示待处理的原始图像，它可以有任意数量的通道，并能对各个通道独立处理；ksize 表示滤波核的大小。需要注意的是：滤波核大小必须是大于 1 的奇数（例如，3、5、7 等）。

中值滤波处理的示例代码详见随书资源包：\chapter 2\中值滤波 . py。

```
1  import cv2
2  o=cv2.imread("./images/2-23(a).jpg")
3  r=cv2.medianBlur(o, 3)
4  cv2.imshow("original", o)
5  cv2.imshow("result", r)
6  cv2.waitKey()
7  cv2.destroyAllWindows()
```

- 第 1 行代码表示导入 cv2 库。
- 第 2 行代码表示读取图片“./images/2-23(a).jpg”，并赋值给变量 o。
- 第 3 行代码表示调用中值滤波方法进行平滑处理，kernel 大小为 3×3，执行效果如图 2-23 所示。

a) 原始图像

b) 中值滤波效果

图 2-23　中值滤波

从图 2-23 中可以看出，由于没有进行均值处理，中值滤波不会出现像均值滤波等滤波方法出现的细节模糊问题。在中值滤波处理过程中，噪声成分很难选上，所以可以在几乎不影响原有图像的情况下去除全部噪声。但是由于需要进行排序等操作，需要的计算量较大。

（5）双边滤波　双边滤波综合考虑了空间信息和色彩信息，在滤波过程中能够有效保护图像的边缘信息。而均值滤波、方框滤波、高斯滤波操作都会计算边缘上各个像素点的加权平均值，从而模糊边缘信息。

轮胎设计研发智能化技术

边界模糊是由于滤波处理过程中对邻域像素取均值所造成的，上述滤波处理过程仅单纯地考虑空间信息，造成了边界模糊和部分信息丢失。而双边滤波在计算某个像素点的值时，不仅考虑了距离信息（距离越远，权重越小），还会考虑色彩信息（色彩差别越大，权重越小）。双边滤波综合考虑了距离和色彩的权重结果，既能够有效地去除噪声，又能够较好地保护边缘信息。在 OpenCV 模块中，实现双边滤波的函数是 cv2. bilateralFilter( )，该函数的语法是：

```
dst=cv2. bilateralFilter( src, d, sigmaColor, sigmaSpace, borderType)
```

其中，dst 是返回值；src 表示待处理的原始图像，它可以有任意数量的通道，并能对各个通道独立处理；d 表示滤波时选取的空间距离参数，此处表示以当前像素点为中心点的直径。如果该值为非正数，则会自动由参数 sigmaSpace 计算得到。如果滤波空间较大（d>5），则速度较慢；sigmaColor 表示滤波处理时选取的颜色差值范围，该值决定了周围哪些像素点能够参与到滤波中来，与当前像素点像素值差值小于 sigmaColor 的像素点，能够参与到当前的滤波中，该值越大，表明周围越多的像素点参与到运算中；当该值为 0 时，滤波失去意义；当该值为 255 时，指定直径内的所有点都参与运算；sigmaSpace 表示坐标空间中的 sigma 值，该值越大，说明有越多的点能够参与到滤波计算中来，当 d>0 时，无论 sigmaSpace 的值如何，d 都指定邻域大小；否则，d 与 sigmaSpace 的值成比例；borderType 表示边界样式。

双边滤波处理的示例代码详见随书资源包：\chapter 2\双边滤波 . py。

```
1    import cv2
2    o = cv2.imread("./images/2-24(a).jpg")
3    r = cv2.bilateralFilter(o, 25, 255, 255)
4    cv2.imshow("original", o)
5    cv2.imshow("result", r)
6    cv2.waitKey()
7    cv2.destroyAllWindows()
```

- 第 1 行代码表示导入 cv2 库。
- 第 2 行代码表示读取图片“./images/2-24(a).jpg”，并赋值给变量 o。
- 第 3 行代码表示调用双边滤波方法进行平滑处理，执行效果如图 2-24 所示。

a) 原始图像

b) 双边滤波效果

图 2-24　双边滤波

第2章 基于计算机视觉的轮胎高效建模技术

3. 形态学操作

形态学是图像处理的热点研究方向之一，其目的是从图像内提取对表达和描绘图像的形状具有重要意义的分量信息，通常是图像理解时所使用的最本质的形状特征。例如，在识别手写数字时，能够通过形态学运算得到其骨架信息，识别时仅针对骨架计算即可。形态学处理在视觉检测、文字识别、医学图像处理、图像压缩编码等领域都有非常重要的应用。

腐蚀操作和膨胀操作是形态学运算的基础，将腐蚀和膨胀操作相结合，可以实现不同的形态学操作。常用的形态学操作包括开运算、闭运算、梯度运算、礼帽运算、黑帽运算等。主要应用场景包括：①消除噪声、边界提取、区域填充、连通分量提取、凸壳、细化、粗化等；②分割独立的图像元素或相邻的图像元素；③求取图像中极大值区域和极小值区域；④求图像梯度。

（1）腐蚀　腐蚀操作在数学形态学的作用是消除物体的边界点，使边界向内部收缩，主要用于将小于物体结构元素的物体去除。例如，两个物体之间有细小的连通，可以通过腐蚀操作将两个物体分开，还可以用来“收缩”或者“细化”二值图像中的前景，实现去除噪声、元素分割等功能。

在 OpenCV 中，使用函数 cv2. erode( ) 实现腐蚀操作，其语法格式为：

```
dst=cv2. erode(src, kernel[, anchor[, iterations[, borderType[, borderValue]]]])
```

其中，dst 表示腐蚀后输出的目标图像，该图像与原始图像具有相同的类型和大小；src 表示待腐蚀的原始图像，图像的通道数可以是任意的；kernel 表示腐蚀操作时所采用的结构类型；anchor 表示 element 结构中锚点的位置，默认值为（−1，−1），在核的中心位置；iterations 表示腐蚀操作迭代的次数，该值默认为 1，即只进行一次腐蚀操作；borderType 表示边界样式，一般采用默认值 BORDER_CONSTANT；borderValue 表示边界值，一般采用默认值。

腐蚀操作的示例代码详见随书资源包：\chapter 2\腐蚀 . py。

```
1  import cv2
2  import numpy as np
3  o=cv2.imread("./images/2-25(a).jpg", cv2.IMREAD_UNCHANGED)
4  kernel = np.ones((9, 9), np.uint8)
5  erosion = cv2.erode(o, kernel, iterations = 5)
6  cv2.imshow("orriginal", o)
7  cv2.imshow("erosion", erosion)
8  cv2.waitKey()
9  cv2.destroyAllWindows()
```

- 第 1、2 行代码表示导入 cv2 库和 numpy 库。
- 第 3 行代码表示以原格式读取图片“./images/2-25(a).jpg”，并赋值给变量 o。
- 第 4 行代码表示设置一个 9×9 大小的 kernel。
- 第 5 行代码表示进行腐蚀操作，重复 5 次，执行效果如图 2-25 所示。

a) 原始图像

b) 腐蚀操作效果

图 2-25　腐蚀操作

（2）膨胀　膨胀操作是形态学中另一种基本操作。膨胀操作和腐蚀操作的作用相反，膨胀操作能够对图像的边界进行扩张。膨胀操作将与当前对象（前景）接触到的背景点合并到当前对象内，从而实现将图像的边界点向外扩张。如果图像内两个对象的距离较近，膨胀过程中两个对象可能会连通。膨胀操作对填补图像分割后图像内所存在的空白十分便利。

与腐蚀过程类似，膨胀过程也是使用一个结构元素来逐个像素地扫描要被膨胀的图像，并根据结构元素和待膨胀图像的关系来确定膨胀结果。

膨胀操作的示例代码详见随书资源包：\chapter 2\膨胀 . py。

```
1  import cv2
2  import numpy as np
3  o=cv2.imread("./images/2-26(a).jpg", cv2.IMREAD_UNCHANGED)
4  kernel = np.ones((9, 9), np.uint8)
5  erosion = cv2.dilate(o, kernel, iterations = 5)
6  cv2.imshow("orriginal", o)
7  cv2.imshow("erosion", erosion)
8  cv2.waitKey()
9  cv2.destroyAllWindows()
```

- 第 1、2 行代码表示导入 cv2 库和 numpy 库。
- 第 3 行代码表示以原格式读取图片“./images/2-26(a).jpg”，并赋值给变量 o。
- 第 4 行代码表示设置一个 9×9 大小的 kernel。
- 第 5 行代码表示进行膨胀操作，重复 5 次，执行效果如图 2-26 所示。

a)原始图像

b) 膨胀操作结果

图 2-26　膨胀操作

（3）开运算　开运算操作首先完成图像腐蚀，然后对腐蚀结果进行膨胀。开运算可以用于去噪、计数等。

开运算操作的示例代码详见随书资源包：\chapter 2\开运算 . py。

```
1 import cv2
2 import numpy as np
3 img1 = cv2.imread("./images/2-27(a).jpg")
4 k = np.ones((9, 9), np.uint8)
5 r1 = cv2.morphologyEx(img1, cv2.MORPH_OPEN, k)
6 cv2.imshow("img1", img1)
7 cv2.imshow("result1", r1)
8 cv2.waitKey()
9 cv2.destroyAllWindows()
```

- 第 1、2 行代码表示导入 cv2 库和 numpy 库。
- 第 3 行代码表示读取图片“. /images/2-27(a). jpg”，并赋值给变量 o。
- 第 4 行代码表示设置一个 9×9 大小的 kernel。
- 第 5 行代码表示开运算操作，执行效果如图 2-27 所示。

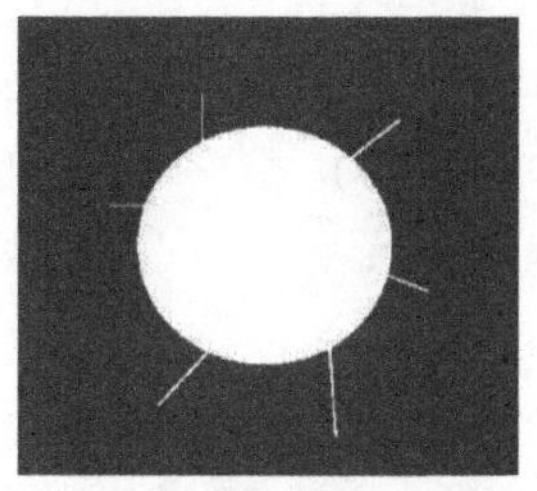

a) 原始图像

b) 开运算操作效果

图 2-27　开运算

（4）闭运算　闭运算操作首先完成图像膨胀，然后进行图像腐蚀运算，有助于关闭前景物体内部的小孔，或去除物体上的小黑点，还可以将不同的前景图像连接。

闭运算的示例代码详见随书资源包：\chapter 2\闭运算 . py。

```
import cv2
import numpy as np
img1 = cv2.imread("./images/2-28(a).jpg")
k = np.ones((9, 9), np.uint8)
r1 = cv2.morphologyEx(img1, cv2.MORPH_CLOSE, k)
cv2.imshow("img1", img1)
cv2.imshow("result1", r1)
cv2.waitKey()
cv2.destroyAllWindows()
```

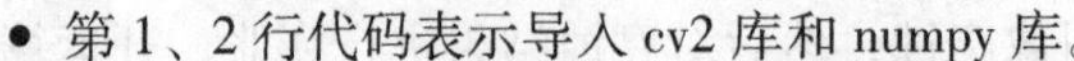

- 第 1、2 行代码表示导入 cv2 库和 numpy 库。
- 第 3 行代码表示读取图片“./images/2-28(a).jpg”，并赋值给变量 o。
- 第 4 行代码表示设置一个 9×9 大小的 kernel。
- 第 5 行代码表示闭运算操作，执行效果如图 2-28 所示。

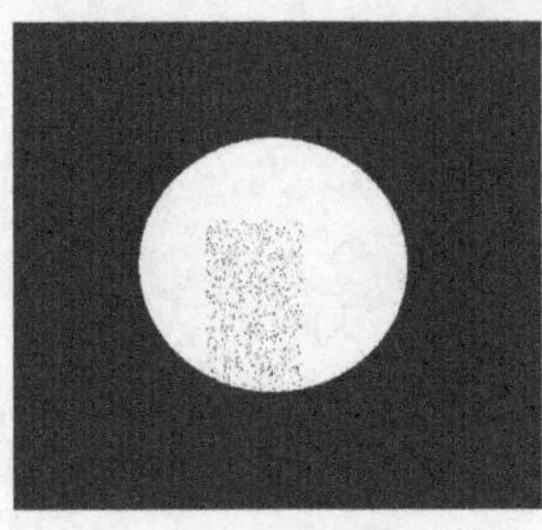

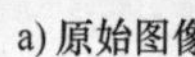

a) 原始图像

b) 闭运算操作效果

图 2-28　闭运算

（5）梯度运算　梯度运算指的是用膨胀图像减去腐蚀图像，以获取原始图像中前景图像的边缘。梯度运算的示例代码详见随书资源包:\chapter 2\梯度运算 . py。

```
1 import cv2
2 import numpy as np
3 o=cv2.imread("./images/2-29(a).jpg", cv2.IMREAD_UNCHANGED)
4 k=np.ones((5, 5), np.uint8)
5 r=cv2.morphologyEx(o, cv2.MORPH_GRADIENT, k)
6 cv2.imshow("original", o)
7 cv2.imshow("result", r)
8 cv2.waitKey()
9 cv2.destroyAllWindows()
```

- 第 1、2 行代码表示导入 cv2 库和 numpy 库。
- 第 3 行代码表示以原格式读取图片“./images/2-29(a).jpg”，并赋值给变量 o。
- 第 4 行代码表示设置一个 5×5 大小的 kernel。
- 第 5 行代码表示梯度运算操作，执行效果如图 2-29 所示。

a) 原始图像

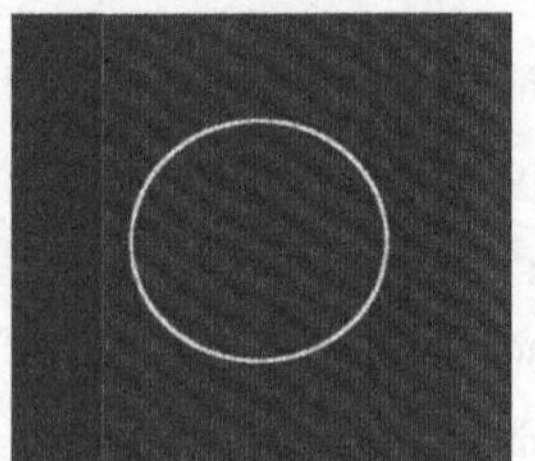

b) 梯度运算操作效果

图 2-29　梯度运算

（6）礼帽　礼帽运算指的是用原始图像减去开运算图像。礼帽运算能够获取图像的噪声信息，或者得到比原始图像更亮的边缘信息。礼帽运算操作的示例代码详见随书资源包:\chapter 2\礼帽运算 . py。

```
1 import cv2
2 import numpy as np
3 o1=cv2.imread("./images/2-30(a).jpg"，cv2.IMREAD_UNCHANGED)
4 k=np.ones((5，5)，np.uint8)
5 r1=cv2.morphologyEx(o1，cv2.MORPH_TOPHAT，k)
6 cv2.imshow("original1"，o1)
7 cv2.imshow("original2"，r1)
8 cv2.waitKey()
9 cv2.destroyAllWindows()
```

- 第 1、2 行代码表示导入 cv2 库和 numpy 库。
- 第 3 行代码表示以原格式读取图片“. /images/2-30(a). jpg”，并赋值给变量 o。
- 第 4 行代码表示设置一个 5×5 大小的 kernel。
- 第 5 行代码表示礼帽运算操作，执行效果如图 2-30 所示。

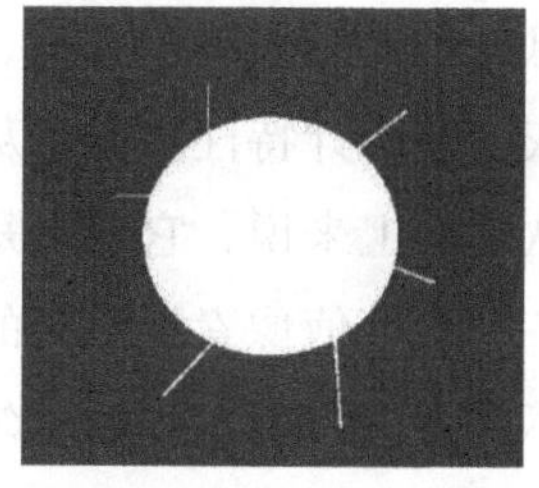

a) 原始图像

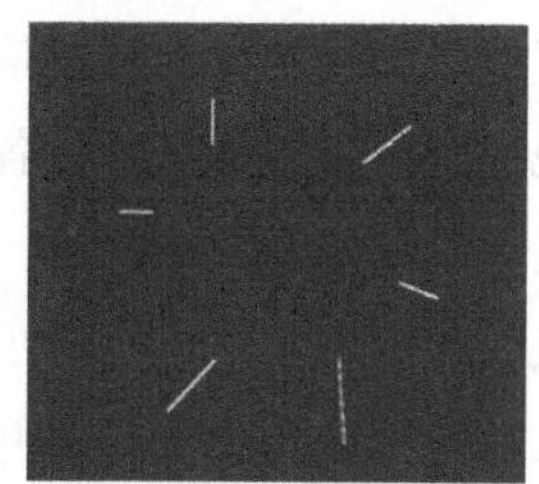

b) 礼帽运算操作效果

图 2-30　礼帽运算

（7）黑帽　黑帽运算指的是用闭运算图像减去原始图像，它能够获取图像内部的小孔、前景色中的小黑点，或者得到比原始图像边缘更暗的边缘部分。黑帽运算操作的示例代码详见随书资源包:\chapter 2\黑帽运算 . py。

```
import cv2
import numpy as np
o1=cv2.imread("./images/2-31(a).jpg"，cv2.IMREAD_UNCHANGED)
k=np.ones((5，5)，np.uint8)
r1=cv2.morphologyEx(o1，cv2.MORPH_BLACKHAT，k)
cv2.imshow("original1"，o1)
cv2.imshow("original2"，r1)
cv2.waitKey()
cv2.destroyAllWindows()
```

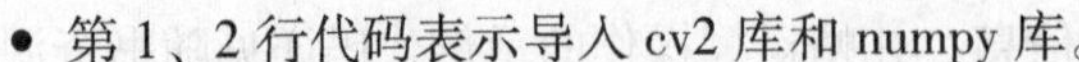

- 第 1、2 行代码表示导入 cv2 库和 numpy 库。
- 第 3 行代码表示以原格式读取图片“./images/2-31(a).jpg”，并赋值给变量 o。
- 第 4 行代码表示设置一个 5×5 大小的 kernel。
- 第 5 行代码表示黑帽运算操作，执行效果如图 2-31 所示。

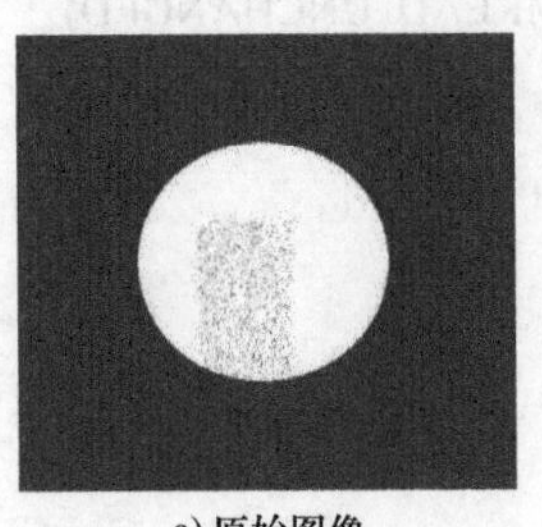

a) 原始图像

b) 黑帽运算操作效果

图 2-31　黑帽运算

4. 图像直方图与均衡化

直方图是图像处理过程中一种非常重要的分析工具，它从图像灰度值的角度来表述图像，可以起到增强图像显示效果的目的。

任何一幅图像的直方图都包含了丰富的信息，主要用于图像分割、图像灰度变换等处理过程。从数学意义上说，图像直方图是图像各灰度值统计特性与图像灰度值的函数，用来统计一幅图像中各个灰度值出现的次数或概率；从图形上来说，它通常是一个二维图，横坐标表示图像中各个像素点的灰度值，纵坐标表示各个灰度值像素点出现的次数或概率，它是图像最基本的统计特征。在实际应用中，有时并不需要图像有整体的均匀分布直方图，而是希望有目的地增强某个灰度值分布范围内的图像，即可人为地改变直方图使之成为某个特定形状。直方图包括以下性质：

1）直方图是一幅图像中各像素灰度出现频次的统计结果，只反映图像中不同灰度值出现的次数，而没反映灰度所在的位置。

2）任一幅图像都有唯一确定的与之对应的直方图，不同图像可能有相同的直方图，即图像与直方图之间存在多对一的映射关系。

3）由于直方图是由相同灰度值的像素统计得到的，因此，一幅图像各子区的直方图之和等于该图像全图的直方图。

直方图处理技术为改变图像中像素值的动态范围提供了一种更好的方法，使其强度直方图具有理想的形状。直方图处理技术可以通过使用非线性（和非单调）传递函数将输入像素的强度映射到输出像素的强度，使其功能更加强大。直方图常用的处理技术如下：

（1）直方图的查找、绘制和分析　如果读者希望绘制直方图，首先需要找到 OpenCV 和 Numpy 模块内置的相关功能函数。在调用这些函数之前，需要了解一些与直方图有关的术语。

BINS：直方图显示每个像素值的像素数，取值范围从 0 到 255。同时，也可以将整个直方图分成 16 个子部分，每个子部分的值就是其中所有像素数的总和。每个子部分都称为“BIN”，第一种情况 bin 的数量为 256 个（每个像素一个），而第二种情况 bin 的数量仅为 16 个。

DIMS：收集数据参数的数量。

RANGE：需要测量的强度值范围。通常，取值区间为［0，256］，即所有强度值。

调用 cv. calcHist( ) 函数绘制直方图的语法格式为：

```
cv. calcHist( images, channels, mask, histSize, ranges[ , hist[ , accumulate] ] )
```

其中，images 表示 uint8 或 float32 类型的源图像；channels 表示计算直方图的通道的索引。mask 表示图像掩码，为了找到完整图像的直方图，将其指定为“无”。但是，如果希望查找图像特定区域的直方图，则必须创建一个掩码图像并将其作为掩码；histSize 表示 BIN 计数，需要放在方括号中，对于全尺寸使用［256］。ranges 通常为［0，256］。

读者可以使用 Matplotlib 模块或 OpenCV 模块的绘图功能绘制直方图，下面以 Matplotlib 模块 matplotlib. pyplot. hist（ ）为例加以说明，它能够直接绘制直方图，无须使用 cv2. calcHist( ) 或 np. histogram( ) 函数来查找直方图。

绘制直方图的示例代码详见随书资源包：\chapter 2\绘制直方图 . py。

```
1    import cv2 as cv
2    import matplotlib.pyplot as plt
3    img = cv.imread('./images/2-32(a).jpg', 0)
4    plt.hist(img.ravel(), 256, [0, 256])
5    plt.show()
```

- 第 1、2 行代码分别表示导入 cv2 库和 matplotlib 库。
- 第 3 行代码表示读取图片“. /images/2-32(a). jpg”，并赋值给变量 img。
- 第 4、5 行代码表示显示并绘制原始图像的灰度直方图，执行效果如图 2-32 所示。

a) 原始图片

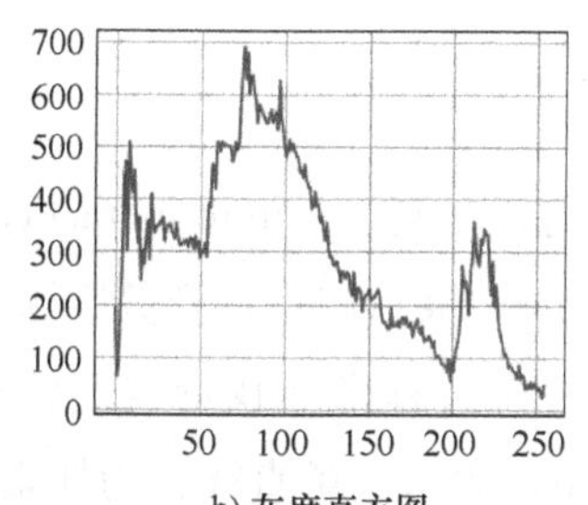

b) 灰度直方图

图 2-32　直方图的绘制

（2）直方图均衡化　如果一个图像的像素值仅限于某个特定范围。例如，较亮的图像

轮胎设计研发智能化技术

的所有像素值都比较大，像素值的分布并不很均衡。此时，需要将该直方图拉伸到两端，来提高图像的对比度，这就是直方图均衡化的作用。

直方图均衡化技术的中心思想是把原始图像的灰度直方图从比较集中的某个灰度区间变成在全部灰度范围内的均匀分布。

直方图均衡化的示例代码详见随书资源包：\chapter 2\直方图均衡化 . py。

```
1    import cv2
2    import matplotlib.pyplot as plt
3    img = cv2.imread('./images/2-33(a).jpg', 0)
4    dst = cv2.equalizeHist(img)
5    plt.hist(dst.ravel(), 256, [0, 256])
6    plt.show()
```

- 第 1、2 行代码表示导入 cv2 库 matplotlib 库。
- 第 3 行代码表示读取图片“. /images/2-33(a). jpg”，并赋值给变量 img。
- 第 4 行代码表示直方图均衡化。
- 第 5、6 行代码表示绘制并显示直方图均衡化后的灰度直方图，执行效果如图 2-33 所示。

a) 直方图均衡化结果

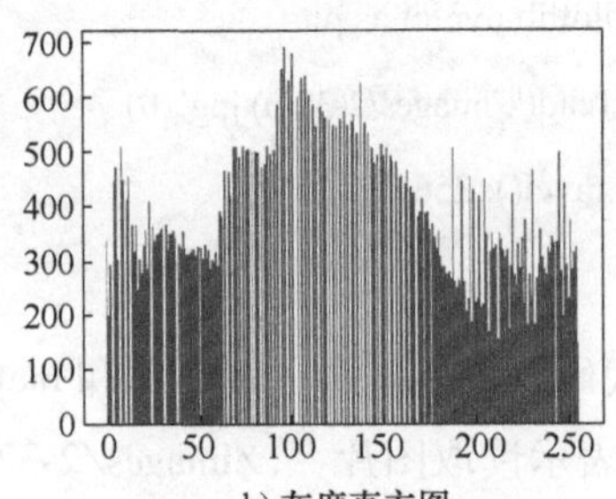

b) 灰度直方图

图 2-33　直方图均衡化

5. 霍夫变换

霍夫变换是一种特征检测（feature extraction）技术，广泛应用于图像分析（image analysis）、计算机视觉（computer vision）及数字影像处理（digital image processing）中，其目的是通过参数空间中的投票过程来寻找特定形状对象的实例。最简单的检测是经典 Hough 变换，使用极坐标（ρ,θ）表示一条直线，为探索（ρ,θ）的参数空间，首先，建立一个二维直方图；然后，对 ρ 和 θ 的每个值，确定图像在（ρ,θ）附近的线和增量数组的非零像素的数量。因此，每个非零像素都可以看作对潜在候选线的投票，最可能的线获得票数最多，即二维直方图的局部最大值。该方法也可推广到圆或其他曲线的检测中。利用类似的投票方法，可以在圆的参数空间中查找最大值。曲线的参数越多，使用霍夫变换检测曲线空间和计

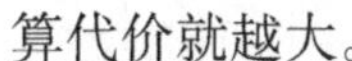

第2章 基于计算机视觉的轮胎高效建模技术

算代价就越大。

霍夫线变换的示例代码详见随书资源包：\chapter 2\霍夫线变换 . py。

```
1   import cv2
2   import numpy as np
3   original_img = cv2.imread("./images/2-34(a).jpg", 1)
4   img = cv2.resize(original_img, None, fx=0.8, fy=0.8,interpolation=cv2.INTER_CUBIC)
5   img = cv2.GaussianBlur(img, (3, 3), 0)
6   edges = cv2.Canny(img, 50, 150, apertureSize=3)
7   lines = cv2.HoughLines(edges, 1, np.pi / 90, 118)
8   result = img.copy()
9   for line in lines:
10      rho = line[0][0]
11      theta = line[0][1]
12      print(rho)
13      print(theta)
14      if (theta < (np.pi / 4.)) or (theta > (3. * np.pi / 4.0)):
15          pt1 = (int(rho / np.cos(theta)), 0)
16          pt2 = (int((rho - result.shape[0] * np.sin(theta)) / np.cos(theta)), result.shape[0])
17          cv2.line(result, pt1, pt2, (255))
18      else:
19          pt1 = (0, int(rho / np.sin(theta)))
20          pt2 = (result.shape[1], int((rho - result.shape[1] * np.cos(theta)) / np.sin(theta)))
21          cv2.line(result, pt1, pt2, (255), 1)
22  cv2.imshow('Canny', edges)
23  cv2.imshow('Result', result)
24  cv2.waitKey(0)
25  cv2.destroyAllWindows()
```

- 第 1、2 行代码分别表示导入 cv2 库和 numpy 库
- 第 3 行代码表示读取图片“./images/2-34(a).jpg”。
- 第 4 行代码表示将图片缩放为原来的 0.8 倍。
- 第 5 行代码表示对图片进行高斯去噪。
- 第 6 行代码表示对图片进行 Canny 边缘检测。
- 第 7 行代码表示对图片进行 Hough 线变换。
- 第 14~21 行代码表示使用不同的方法将满足不同条件的极坐标的线转换成直角坐标系的两个点，并连接起来。执行效果如图 2-34 所示。

霍夫圆变换的示例代码详见随书资源包：\chapter 2\霍夫圆变换 . py。

轮胎设计研发智能化技术

a) 原始图像

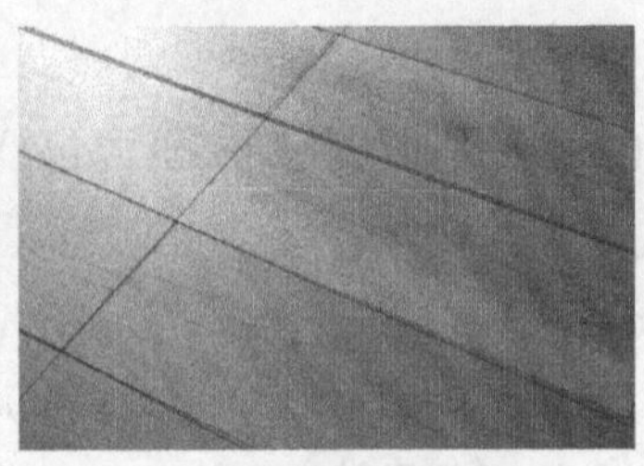
b) Hough线变换效果

图 2-34　霍夫线变换

```
1    import cv2
2    img = cv2.imread("./images/2-35(a).jpg"， 0)
3    circles = cv2.HoughCircles(gray, cv2.HOUGH_GRADIENT, 1, 100, param1=100, param2=30,
       minRadius=5, maxRadius=300)
4    for circle in circles[0]:
5        x = int(circle[0])
6        y = int(circle[1])
7        r = int(circle[2])
8        img = cv2.circle(img, (x, y), r, (0, 0, 255), -1)
9    cv2.imshow("res", img)
10   cv2.waitKey(0)
11   cv2.destroyAllWindows()
```

- 第 1 行代码表示导入 cv2 库。
- 第 2 行代码表示以灰度图方式读取图片“./images/2-35(a).jpg”。
- 第 3 行代码表示将图片进行 Hough 圆变换。
- 第 4~8 行代码表示将所有的圆以填充的方式绘制出来，执行效果如图 2-35 所示。

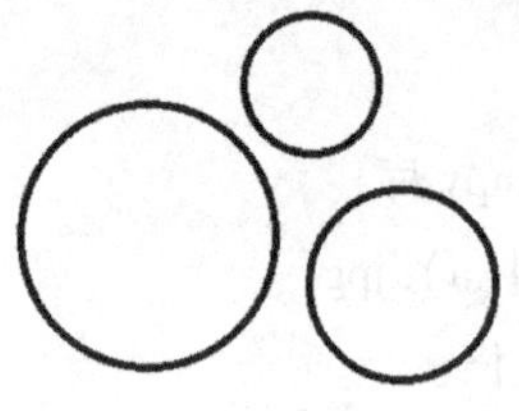
a) 原始图像

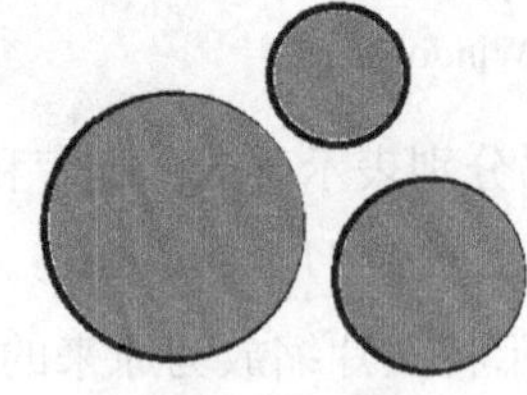
b) Hough圆变换效果

图 2-35　霍夫圆变换

2.3 图像采集技术

光学成像系统的任务是将物体的真实景象完整地投影到摄像机的焦平面上，在视觉检测系统中非常重要。在选用光学镜头时，需要考虑其成像面尺寸、焦距、视角、工作范围、倍率、景深和接口等参数。在实际的视觉检测系统中，常常选用畸变小的物方远心镜头。按照照明方式的不同，视觉方法的图像获取方式可以分为两类：主动式和被动式，前者分为结构光方法和激光自动聚焦法，后者可分为单目视觉、双目视觉、三目视觉等方法。本书选择的图像采集系统主要是为了获取局部轮胎断面的数字图像，如图 2-36 所示。

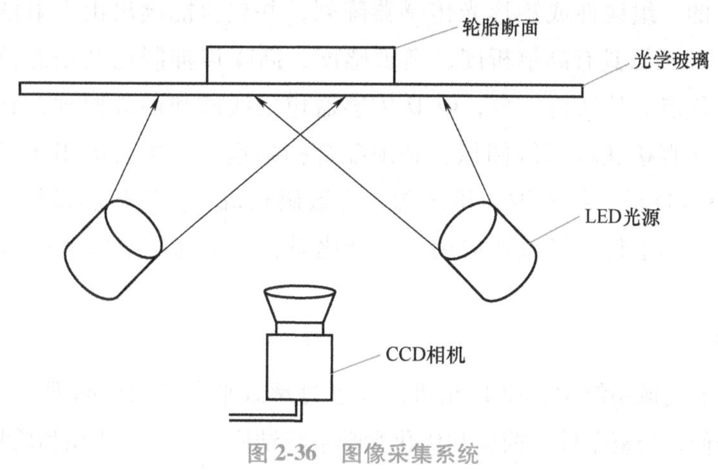

图 2-36　图像采集系统

2. 3. 1　选择拍摄设备

1. 光源的选择

对于机器视觉应用系统，好的光源与照明方案往往是决定整个系统成败的关键。除了照亮物体之外，理想光源还应该能够消除不必要的阴影、低反差和镜面反射，使物体形成的图像最为清晰、复杂程度最低、从而得到最多的有用信息。光源与照明方案的配合应尽量突出物体特征量，在需要检测部分与不重要部分之间尽量产生明显区别，以增加对比度。同时还应保证有足够的亮度，且物体位置的变化不应该影响成像质量。另外，光源的发光效率和使用寿命也需要充分考虑。在视觉检测系统中，一般使用透射光和反射光。对于反射光，应充分考虑光源和光学镜头的相对位置、物体表面的纹理、物体的几何形状等要素。光源设备的选择必须与几何形状相符合，照明亮度、均匀度、发光的光谱特性也必须符合实际需求，同时还需要考虑光源的发光效率和使用寿命。总之，应该根据实测物体和研究目的综合选择和设计不同的光源形式，以获得物体成像的最佳状态。

通过对比卤素灯、荧光灯、氙灯、电子发光管、Led 灯等主要光源的特性，发现 Led 光源在使用寿命和发光效率等方面具有很大优势，而且可选择的颜色较多。在光源的基本照明方案中，主要包括点光源、线光源、条形光源、面光源、环形光源和同轴光源等，其中，环形光源能够提供均匀、亮度可调的照明，并根据被检测物体的几何结构提供不同的照射角度，是边缘检测、表面检测的理想选择。本章的研究目的是实现轮胎断面的边缘识别，综合多种照明方案比较，最终选择白色环形 Led 光源，以提高轮胎断面的成像效果。

2. 相机的选择

相机的核心部件是图像传感器，其作用是将光信号转换为电信号，并实现电信号的存储，传输和处理。目前，普遍采用的图像传感器主要包括 CMOS 传感器和 CCD 传感器。其中，CCD 传感器是近年来发展极为迅速的光电传感器之一，它的主要部分为位于单个集成电路芯片上的一组线性或矩形光传感器阵列，并包含能读出由入射图像产生充电电荷的电路。CCD 传感器具有高解析度、高敏感度、高噪声抑制比及动态范围广、影像失真少、体积小等优点。从结构上分，CCD 传感器包括线阵和面阵两种，其中，线阵 CCD 分辨率高，但无法直接获取二维图像，必须配合扫描运动，主要应用于影像扫描仪及传真机上；面阵 CCD 能够直接获取二维图像，在数码相机、摄影机、录像机、监视摄影机等多项影像输入产品上得到了成熟应用。综合比对，本书选择采用 USB 接口的面阵高清工业相机。

3. 断面承载

在本章设计的成像系统中，CCD 相机需要透过承载平台来拍摄断面。光学玻璃可以扩大成像视场和降低系统复杂性，简化和优化光学系统结构，减小其体积和质量。因此，通常当作长焦距、大视场和高清光学系统的关键光学材料，故选择无色光学玻璃作为轮胎断面拍摄的承载平台。

2.3.2 相机标定

相机将三维世界中的坐标点（单位为：m 或 mm）映射到二维图像平面（像素）上，并能够用几何模型进行表征。其中，针孔模型是常用且高效的模型，它描述了一束光线通过针孔之后，在针孔背面投影成像的关系。本章选用针孔相机模型对映射关系进行建模，由于相机镜头的透镜使光线投影到成像平面的过程中会产生畸变，故选用针孔和畸变两个模型来描述整个投影过程。

本节首先介绍相机的针孔模型，然后介绍透镜的畸变模型，这两个模型能够实现将外部的三维点投影到相机内部成像平面，从而构成相机的内参。

1. 针孔模型

对于图 2-37 所示的针孔模型，几何建模过程如下。

设 $O\text{-}X_c\text{-}Y_c\text{-}Z_c$ 为相机坐标系，O 为光心（即针孔）。现实世界的空间点 P 经过小孔 O 投影后，落在物理成像平面 $o'\text{-}x'\text{-}y'$ 上，成像点为 P'（黄色成像平面上蓝色箭头的顶点）。设 P 的坐标为（X,Y,Z），P' 的坐标为（X',Y',Z'），设物理成像平面到小孔的距离为 f（焦距）。根据相似三角形关系式（2-6）

$$\frac{Z}{f}=\frac{X}{X'}=\frac{Y}{Y'} \tag{2-6}$$

式（2-6）描述了点 P 和它的像之间的空间关系。此处，点的位置单位可以理解为 m 或

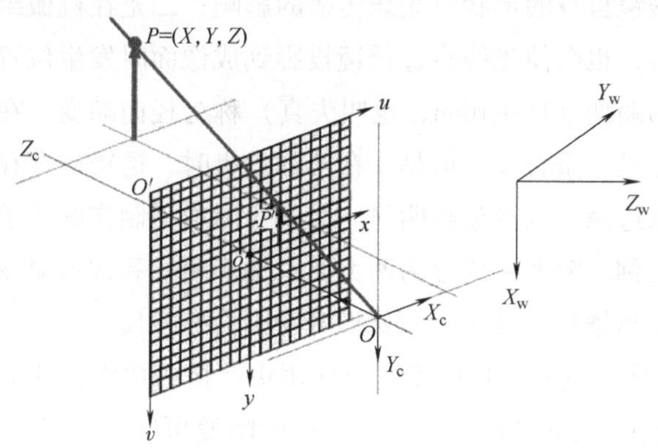

图 2-37　小孔成像模型

mm，而在相机中，最终获得的是像素值，因此，还需要在成像平面上对图像进行采样和量化。为了描述传感器将感受到的光线转换成图像像素的过程，设在物理成像平面固定一个像素平面 o-u-v。在像素平面得到了 P'的像素坐标（u,v）。

像素坐标系 o 通常的定义方式是：原点 o'位于图像的左上角，u 轴向右与 x 轴平行，v 轴向下与 y 轴平行。像素坐标系与成像平面之间，相差一定大小的缩放和对原点的平移。设像素坐标在 u 轴上缩放了 a 倍，在 o 轴上缩放了 β 倍。同时，原点平移了（ax,cy）。通过推导，P'的坐标与像素坐标（u,v）的关系如式（2-7）所示

$$Z\begin{pmatrix}u\\v\\1\end{pmatrix}=\begin{pmatrix}f_x & 0 & c_x\\0 & f_y & c_y\\0 & 0 & 1\end{pmatrix}\begin{pmatrix}X\\Y\\Z\end{pmatrix}=\boldsymbol{K}P \tag{2-7}$$

式（2-7）中，把中间量组成的矩阵称为相机内参（Camera Intrinsics）矩阵 $\boldsymbol{K}$。通常认为，相机的内参在出厂之后是固定的，不会在使用过程中发生变化。有的相机生产厂商会提供相机的内参，有的相机需要读者确定相机的内参，也就是所谓的标定。目前，标定算法业十分成熟（如著名的单目棋盘格张正友标定法），本书不再赘述。

由于相机可能存在运动，所以 P 的相机坐标应该是它的世界坐标（记为 P_w），它是根据相机的当前位姿变换到相机坐标系下的结果。相机的位姿由它的旋转矩阵 $\boldsymbol{R}$ 和平移向量 $\boldsymbol{t}$ 来描述，如式（2-8）所示

$$ZP_{UV}=Z\begin{pmatrix}u\\v\\1\end{pmatrix}=K(\boldsymbol{R}P_w+\boldsymbol{t})=\boldsymbol{K}TP_w \tag{2-8}$$

其中，相机的位姿 $\boldsymbol{R}$，$\boldsymbol{t}$ 又称为相机的外参（Camera Extrinsics）。与内参相比，外参会随着相机的运动而发生改变。

2. 畸变模型

为了获得较好的成像效果，相机的前方通常都加设透镜，它会对成像过程中光线的传播

产生新的影响：一是透镜自身的形状对光线传播的影响；二是在机械组装过程中，透镜和成像平面不可能完全平行，也会使光线穿过透镜投影到成像面时发生位置变化。

由透镜形状引起的畸变（Distortion，也叫失真）称为径向畸变。在针孔模型中，一条直线投影到像素平面上还是一条直线。可是，在实际拍摄时，透镜的存在往往使直线在图片中变成曲线。越靠近图像边缘，该现象越明显。由于实际加工制作的透镜往往中心对称，通常使不规则的畸变径向对称。畸变主要分为两大类：桶形畸变和枕形畸变。桶形畸变图像放大率随着与光轴之间的距离增加而减小，而枕形畸变则恰好相反。

为了更好地理解径向畸变和切向畸变，下面用更严格的数学公式对两者进行描述。考虑归一化平面上的任意点 p，它的坐标为（x,y），径向畸变可以看成坐标点沿着长度方向发生了变化，也就是其距离原点的长度发生了变化。切向畸变可以看成坐标点沿着切线方向发生了变化，也就是水平夹角发生了变化。通常假设这些畸变为多项式关系，如式（2-9）和式（2-10）所示，能够通过五个畸变系数找到该点在像素平面上的正确位置：

$$x_{\text{distorted}}=x(1+k_1r^2+k_2r^4+k_3r^6)+2p_1xy+p_2(r^2+2x^2) \tag{2-9}$$

$$y_{\text{distorted}}=y(1+k_1r^2+k_2r^4+k_3r^6)+2p_2xy+p_1(r^2+2y^2) \tag{2-10}$$

在上面的纠正畸变过程中，使用了 5 个畸变项。在实际应用中，可以灵活选择纠正模型。例如，只选择 k_1，p_1，p_2 这 3 项。

本节对相机的成像过程使用针孔模型进行了建模，也对透镜引起的径向畸变和切向畸变进行了描述。在实际的图像系统中，学者们提出了很多其他模型，如相机的仿射模型和透视模型等，同时也存在很多其他类型的畸变。考虑到视觉系统中一般都使用普通的摄像头，针孔模型及径向畸变和切向畸变模型已经足够，因此，不再对其他模型进行描述，读者可根据需要查阅文献资料。

相机标定是一项十分重要的工作，主要分为对标定板的角点的提取和通过标定板对相机进行标定两部分，示例代码详见随书资源包：\chapter 2\相机标定 py。

```
import cv2
import glob
import math
import pandas as pd
import numpy as np
def feature_extraction():
    objp = np.zeros((8 * 9, 3), np.float32)
    objp[:, :2] = np.mgrid[0:16:2, 0:18:2].T.reshape(-1, 2)
    obj_points = []
    img_points = []
    images = glob.glob("biaodingban/*.png")
    for fname in images:
        img = cv2.imread(fname)
```

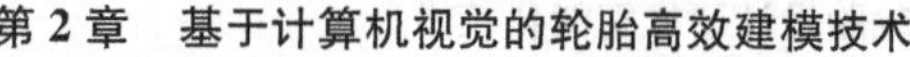


```
        gray = cv2.cvtColor(img, cv2.COLOR_BGR2GRAY)
        size = gray.shape[::-1]
        ret, corners = cv2.findChessboardCorners(gray, (8, 9), None)
        print("寻找结果：", ret)
        if ret:
            obj_points.append(objp)
            # 设置寻找亚像素角点的参数，停止准则是最大循环次数 30 和最大误差容限 0.001
            criteria = (cv2.TERM_CRITERIA_MAX_ITER | cv2.TERM_CRITERIA_EPS, 30, 0.001)
            corners2 = cv2.cornerSubPix(gray, corners, (5, 5), (-1, -1), criteria)
            if [corners2]:
                img_points.append(corners)
            else:
                img_points.append(corners2)
            cv2.drawChessboardCorners(img, (8, 9), corners, ret)
            cv2.imwrite("feature.jpg", img)
            return obj_points, img_points, size
# 相机标定函数
def camera_calibration(obj_points, img_points, size):
    ret, mtx, dist, rvecs, tvecs = cv2.calibrateCamera(obj_points, img_points, size, None, None)
    print("ret:", ret)
    print("mtx（内参数矩阵）:\n", mtx)
    print("dist（畸变系数）:\n", dist)
    print("rvecs（旋转向量）:\n", rvecs)
    print("tvecs:（平移向量）\n", tvecs)
    tot_error = 0
    for i in range(len(obj_points)):
        img_points2, _ = cv2.projectPoints(obj_points[i], rvecs[i], tvecs[i], mtx, dist)
        error = cv2.norm(img_points[i], img_points2, cv2.NORM_L2) / len(img_points2)
        tot_error += error
    print("mean error: ", tot_error / len(obj_points))
    return rvecs, tvecs, mtx
if __name__ == "__main__":
    obj_points, img_points, size = feature_extraction()
    rvecs, tvecs, mtx = camera_calibration(obj_points, img_points, size)
    rvecs = rvecs[0]
    tvecs = tvecs[0]
    data_rvecs = pd.DataFrame(rvecs)
```

轮胎设计研发智能化技术

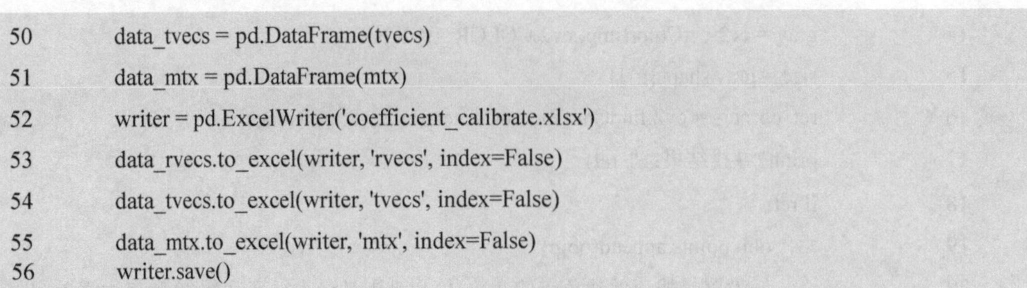

```
50        data_tvecs = pd.DataFrame(tvecs)
51        data_mtx = pd.DataFrame(mtx)
52        writer = pd.ExcelWriter('coefficient_calibrate.xlsx')
53        data_rvecs.to_excel(writer, 'rvecs', index=False)
54        data_tvecs.to_excel(writer, 'tvecs', index=False)
55        data_mtx.to_excel(writer, 'mtx', index=False)
56        writer.save()
57    writer.close()
```

- 第 1~5 行代码表示导入所需要的库。
- 第 6 行代码的功能是定义一个特征点提取函数 feature_extraction( )。
- 第 7 行代码用来设置标定板角点的位置（标定板内角点的个数）。
- 第 8 行代码的功能是将世界坐标系建在标定板上，所有点的 Z 坐标全部设为 0。
- 第 16 行代码的功能是提取角点的信息。
- 第 18~26 行代码的功能是设置最大循环次数 30 和最大误差容限为 0. 001，寻找亚像素角点。
- 第 27 行代码的功能是绘制寻找的角点。
- 第 30 行代码表示定义相机标定函数 camera_calibration( )。
- 第 31 行代码用来进行相机标定并保存相机内参和外参。
- 第 52 行代码的功能是将相机内参和外参写入 Excel 表格并进行保存。执行效果如图 2-38 所示。

图 2-38　相机标定

2. 4　自动建模技术

2. 4. 1　工具的选择

1. 编程语言 Python

20 世纪 80 年代末 90 年代初，Guido van Rossum 在荷兰国家数学和计算机科学研究中心设计出计算机程序设计语言——Python。Python 是一种代表简单主义思想的语言，简单易学，应用范围广泛，为广大计算机编程工作者大幅提高工作效率提供了良好的平台。

Python 语言拥有大量的第三方库，可轻易实现各种应用程序间的数据交换，如 AutoCAD 与Excel/Word间的数据交换。读者只需具有基础的 Python 编程能力，就可实现对 AutoCAD 软件的二次开发。

2. 计算机辅助设计软件 AutoCAD

AutoCAD（Autodesk Computer Aided Design）是 Autodesk（欧特克）公司首次于 1982 年开发的自动计算机辅助设计软件，在土木建筑、装饰装潢、工业制图、工程制图、电子工业等诸多领域有着广泛的应用，主要用于二维绘图、详图绘制、设计文档和基本三维设计，已经成为国际上广为流行的绘图工具。

AutoCAD 软件只提供了基础的 CAD 功能，如果想完成具体项目设计，就必须根据数据逐笔绘制出图形，一旦设计完成，想要更改局部图形则需要重复原来的全部操作，造成了大量人力资源的浪费。

如果借助 AutoCAD 软件提供的二次开发平台，可以将上述过程程序化，当需要改进设计时，只需一个命令就可以运行程序并自动完成绘图过程。这不仅大大提高了设计效率，而且还可以通过定制来开发专业模块，甚至开发定制大型设计软件等。对于某些重复性工作，则必须利用 AutoCAD 软件的二次开发功能进行定制开发。本章综合 Python 语言与 AutoCAD 软件的优点，对复杂轮胎断面进行拍摄、边缘识别和自动建模，仅需 3~5min 即可完成所有工作，十分高效。

3. 常用的二次开发的 Python 库

本章开发用到了下列模块：pyautocad 和 pywin32，安装方法可参考 1.7 节，简介如下。

1）pyautocad 库由俄罗斯工程师 Roman Haritonov 开发，用于简化使用 Python 语言编写 AutoCAD ActiveX Automation 脚本，可参考下列网址：

- PiPy：https://pypi.org/project/pyautocad/
- Documentation：https://pyautocad.readthedocs.io/en/latest/

2）pywin32 模块是一个 Python 库，为 Python 提供访问 Windows API 的扩展提供了齐全的 windows 常量、接口、线程及 COM 机制等。

2.4.2 AutoCAD 建模

各种图元的绘制是 AutoCAD 的核心功能，其能实现常见的直线、多段线、圆、图案填充、单行文字、多行文字、标注等。

在进行基于 Python 的 AutoCAD 二次开发前，首先需要连接 Python 与 AutoCAD。示例代码详见随书资源包：\chapter 2\连接 AutoCAD.py。

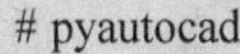


```
# pyautocad
from pyautocad import Autocad, APoint, aDouble
pyacad = Autocad(create_if_not_exists=True)
pyacad.prompt("Hello! Autocad from pyautocad.")
print(pyacad.doc.Name)
# pywin32
import pythoncom
import win32com.client
wincad = win32com.client.Dispatch("AutoCAD.Application")
doc = wincad.ActiveDocument
doc.Utility.Prompt("Hello! Autocad from pywin32com.\n")
msp = doc.ModelSpace
print(doc.Name)
```

用 pyautocad 和 pywin32 模块绘制多段线的代码，详见随书资源包：\chapter 2\绘制多段线 . py。

```
# pyautocad 绘多段线
pycad = Autocad(create_if_not_exists=True)
pycad.prompt("Hello! Autocad from pyautocad.")
print(pycad.doc.Name)
points = [APoint(5, 5), APoint(10, 5), APoint(20, 20), APoint(25, 20)]
points = [j for i in points for j in i]
points = aDouble(points)
plineObj = pycad.model.AddPolyLine(points)
version = pycad.Application.Version[:2]
color = pycad.Application.GetInterfaceObject("AutoCAD.AcCmColor.%s" % version)
color.SetRGB(255, 0, 0)
plineObj.TrueColor = color
segmentIndex = 2
startWidth = 0.5
endWidth = 1.0
plineObj.SetWidth(segmentIndex, startWidth, endWidth)
segmentIndex = 0
startWidth = 1
endWidth = 0.5
plineObj.SetWidth(segmentIndex, startWidth, endWidth)
pycad.ActiveDocument.preferences.LineweightDisplay = 1
pycad.ActiveDocument.Application.ZoomAll()
pycad.ActiveDocument.Application.Update()
#  pywin32 绘多段线
```

```
23  wincad = win32com.client.Dispatch("AutoCAD.Application")
24  doc = wincad.ActiveDocument
25  doc.Utility.Prompt("Hello! Autocad from pywin32com.\n")
26  msp = doc.ModelSpace
27  print(doc.Name)
28  points = [5, 20, 0, 10, 20, 0, 20, 5, 0, 25, 5, 0]
29  points = vtfloat(points)
30  plineObj = msp.AddPolyline(points)
31  version = wincad.Application.Version[:2]
32  color = wincad.Application.GetInterfaceObject("AutoCAD.AcCmColor.%s" % version)
33  color.SetRGB(0, 0, 255)
34  plineObj.TrueColor = color
35  segmentIndex = 0
36  startWidth = 1.0
37  endWidth = 0.5
38  plineObj.SetWidth(segmentIndex, startWidth, endWidth)
39  segmentIndex = 2
40  startWidth = 0.5
41  endWidth = 1
42  plineObj.SetWidth(segmentIndex, startWidth, endWidth)
43  doc.preferences.LineweightDisplay = 1
44  doc.Application.ZoomAll()
45  doc.Application.Update()
```

- 第 4 行代码的功能是创建点的坐标。
- 第 5 行代码将各点坐标顺序变换为 1 行多列的 1 维数组。
- 第 10、11 行代码将颜色指定为红色。
- 第 13、14 行代码的功能是设置开始和结束时刻两端的线宽。
- 第 15 行将代码的功能是多段线 plineObj 的第 3 段设置变宽度线宽。
- 第 28 行代码的功能是创建点的坐标。
- 第 33、34 行将颜色指定为蓝色。
- 第 36、37 行代码的功能是设置开始和结束两端的线宽。
- 第 38 行代码将多段线 plineObj 的第 1 段设置变宽度线宽。

执行效果如图 2-39 所示。

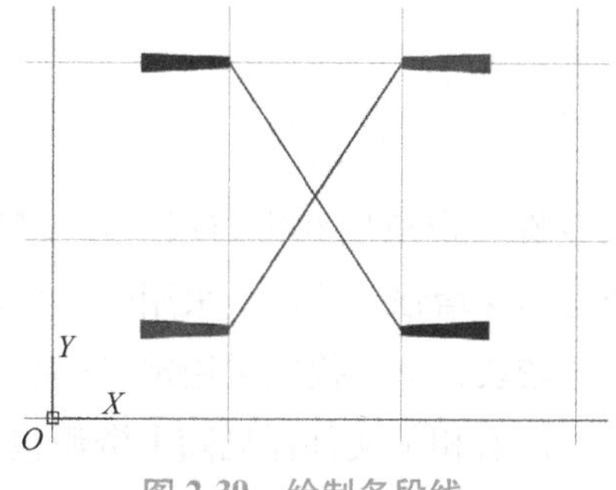

图 2-39　绘制多段线

轮胎设计研发智能化技术

用 pyautocad 和 pywin32 绘制圆形的示例代码，详见随书资源包:\chapter 2\绘制圆形 . py。

```
# pyautocad
1   center = APoint(5, 5)
2   radius = 4
3   circleObj = pyacad.model.AddCircle(center, radius)
4   version = pyacad.Application.Version[:2]
5   color = pyacad.Application.GetInterfaceObject("AutoCAD.AcCmColor.%s" % version)
6   color.SetRGB(0, 0, 255)
7   circleObj.TrueColor = color
# pywin32
8   center, radius = vtpnt(5, 5, 0), 3
9   circleObj = msp.AddCircle(center, radius)
10  version = wincad.Application.Version[:2]  # 当前 CAD 的版本号
11  color = wincad.Application.GetInterfaceObject("AutoCAD.AcCmColor.%s" % version)
12  color.SetRGB(255, 0, 0)
13  circleObj.TrueColor = color
```

- 第 1、2 行代码的功能是设置圆心和半径。
- 第 6、7 行代码的功能是将颜色指定为红色。
- 第 8 行代码设置圆心和半径。
- 第 12、13 行代码将颜色指定为蓝色，执行效果如图 2-40 所示。

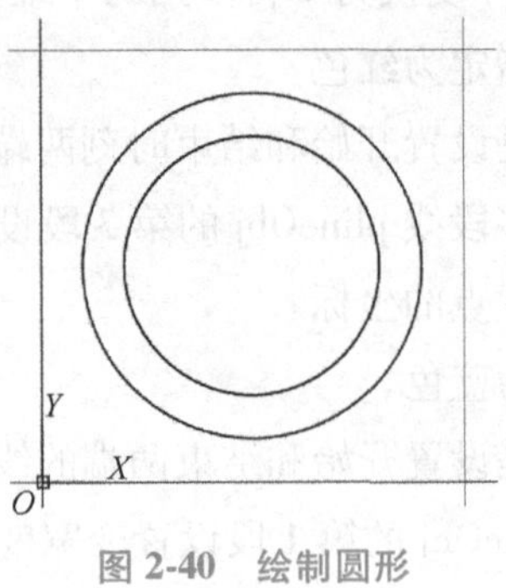

图 2-40　绘制圆形

2.5　自动建模实例

为了准确获得轮胎断面的轮廓、带束层和帘布层等重要特征，首先采用计算机视觉技术，对采集的图像进行预处理与图像增强；然后，采用边缘检测技术提取边缘，得到准确的轮胎断面特征。由于本实例代码较长，部分代码采用定义函数的方式解决，本实例代码详见随书资源包:\chapter 2\test. py，所有相关文件详见随书资源包:\chapter 2\实例\。

第2章 基于计算机视觉的轮胎高效建模技术

首先，导入轮胎断面重建所需要的 Python 相关库。

```
import math
import heapq
import operator
import cv2 as cv
import numpy as np
import pandas as pd
import matplotlib.pyplot as plt
from pyautocad import Autocad, APoint, aDouble
```

在拍摄轮胎断面图片的过程中，光源位置、偏转角度等因素将对拍摄的图像质量产生较大影响，因此，拍摄的断面图片都会出现不同程度的阴影、光照分布不均等问题，此时，必须通过图像预处理技术修正和校正。

由于轮胎断面内侧与轮胎断面上部的成像颜色非常接近，会对边缘识别产生较大影响，为了增加对比度，故选择在轮胎内侧涂抹白色（与背景板颜色一致或相近）的可洗颜料（见图 2-41），既可以消除轮胎内侧对断面拍摄的影响，也不会对轮胎断面造成损害，保证了轮胎断面图片的拍摄质量。

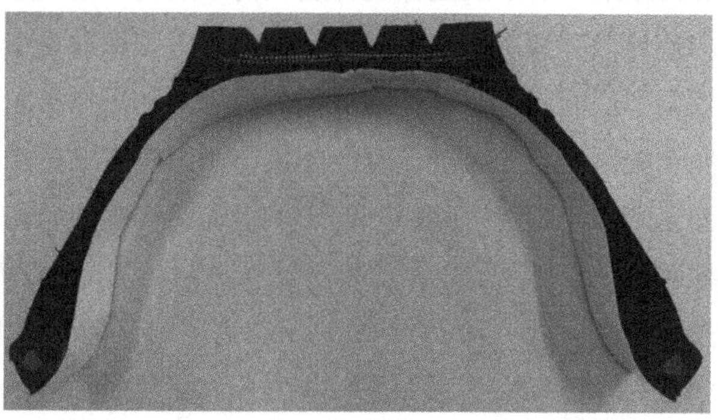

图 2-41　轮胎断面拍摄效果

读取轮胎断面的代码如下。

```
1  img = cv.imread("tyre.jpg")
2  gray = cv.cvtColor(img, cv.COLOR_RGB2GRAY)
3  cv.namedWindow("gray")
4  cv.imshow("gray", gray)
5  cv.imwrite('gray.jpg',gray)
6  cv.waitKey(0)
7  cv.destroyAllWindows()
```

- 第 1 行代码的功能是读取名为 tyre. jpg 的轮胎断面图片。
- 第 2 行代码表示将 RGB 图片转换为灰度图（见图 2-42）。

轮胎设计研发智能化技术

- 第 3 行代码设置名为 gray 的窗口。
- 第 4 行代码的功能是在"gray" 的窗口上显示图片 gray。
- 第 5 行代码将图片 gray 保存在当前目录下，名字为 gray. jpg。
- 第 6 行代码中，cv2. waitKey( ) 函数的参数值默认为 0，当未按下键盘上的键时，程序会一直处于暂停状态。
- 第 7 行代码的功能是销毁所有窗口。

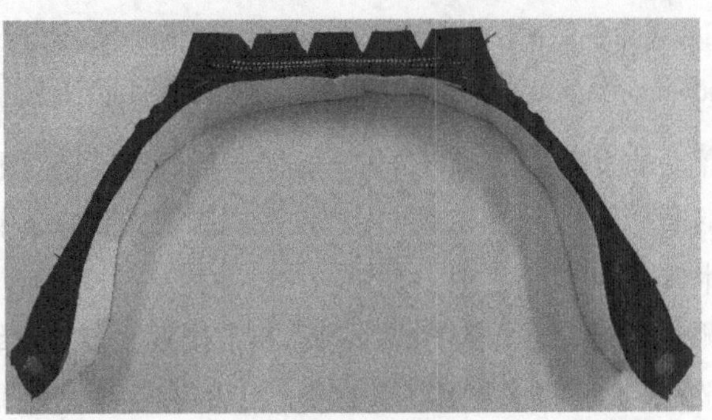

图 2-42　灰度图

图像增强技术能够将原来不清晰的图像变得更加清晰或突出某些感兴趣的特征，以增加图像中不同特征之间的差异，并抑制不感兴趣的特征，改善图像质量、丰富图像信息，获得图像识别和处理更佳效果，从而满足某些特殊分析的需求。如果拍摄轮胎断面时选择白色作为拍摄背景，由于光照和拍摄设备等原因，背景颜色与阴影将影响图像处理效果。为了进一步区分背景与轮胎断面，消除阴影对边缘识别的影响，通过观察原始图像与其灰度直方图可以发现，轮胎断面的橡胶区域（偏黑色），其灰度值在 0～50 范围内，背景区域和轮胎断面上的帘布层、带束层（偏白色）等灰度值在 100～200 范围内，如图 2-43 所示。定义绘制灰度直方图的函数代码如下。

```
1   def grayHist(img):
2       h, w = img.shape[:2]
3       pixelSequence = img.reshape([h * w, ])
4       numberBins = 256
5       histogram, bins, patch = plt.hist(pixelSequence, numberBins, facecolor='blue', histtype='bar')
6       plt.xlabel("gray label", fontsize=25)
7       plt.ylabel("number of pixels", fontsize=25)
8       plt.axis([0, 255, 0, np.max(histogram)])
9       plt.tick_params(labelsize=20)
10      plt.show()
```

- 第 2 行代码的功能是获取图像的长度和宽度。
- 第 3 行代码的功能是获取总的像素的个数。

- 第 5 行代码绘制直方图，如图 2-43 所示。
- 第 6、7 行代码设置横、纵坐标的名称和字体。
- 第 8 行代码的功能是设置 x 轴和 y 轴的取值范围。

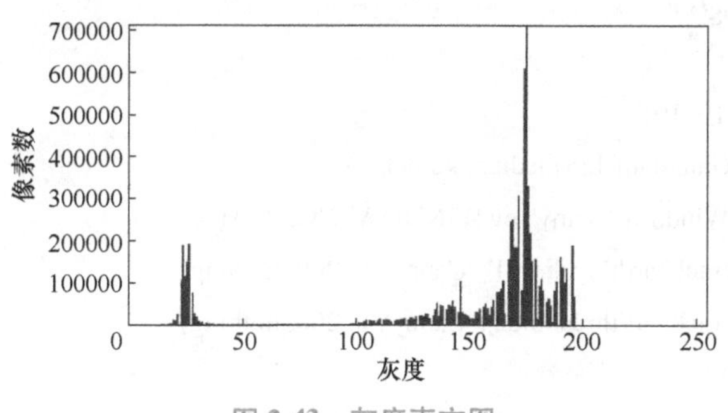

图 2-43　灰度直方图

线性变换不仅可以分割轮胎断面与背景，还可以突显帘布层、带束层等特征。线性变换的代码如下。

```
1   def linear_transformation(img):
2       out = 1.0 * img
3       out[out > 50] = 250
4       out[out < 50] = 10
5       out = np.around(out)
6       out = out.astype(np.uint8)
7       cv.imshow("linear", out)
8       cv.waitKey()
9       cv.imwrite('linear.jpg', out)
10  return out
```

- 第 3 行代码表示将图像中大于 50 的灰度值设为 250。
- 第 4 行代码表示将图像中小于 50 的灰度值设为 10。

程序的执行效果如图 2-44 所示。

图 2-44　线性变换后轮胎断面效果

由于不同型号的轮胎断面差异大、复杂度高，在边缘检测过程中，单一阈值很难提取效

轮胎设计研发智能化技术

果最佳的边缘，实际应用时应根据具体情况选择不同的阈值。本书对轮胎断面进行边缘检测时，采用滑动条来动态控制阈值大小。代码如下。

```
1    def canny(median):
2        def nothing(x):
3            pass
4        kernel = (19, 19)
5        img = cv.GaussianBlur(median, kernel, 3)
6        cv.namedWindow('Canny', cv.WINDOW_NORMAL)
7        cv.createTrackbar('threshold1', 'Canny', 0, 200, nothing)
8        cv.createTrackbar('threshold2', 'Canny', 0, 200, nothing)
9        while (1):
10           threshold1 = cv.getTrackbarPos('threshold1', 'Canny')
11           threshold2 = cv.getTrackbarPos('threshold2', 'Canny')
12           img_edges = cv.Canny(img, threshold1, threshold2)
13           cv.imshow('Canny', img_edges)
14           cv.imwrite("canny.jpg", img_edges)
15           if cv.waitKey(1) == ord('q'):
16               break
17       cv.destroyAllWindows()
18       ret, img_edges = cv.threshold(img_edges, 127, 255, cv.THRESH_BINARY)
19       return img_edges
```

- 第 2 行代码的功能是设置回调函数。
- 第 4 行代码设置高斯核的大小。
- 第 7、8 行代码的功能是设置两个阈值的滑动条。

最终提取的完整轮胎断面如图 2-45 所示，可以看出：轮廓边缘、带束层、帘布层和胎圈钢丝层都清晰完整，为后续在 AutoCAD 软件中二次开发进行模型重构及自动建模奠定了良好的基础。

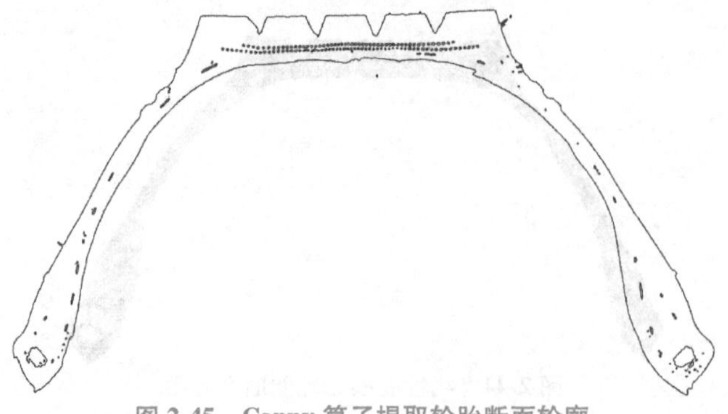

图 2-45　Canny 算子提取轮胎断面轮廓

获取轮胎断面的边缘特征后，需要采集边缘信息获得其像素点的坐标。cv2. findContours( ) 函数可以获得从二值图像中检索轮廓，并返回轮廓的像素坐标信息及轮廓属性，获得的连续像素序列保存在返回值 contours（轮廓）列表中，可以通过索引编号对每个轮廓进行定位，图 2-46 所示为其中一个轮廓像素点的坐标信息，此处使用 Numpy 中的 ndarray 数组来表示。

```
[array([[[1198,   26]],

       [[1197,   27]],

       [[1196,   27]],

       ...,

       [[1201,   26]],

       [[1200,   26]],

       [[1199,   26]]], dtype=int32)
```

图 2-46　某轮廓像素点的坐标信息

经过上述一系列的技术处理，最终将获得轮胎断面轮廓信息的像素坐标，为了在 AutoCAD 软件中自动绘制精确的轮胎断面模型，需要对相机进行标定，求解像素点坐标系与世界坐标系的转换关系。

首先，将像素坐标（u,v）转换为图像坐标（x,y），如式（2-11）所示，其中 d_x、d_y 为像素的物理尺寸，u_0、v_0 为图像像素坐标系原点在图像物理坐标系的位置。

$$\begin{pmatrix} u \\ v \\ 1 \end{pmatrix} = \begin{pmatrix} \frac{1}{d_x} & 0 & u_0 \\ 0 & \frac{1}{d_y} & v_0 \\ 0 & 0 & 1 \end{pmatrix} \begin{pmatrix} x \\ y \\ 1 \end{pmatrix} \tag{2-11}$$

然后，将图像坐标系（x,y）转换为相机坐标系（X_c,Y_c,Z_c），如式（2-12）所示，其中 f 为相机焦距。

$$Z_c \begin{pmatrix} x \\ y \\ 1 \end{pmatrix} = \begin{pmatrix} f & 0 & 0 & 0 \\ 0 & f & 0 & 0 \\ 0 & 0 & 1 & 0 \end{pmatrix} \begin{pmatrix} X_c \\ Y_c \\ Z_c \\ 1 \end{pmatrix} \tag{2-12}$$

最后，将相机坐标系（X_c,Y_c,Z_c）转换为世界坐标系（X_w,Y_w,Z_w），如式（2-13）所示，其中 $\boldsymbol{R}$ 为世界坐标系的旋转矩阵，$\boldsymbol{T}$ 为世界坐标系的平移矩阵。

$$\begin{pmatrix} X_c \\ Y_c \\ Z_c \\ 1 \end{pmatrix} = \begin{pmatrix} \boldsymbol{R} & \boldsymbol{T} \\ \vec{0} & 1 \end{pmatrix} \begin{pmatrix} X_w \\ Y_w \\ Z_w \\ 1 \end{pmatrix} \tag{2-13}$$

将式（2-11）~式（2-13）整理，得到一个点从像素坐标系到世界坐标系的映射关系，如式（2-14）所示。

$$z_c \begin{pmatrix} u \\ v \\ 1 \end{pmatrix} = \begin{pmatrix} \frac{1}{d_x} & 0 & u_0 \\ 0 & \frac{1}{d_y} & v_0 \\ 0 & 0 & 1 \end{pmatrix} \begin{pmatrix} f & 0 & 0 & 0 \\ 0 & f & 0 & 0 \\ 0 & 0 & 1 & 0 \end{pmatrix} \begin{pmatrix} \boldsymbol{R} & \boldsymbol{T} \\ \vec{0} & 1 \end{pmatrix} \begin{pmatrix} X_w \\ Y_w \\ Z_w \\ 1 \end{pmatrix} \tag{2-14}$$

像素坐标系转世界坐标系的代码如下。

```
1   def two_to_three(point2d, rvecs, tvecs, mtx, height):
2       point3d = []
3       point2d = (np.array(point2d, dtype='float32')).reshape(-1, 2)
4       num_pts = point2d.shape[0]
5       point2d_op = np.hstack((point2d, np.ones((num_pts, 1))))
6       rMat = cv.Rodrigues(rvecs[0])[0]
7       rMat_inv = np.linalg.inv(rMat)
8       kMat_inv = np.linalg.inv(mtx)
9       for point in range(num_pts):
10          uvPoint = point2d_op[point, :].reshape(3, 1)
11          tempMat = np.matmul(rMat_inv, kMat_inv)
12          tempMat1 = np.matmul(tempMat, uvPoint)
13          tempMat2 = np.matmul(rMat_inv, tvecs)
14          s = (height + tempMat2[0][2][0]) / tempMat1[2]
15          p = tempMat1 * s - tempMat2
16          point3d.append(p)
17      point3D = (np.array(point3d, dtype='float32')).reshape([-1, 1, 3])
18      return point3D
```

- 上述代码的主要功能是将得到的二维坐标通过式（2-14）转换为三维坐标。
- 第 10~15 行代码表示了式（2-14）的计算过程。

获取轮胎断面各轮廓点的实际坐标后，便可以在 AutoCAD 软件中连接断面轮廓信息，以实现断面轮廓的自动重构。本实例在研究过程中采用了以下方式进行各点的连接：

将轮廓特征像素点均匀减少为原来的 1/4，然后以多线段方式连接轮胎轮廓，再修改为样条曲线的方式自动建模，实现效果如图 2-47 所示。

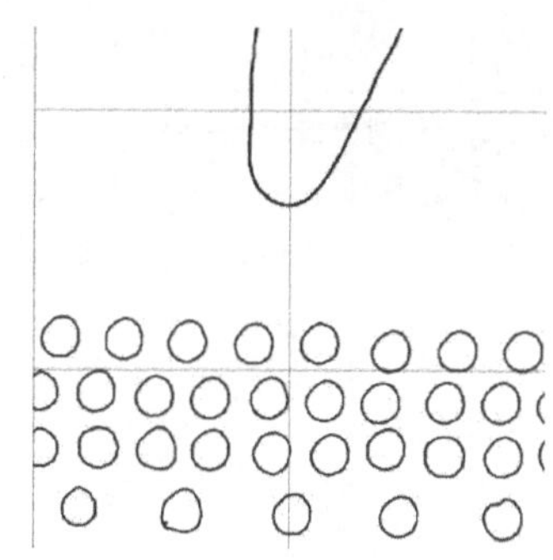

图 2-47　多线段连接转换为样条连接

完成轮胎断面图片的拍摄、图像增强方式、断面连接方式等前期准备后，基于 Python 语言对 AutoCAD 软件进行二次开发，程序可以在 1min 内完成断面重构和自动建模，大大减少了建模时间，提高了设计研发效率。图 2-48 为轮胎断面在 AutoCAD 软件中自动重构和建模的效果图，读者可以根据需要对模型进行编辑和修改。CAD 重构代码如下。

```
1   pyacad = Autocad(create_if_not_exists=True)
2   pyacad.prompt("Hello! AutoCAD from pyautocad.")
3   print(pyacad.doc.Name)
4   xishu = 10
5   for i in range(0, len(contour3), 1):
6       splinePnts = []
7       pnts = contour3[i]
8       print(pnts)
9       for j in range(0, len(contour3[i]), 1):
10          contouri = two_to_three(contour3[i][j][0], rvecs, tvecs, mtx, 0)
11          splinePnts.append(APoint(contouri[0][0][0] * xishu, contouri[0][0][1] * xishu))
12      contourj = two_to_three(contour3[i][0][0], rvecs, tvecs, mtx, 0)
13      splinePnts.append(APoint(contourj[0][0][0] * xishu, contourj[0][0][1] * xishu))
14      pnts = [l for k in splinePnts for l in k]
15      pnts = aDouble(pnts)
16      startTan = APoint(1, -10)
17      endTan = APoint(1, -5)
18      if len(pnts) >= 9:
19          SplineObj = pyacad.model.AddPolyLine(pnts)
```

- 第 1~3 行代码表示连接 AutoCAD 软件。
- 第 4 行代码的功能是设置一个变量 xishu 用来改变单位（m、cm 或 mm）。
- 第 10 行代码表示将二维坐标转换为三维坐标。
- 第 11 行代码表示将列表中第一个坐标添加到列表最后，用于封闭图形。

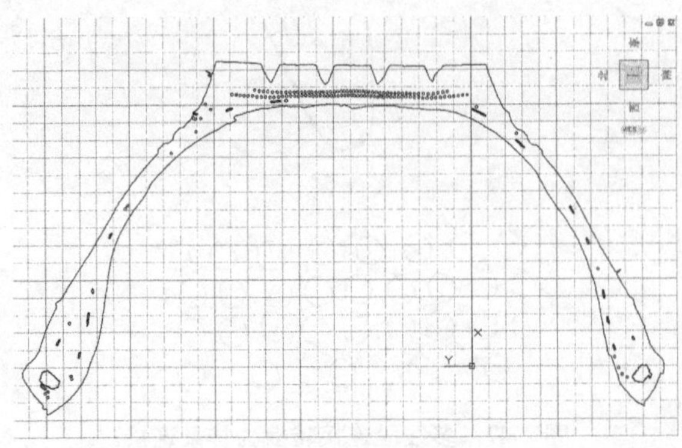

图 2-48 AutoCAD 自动建模效果

2.6 本章小结

本章以工业高清相机采集的轮胎断面图像为研究对象，基于数字图像处理技术和计算机视觉技术实现了轮胎断面数字化模型重构。主要内容包括。

1）介绍了计算机视觉技术的应用与发展过程。

2）介绍了常用的图像处理技术，为轮胎断面自动建模奠定了基础。

3）介绍了图像采集系统，包括：选择拍摄设备、相机标定等。

4）介绍了轮胎断面的自动建模技术。

5）通过一个轮胎断面自动建模实例，介绍了从图像采集、图像处理、边缘识别和自动建模的完整过程。

本章提出的基于计算机视觉和基于 Python 语言与 Auto CAD 软件二次开发功能的轮胎断面高效建模技术，可以极大地提高轮胎结构的设计研发效率，为后续轮胎有限元仿真分析奠定较好的基础。该技术可以推广应用于飞机、轮船、汽车等其他复杂零部件的高效设计建模中，具有广阔的应用前景。

参考文献

[1] RAFAEL C. GONZALEZ，RICHARD E. WOODS. 数字图像处理（MATLAB 版）［M］. 阮秋琦，阮宇智，译. 北京：电子工业出版社，2020.

[2] 李华，张敏，吴东霞，等. 基于 CATIA 的轮胎轮廓参数化模板设计［J］. 轮胎工业，2021，41（04）：218-221.

[3] 肖玉霜，马铁军，欧阳徕. 轮胎断面轮廓精确重构方法研究［J］. 橡胶工业，2011，58（09）：558-561.

[4] 杨进殿. 半钢轮胎有限元仿真过程中的建模自动化［D］. 济南：山东大学，2015.

[5] 雷镭，左曙光，杨宪武，等. 基于逆向工程技术的轮胎 3D 模型设计研究［J］. 汽车技术，2010（09）：4-6+23.

[6] 王国林，李军强，周树仁. 轮胎外形轮廓检测系统的研制 [J]. 橡胶工业，2014，61（03）：179-183.
[7] 迟慧智，田宇. 图像边缘检测算法的分析与研究 [J]. 电子产品可靠性与环境试验，2021，39（04）：92-97.
[8] 刘永波. 分析 AutoCAD 二次开发方法的研究 [J]. 软件，2013，34（05）：148-149.
[9] 郑浩，李大超. 基于 Python 的 AutoCAD 二次开发技术在工装设计中的应用 [J]. 航空电子技术，2019，50（02）：53-56.
[10] MCCULLOCH W S，PITTS W. A logical calculus of the ideas immanent in nervous activity [J]. The bulletin of mathematical biophysics，1943，5：115-133.

第3章 轮胎断面网格自动划分技术

本章内容:

3.1 概述

轮胎结构部件多，形状复杂，由多种胶料和帘线堆叠而成，其断面几何形状极不规则。同时，由于轮胎各相邻区域共用单元节点，材料层还需嵌入骨架材料和钢丝圈，使其网格划分变得尤为困难和复杂，通用有限元软件很难对其进行高效自动网格划分。目前，大多数企业仍然选择 Hypermesh 软件手动划分有限元网格，便于及时调整不规则单元的节点位置和形状，但仍然存在划分网格效率低、耗时长、易出错等问题。即使操作熟练的 Hypermesh 网格划分工程师，也至少需要 1h 才能完成 1 个轮胎断面的网格划分，如果轮胎结构包含多层胎体或者形状复杂，所需时间更长。另外，还有一个关键问题是：即使手动划分完毕单元网格，如果有限元分析不收敛或者更换轮胎断面，则需要重新划分，使轮胎有限元分析工作量大、效率低、劳动强度高。

考虑到大多数轮胎企业的设计研发及性能仿真都选择功能强大的非线性有限元分析软件 Abaqus，为避免与 Hypermesh 软件之间相互传递数据，提高轮胎网格划分的效率和质量，本章提出了“分区种子限制”的单元网格划分方法，基于 Abaqus 软件提供的 Python 语言二次开发接口，完成在 Abaqus 软件中开发有限元网格自动划分程序，实现轮胎有限元网格的高效、高质量自动划分，即使非常复杂的多层胎体的单元网格划分，也可以在 1min 内完成，极大地缩短了轮胎网格的划分时间，解决了轮胎网格划分困难、步骤烦琐、耗时长等关键问题。

本章将依次介绍下列内容：轮胎结构的组成、轮胎断面有限元网格划分的一般方法及原则、轮胎结构网格自动化划分技术，并通过两个实际轮胎断面的网格自动化程序开发实例，教给读者详细的操作步骤和代码实现方法。

3.2 轮胎结构的组成

轮胎结构断面十分复杂（见图 3-1），不同部位胶料和形状各不相同。通常情况下轮胎断面包含两种材料：轮胎胎体的橡胶材料和轮胎骨架结构的钢丝帘线等复合材料。本节首先简单介绍相关结构及其功能。

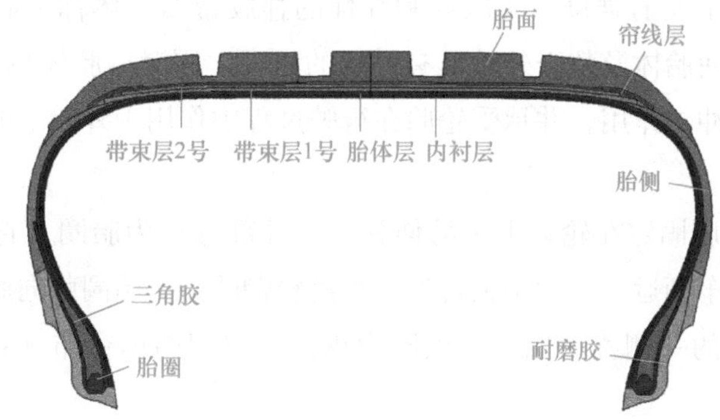

图 3-1　轮胎结构剖面

1. 轮胎橡胶结构

轮胎橡胶结构主要包括：胎面胶、胎侧胶、胎肩垫胶、耐磨胶、气密层（内衬层）等，功能如下：

（1）胎面胶　外胎最外面与路面接触的橡胶层称为胎面，外胎胎冠、胎肩、胎侧、加强区部位最外层的橡胶为胎面胶，用来防止胎体受到机械损伤和早期磨损，并向路面传递汽车的牵引力和制动力，增加外胎与路面（土壤）的抓着力及吸收轮胎运行时的振荡。轮胎正常行驶时与路面接触的部分称为行驶面。行驶面表面由不同形状的花纹块、花纹沟构成，凸出部分为花纹块，花纹块的表面可增大外胎和路面（土壤）的抓着力并保证车辆的抗侧滑力。花纹沟下层称为胎面基部，用来缓冲振荡和冲击。

（2）胎侧胶　胎侧胶是贴在胎体侧壁部位，用来防止胎体受到机械损伤和其他外界作用（例如，泥、水）的橡胶覆盖层。与胎面不同，胎侧处不会承受很大的应力作用，也不会与地面接触，因而没有磨损。胎侧主要在屈挠状态下工作，其厚度可以稍薄，但它需要提供承受多次屈挠的应力作用，并应具备较好的耐光老化和耐臭氧老化性。通常，在胎侧位置标有轮胎企业的商标等信息。

（3）胎肩垫胶　胎肩是胎冠与胎侧之间的过渡区。由于胎面弧度小而胎体帘线层弧度大，成型时胎面两侧下部必须用胶料填充，在此处形成胎肩。

（4）耐磨胶　耐磨胶是胎体帘布层与轮辋之间的一层耐磨橡胶，防止轮胎在使用过程子口部位被金属制轮辋磨伤。

(5) 三角胶　三角胶贴于钢丝圈上部，用来填充内层胎体和外面反包胎体间的空隙。

(6) 气密层　气密层也叫内衬层，是无内胎轮胎保持气密性的关键部件，由特殊橡胶制成。

2. 轮胎骨架结构

轮胎骨架结构包括：胎圈部位的实心钢丝、胎体、缓冲层（带束层）和加强层帘线。全钢子午线轮胎的骨架材料主要为高强度钢；半钢子午线轮胎的骨架材料主要为尼龙帘线、人造丝。各结构的功能如下：

(1) 胎体　让外胎具有强度、柔软性和弹性的挂胶帘布主体称为胎体。胎体由一层或多层挂胶帘布组成，使胎体及整个外胎具有一定的强度。同时，胎体也需要有足够的弹性，以承受强烈的振动和冲击作用，并承受轮胎在行驶过程中作用于外胎上的径向、侧向、周向力引起的变形。

(2) 胎圈　使外胎固定在轮辋上不易伸张的刚性部分称为胎圈，它能够让外胎牢固地固定在轮辋上，并在车辆运行过程中抵抗外胎脱离轮辋的力。胎圈朝向胎内腔的一侧称为胎趾，与轮辋边缘接触的一侧称为胎踵。胎圈由钢圈、包圈胎体帘布（包裹钢圈的帘布层）和胎圈包布等组成。

(3) 缓冲层　胎体和胎面之间的胶片或挂胶帘布—胶片的复合结构称为缓冲层，用来减缓胎体受到振动和冲击作用，减少作用于胎体的牵引力和制动力，增强胎面胶和胎体间的附着力。子午线轮胎的缓冲层通常称为带束层。外胎最大应力集中于缓冲层，其温度最高。缓冲层的材料及结构一般因外胎的规格和结构，以及胎体材料等的不同而不同。

(4) 冠带层　带束层上方的特殊帘布层为冠带层。在轮胎行驶中，它可以抑制带束层移动，防止高速行驶时带束层的脱离，从而保持高速状态下轮胎形状的稳定性。

3.3 轮胎断面有限元网格划分的一般方法及原则

本节将介绍轮胎断面网格划分的常用方法、在 Abaqus/CAE 中划分轮胎网格及轮胎断面有限元网格划分的基本原则。

3.3.1 轮胎断面网格划分的常用方法

目前，子午线轮胎断面有限元网格划分的常用方法有下列两种：

1）在 CATIA 软件中开发单元网格专用模板，快速获得节点和单元信息。

2）在 AutoCAD 软件中绘制复杂形状的轮胎断面，导入 Hypermesh 软件手动划分单元网格，并根据经验调整质量较差的节点和单元。该方法效率低、工作量大。由于轮胎断面为轴对称图形，通常情况下只需对一半结构划分网格即可，然后利用镜像功能得到另一半断面的有限元网格。

本节对第 2 种网格划分方法简单介绍，操作步骤如下：

1）在 AutoCAD 软件中绘制轮胎结构的材料分布图，根据需要对几何特征适当简化，如图 3-2 所示。

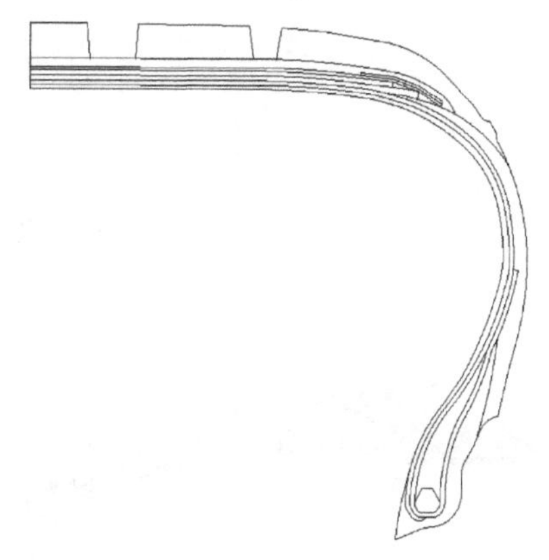

图 3-2　轮胎材料分布图

2）根据经验绘制区域分割线。根据不同区域的形状特征，在轮胎材料分布图上绘制分割线，尽可能地将各区域分割成形状规则的四边形。分割完毕的效果如图 3-3 所示。

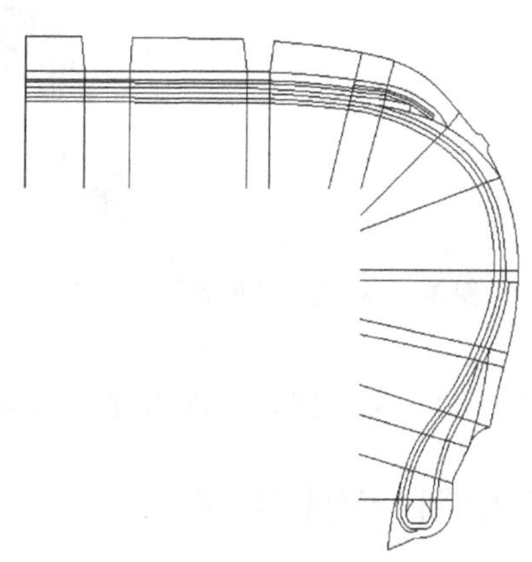

图 3-3　轮胎断面区域分割

3）利用 AutoCAD 软件中的命令，标记第 2）步生成的分割线与轮胎材料分布图各线段的交点，获得网格节点，如图 3-4 所示。

4）只保留第 3）步得到的交点，删除其他线段和图形，单击 AutoCAD 中的命令获得另一半断面的交点，如图 3-5 所示。

5）将 AutoCAD 软件中获得的轮胎断面交点信息保存为 DXF 格式文件，将其导入 Hypermesh软件中，逐一绘制轮胎模型各区域单元，最终得到完整的轮胎断面有限元网格，如图 3-6 所示。

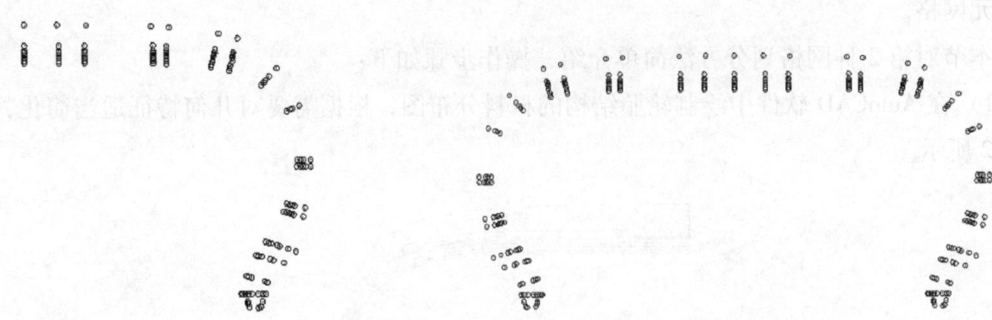

图 3-4　轮胎断面节点　　　　图 3-5　轮胎断面全部节点

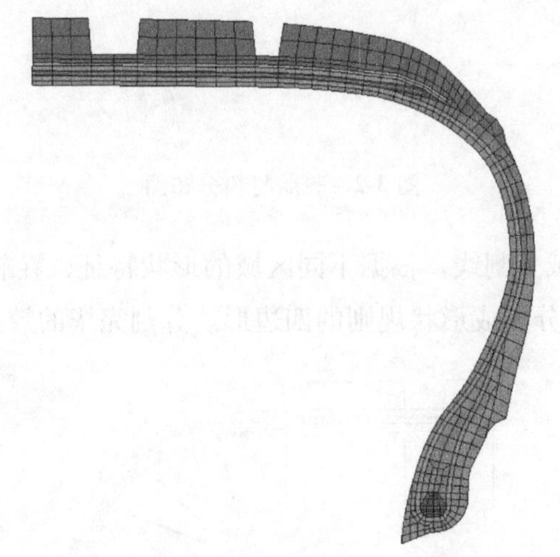

图 3-6　轮胎断面网格划分效果

6）将 Hypermesh 软件生成的 INP 文件保存，即可导入 Abaqus 软件进行有限元分析。

3.3.2　在 Abaqus/CAE 中划分轮胎网格

Abaqus/CAE 是一款大型通用非线性有限元分析软件，广泛应用于机械制造、汽车交通、土木水利、能源地矿、航空航天、家用电器等各个工程和科研领域。由于 Abaqus 包含丰富的材料库和单元库，因此，大多数企业和科研机构选用 Abaqus 软件来进行轮胎性能仿真。Abaqus/CAE 中自带的网格划分功能可满足绝大部分读者的需求，包括下列功能：布置网格种子、设置单元类型、定义网格划分技术和算法、划分网格、检查网格质量等。在 Abaqus 软件中划分有限元网格，通常分为 4 步：设置种子、设置网格控制参数、设置单元类型和对部件或装配件划分网格，实现过程如下。

1）启动 Abaqus/CAE，导入某型号轮胎的几何模型，如图 3-7 所示。轮胎几何模型详见随书资源包：chapter 3\Model\Tire. cae。

第3章 轮胎断面网格自动划分技术

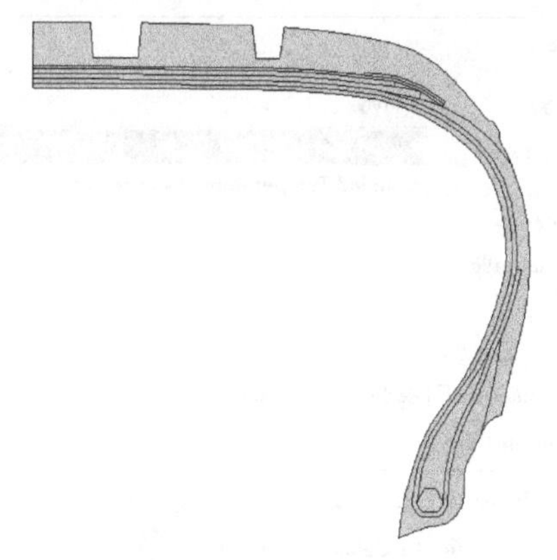

图 3-7　某型号轮胎几何模型

2）切换到 Mesh 功能模块，为轮胎几何模型设置全局网格种子（见图 3-8）、网格属性（见图 3-9）、单元类型（见图 3-10）和单元阶次。

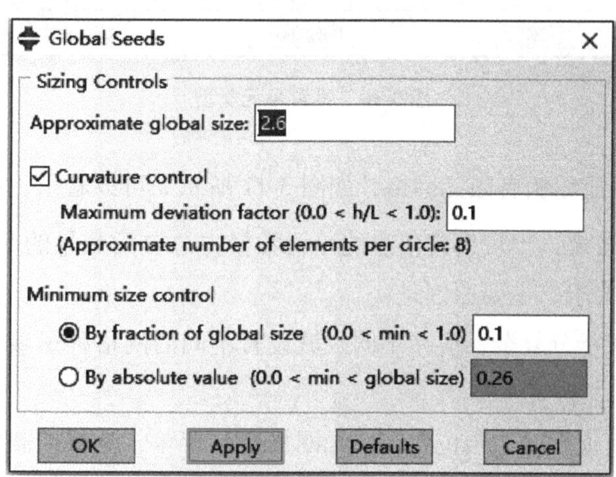

图 3-8　设置单元网格尺寸

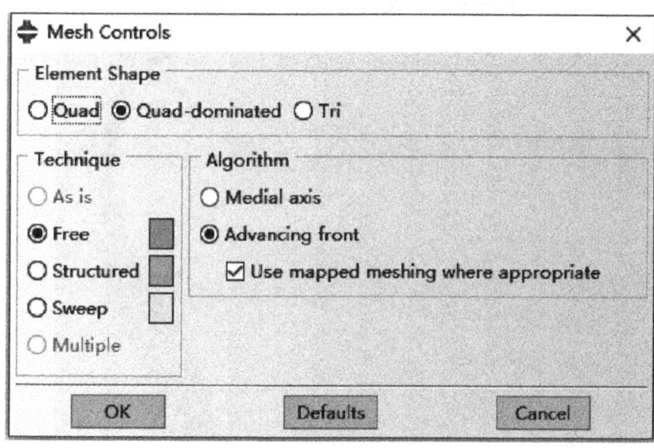

图 3-9　设置单元网格属性

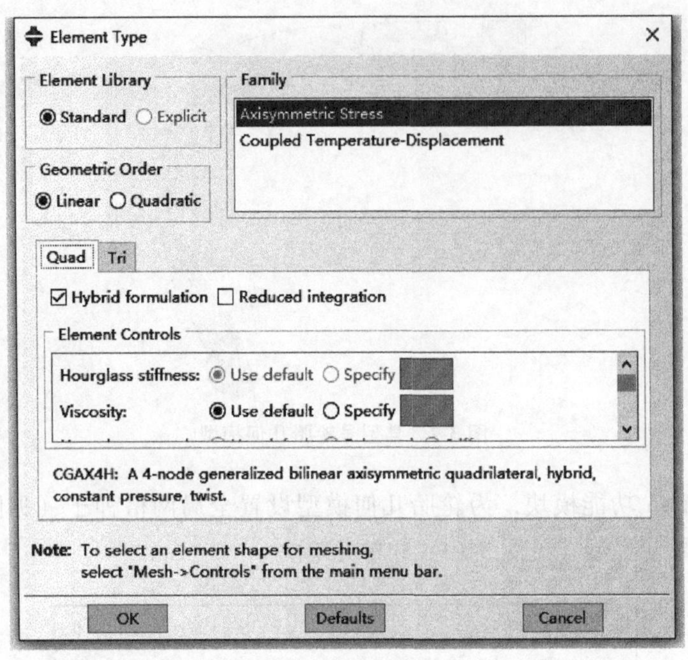

图 3-10 设置单元类型

单击图标，生成轮胎有限元网格，如图 3-11 所示。可以看出，此时划分的单元网格质量较差，畸变单元较多，出现警告信息的单元数量占总单元数量的 5.2%，无法满足轮胎性能有限元仿真分析要求。主要原因是：

1）轮胎断面形状十分复杂，应在不同区域设置不同的网格种子数，而不能简单设置全局网格种子。

2）复杂轮胎几何模型的边角位置，单元网格质量较差，应根据需要对重点位置采用虚拟拓扑技术，并单独设置单元网格控制参数，详见第 3.4 节和 3.5 节。

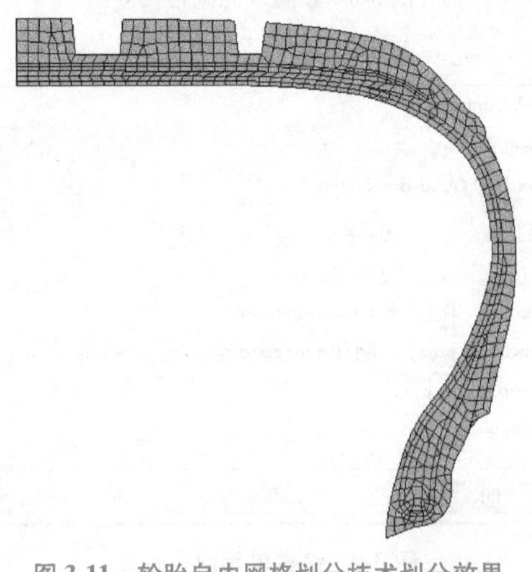

图 3-11 轮胎自由网格划分技术划分效果

3.3.3　轮胎断面有限元网格划分的基本原则

对复杂轮胎断面划分有限元网格时，尺寸大小、网格种子的布置都将严重影响有限元分析的效率和计算精度，单元形状和质量对收敛性也会产生较大影响。橡胶材料为超弹性材料，当载荷施加到一定程度时，橡胶材料接近不可压缩状态，收敛性更差。因此，当对轮胎断面划分有限元网格时，对网格尺寸、单元形状、不同材料之间相互接触区域的单元，有更加严格的要求，经过大量的测试，本章提出了如下基本原则：

1）由橡胶材料组成的轮胎断面部分，网格应该全部为四边形，在形状变化特别大的地方及包含尖角的位置，允许存在少量三角形单元网格，如图 3-12 所示。

2）应严格按照材料分布图进行单元网格划分，以保证相邻单元网格呈对齐关系，避免轮胎在充压、加载等工况时单元节点不对应出现单元扭曲等，如图 3-12 所示。

3）网格尺寸和网格种子等参数分配要适当，在应力集中处（例如，胎圈部位和带束层端部应力、应变梯度较大的区域），应适当加密单元网格。

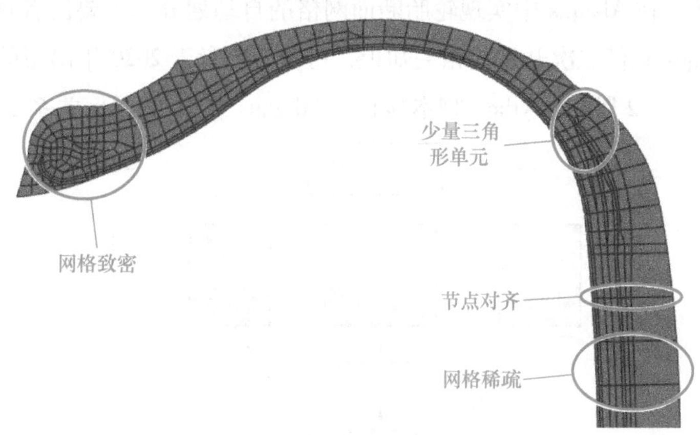

图 3-12　满足收敛要求和分析精度的单元网格

3.4　轮胎结构网格自动化划分技术

本节将介绍基于 Python 语言对 Abaqus 软件的二次开发技术，从而实现复杂轮胎断面有限元网格的自动划分。

3.4.1　Python 语言二次开发简介

Abaqus 中的脚本接口直接与内核进行通信，而与 Abaqus/CAE 的图形用户界面（GUI）无关。如果将所有的 Abaqus 脚本接口命令存储于文件中，则该文件称为脚本（script）。脚本由一系列纯 ASCII 格式的 Python 语句组成，扩展名一般为 . py。

基于 Abaqus 软件编写脚本，可以实现下列功能：

1）自动执行重复任务。例如，可以将经常使用的材料参数编写为一个脚本，用来生成材料库。每次开启新的 Abaqus/CAE 任务后执行该脚本，所有的材料属性都将在 Property 模块的材料管理器中自动显示。

2）创建和修改模型。对于形状异常复杂或者形状特殊的模型，当在 Abaqus 软件或其他 CAD 软件中难以实现时，可以尝试编写脚本来建立或修改模型。

3）编写脚本访问输出数据库（ODB）文件是最经常使用的功能，包括：对输出数据库（ODB）文件中的分析结果自动后处理等

4）优化分析。例如，可以编写脚本来实现逐步修改部件的几何尺寸或某个参数，然后提交分析作业，通过脚本来控制某个量的变化情况，如果达到指定要求，则停止分析，并输出优化后的结果。

5）进行参数化研究（parameter study）。

6）自制 Abaqus 插件程序。

基于 Python 语言在 Abaqus 中实现轮胎断面网格的自动划分，需要读者具备一定的 Python 基础，并掌握 Abaqus 软件二次开发的相关知识，可参考笔者于 2020 年出版的《Python 语言在 Abaqus 中的应用》（第 2 版）。Python 脚本接口与 Abaqus/CAE 的通信关系如图 3-13 所示，可

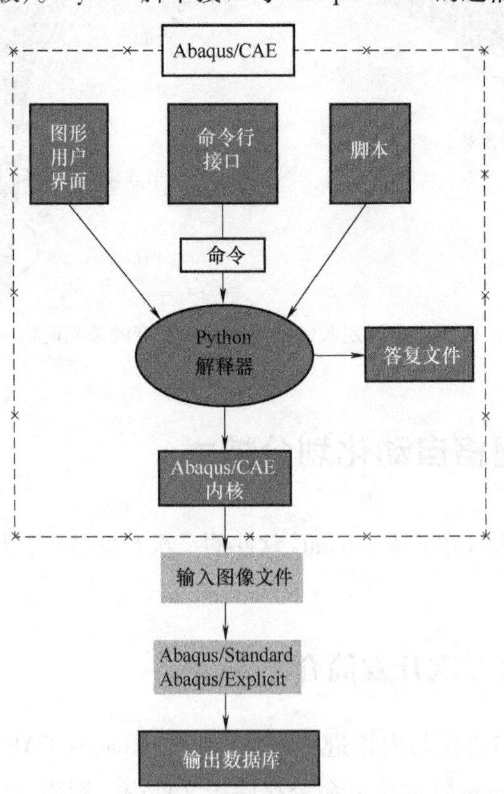

图 3-13 Python 脚本接口与 Abaqus/CAE 的通信关系

以通过图形用户界面（GUI）窗口、命令行接口（Command Line Interface，CLI）和脚本（.py）来执行命令，所有命令都必须通过 Python 解释器才能进入 Abaqus/CAE 中执行，同时生成扩展名为 .rpy 的文件；进入到 Abaqus/CAE 中的命令将转换为 INP 文件，再经过 Abaqus/Standard 或 Abaqus/Explicit 求解器分析，得到输出数据库（ODB）文件。

3.4.2　宏管理器

本节将首先介绍轮胎网格自动化程序开发所需宏管理器的相关知识，教给读者宏录制的实现过程，为后续轮胎网格自动化程序的实现奠定基础。

Abaqus/CAE 中的宏功能允许记录一系列 Abaqus 的脚本接口命令，并保存在宏文件（abaqusMacros.py）中。在 Abaqus/CAE 的【File】菜单下，选择【Macro Manager】命令可以录制宏。每个脚本接口命令都与某个操作相对应，录制完毕后无须保存模型直接退出 Abaqus/CAE，录制的宏将自动保存到文件 abaqusMacros.py（笔者的保存路径是 C:\Users\Lenovo\abaqusMacro.py）。宏管理器包含所有宏的列表，如果宏在多个 abaqusMcaro.py 文件中使用相同的名字，那么 Abaqus/CAE 将选用最后创建的宏。

启动 Abaqus/CAE 后，Abaqus 软件将在其安装目录、根目录和当前工作目录下搜索宏文件 abaqusMacros.py。录制宏的操作步骤如下：

1）启动 Abaqus/CAE，在【File】菜单下选择【Macro Manager】命令，弹出如图 3-14 所示的对话框。

2）单击【Create】按钮，在弹出的对话框中输入宏的名字，单击【Continue】按钮开始录制宏。建议选择宏文件的保存路径为工作目录，即选中【Work】按钮，如图 3-15 所示。

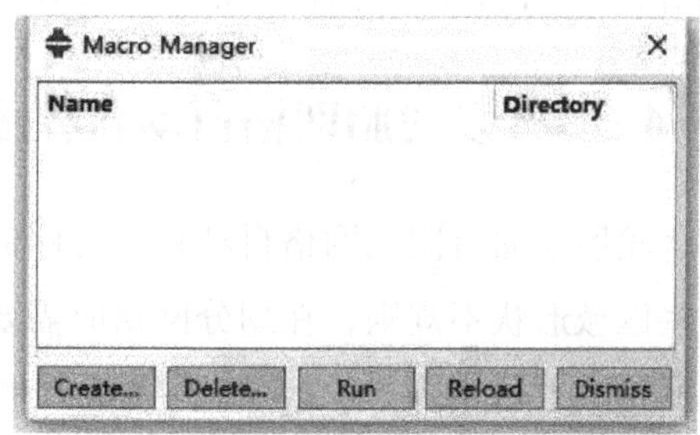

图 3-14　“Macro Manager”对话框

3）在录制宏的过程中，将始终出现图 3-16 所示的对话框，用来提醒读者目前处于宏录制状态。

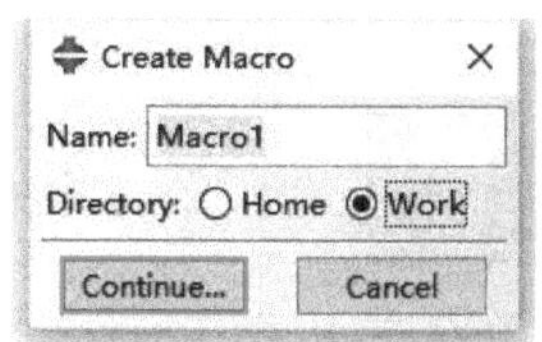

图 3-15　创建宏并设置保存路径

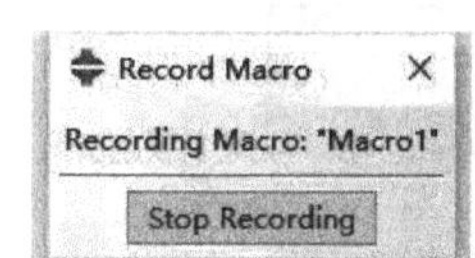

图 3-16　宏录制过程中的对话框

4）单击图 3-16 中的【Stop Recording】按钮结束录制。此时，Abaqus 将自动返回“Macro Manager”对话框（见图 3-17），并列出录制宏的名字和保存目录。在对话框的底部除了【Create】按钮外，还提供了【Delete】按钮（删除宏）、【Run】按钮（运行宏）、【Reload】按钮（重新加载并更新宏文件）等。

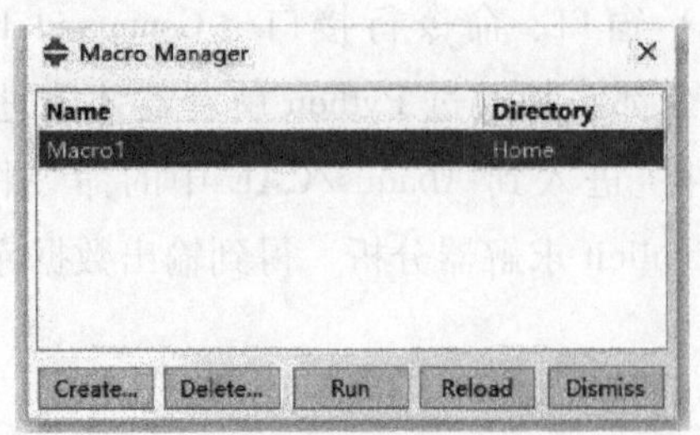

图 3-17　宏管理器界面

在录制宏的过程中，应该注意下列问题：

1）当处于录制宏状态时，宏管理器的【Create】、【Delete】、【Run】、【Reload】按钮将变得不可用。

2）【Run】按钮每次只能够运行 1 个宏文件。

3）当录制宏结束，Abaqus/CAE 将自动更新 Macro Manager 中的宏列表。

4）如果 Macro Manager 中包含名字相同的宏，Abaqsus/CAE 将使用最后录制的宏来执行。

5）Abaqus 的脚本接口命令存储为 ASCII 格式，可以使用标准的文本编辑器（例如，EditPlus、UltraEdit、PyCharm 等）打开或编辑 abaqusMacro. py 文件。

3.4.3　开发轮胎网格自动化程序

轮胎断面有限元网格自动划分程序的难点在于不同材料相交区域的几何模型十分复杂，有些区域形状不规则，在划分网格时需要兼顾相邻区域共节点问题。因此，为实现轮胎断面的网格高效自动划分，必须制定标准的网格划分流程，以保证开发程序的通用性和适应性。为实现轮胎单元网格的自动划分，笔者搭建了详细的网格划分流程，如图 3-18 所示。

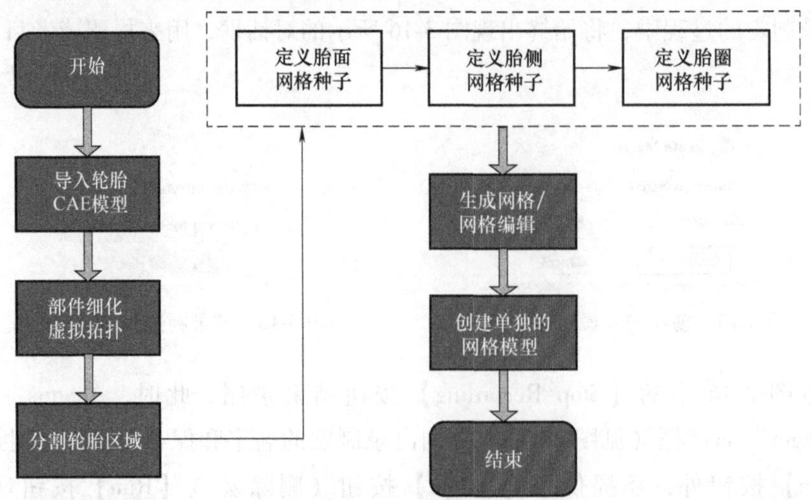

图 3-18　搭建网格自动划分程序流程

启动 Abaqus/CAE，在【File】菜单选择【Macro Manager】命令，创建宏并设置保存路径，读者可选用自己熟悉的解释器打开并观察 abaqus. rpy 文件。为提高学习效率，建议一边在 Abaqus/CAE 中操作，一边观察编辑器中生成的代码。

1. 导入 Abaqus 的相关模块

```
1  from abaqus import *
2  from abaqusConstants import *
3  from caeModules import *
4  from driverUtils import executeOnCaeStartup
```

- 第 1 行代码的功能是导入 Abaqus 模块中的所有对象。
- 第 2 行代码的功能是导入符号常数模块 abaqusConstants。
- 第 3 行代码表示导入 caeModules 模块中的所有对象，保证能够访问 Abaqus/CAE 所有的模块。
- 第 4 行代码表示导入 execute On Cae Startup 模块保证 Abaqus/CAE 以启动状态来执行模块。

2. 创建模型数据库对象，定义轮胎部件区域

调用 openMdb( ) 函数打开 cae 文件，或者调用 Abaqus 软件中的草图功能绘制轮胎材料分布图，生成轮胎断面几何模型，如图 3-19 所示。

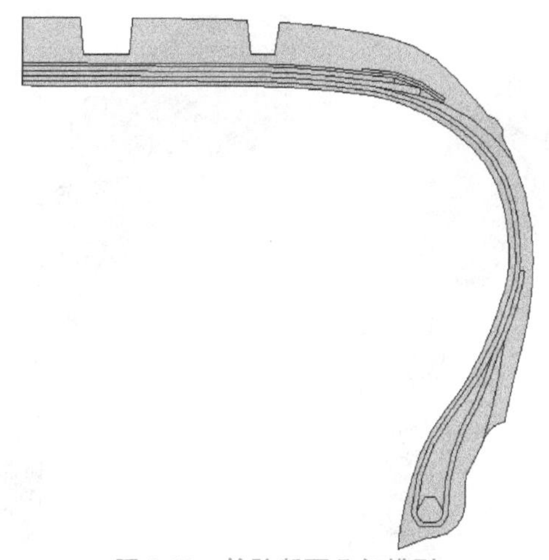

图 3-19　轮胎断面几何模型

将模型的各个零部件名字放于列表 Area 中，便于后续循环调用，代码如下：

```
Area=['Apex','Bead','Belt1','Belt1_Rebar', 'Belt2', 'Belt2_Rebar", 'Cap1', Cap1_Rebar', 'InnerLiner', 'RimCushion', 'SideWall', 'Tread', 'carcass1', 'carcass1_Rebar', 'carcass2', 'carcass2_Rebar']
```

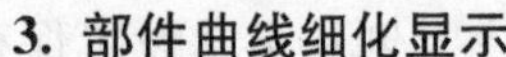

轮胎设计研发智能化技术

3. 部件曲线细化显示

将轮胎几何模型导入 Abaqus 软件中，Abaqus 默认显示方式为粗糙显示（coarse），可能导致轮胎部件曲线间出现裂缝、重叠等问题，需将轮胎断面各部件的复杂曲线细化显示，细化前后的效果如图 3-20a 和 b 所示。代码如下。

```
1  for i in Area:
2      p = mdb.models['Model-1'].parts[i]
3      mdb.models['Model-1'].parts[i].setValues(geometryRefinement=EXTRA_FINE)
4      a = mdb.models['Model-1'].rootAssembly
5      a.DatumCsysByDefault(CARTESIAN)
6      p = mdb.models['Model-1'].parts[i]
7      Instance(name=i, part=p, dependent=ON)
```

- 第 1~3 行代码的功能是细化显示各部件。
- 第 4 行代码的功能是创建根装配。
- 第 6、7 行代码的功能是调用 Instance( ) 方法来创建部件实例 Part [i]。

利用 for 循环对列表中的每个部件进行细化与装配，调用 Instance( ) 构造函数创建部件实例。

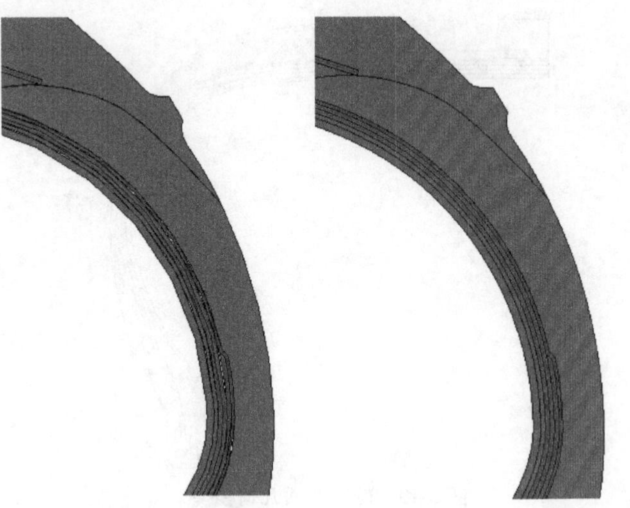

a) 未细化部件曲线的显示效果　　b) 细化后部件曲线的显示效果

图 3-20　轮胎部件曲线细化前后对比

在 Abaqus/CAE 中对几何模型细化显示的操作如下：启动 Abaqus/CAE，选择 View 菜单下的 Part Display Options 子菜单，将曲线精细化（Curve refinement）显示选项由默认的 Coarse 修改为 Extra Fine 即可，如图 3-21 所示。

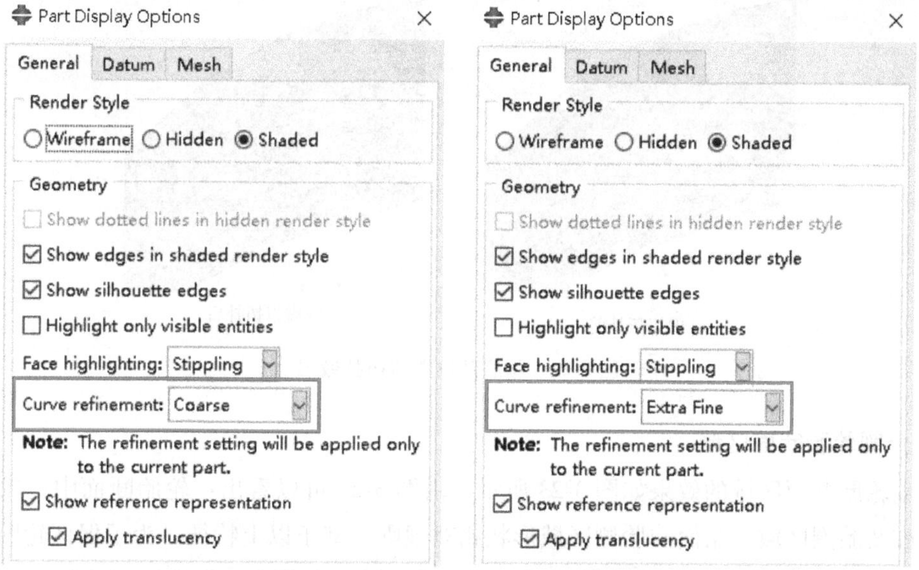

a) 默认显示为Coarse　　　b) 修改显示方式为Extra Fine

图 3-21　修改复杂曲线的默认显示方式

4. 虚拟拓扑（Virtual Topology）

当将其他 CAD 软件生成的轮胎断面几何模型导入 Abaqus 软件时，由于不同软件之间的建模差异，始终存在影响网格划分质量的几何特征（例如，微小的面和边、尖角等），此时选择虚拟拓扑（Virtual Topology）技术可以忽略影响网格划分质量的不重要细节，通过循环语句可以实现批量处理几何拓扑，快速、准确、有效。带束层中钢丝虚拟拓扑的代码如下。

```
1    p = mdb.models['Model-1'].parts['Belt1']
2    v = p.vertices
3    verts = v.getSequenceFromMask(mask=('[#15c ]', ), )
4    pickedEntities =(verts, )
5    p.ignoreEntity(entities=pickedEntities)
6    p = mdb.models['Model-1'].parts['Belt1_Rebar']
7    session.viewports['Viewport: 1'].setValues(displayedObject=p)
```

- 第 1 ~ 6 行代码使用对单个对象索引的方式选择所忽视的对象，并对其进行虚拟拓扑。
- 第 7 行代码设置显示虚拟拓扑后的部件。

其他钢丝帘线结构也可以采用上述方法实现拓扑，胎肩部位虚拟拓扑前后的效果如图 3-22 所示。

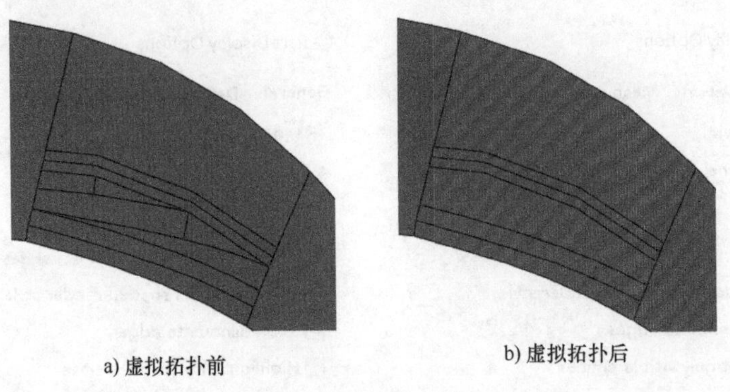

图 3-22　胎肩部位虚拟拓扑效果

5. 分割轮胎断面区域

分割轮胎断面区域的效果如图 3-23 所示，由图 3-23 可以看出：轮胎断面中比较复杂的是三角胶及胎圈区域，胎面和胎侧区域形状相对规则。基于以上特征，为了保证轮胎网格的划分质量，将轮胎断面分割为 8 部分，分别为：胎面 1、胎面 2、胎面 3、胎肩、胎侧 1、胎侧 2、三角胶和胎圈。读者可以直接调用 partition 命令对轮胎二维断面进行切分，尽可能划分为规则形状，以生成高质量的四边形结构化网格；最后根据需要来设置各区域的网格种子，开发的 GUI 界面如图 3-24 所示。

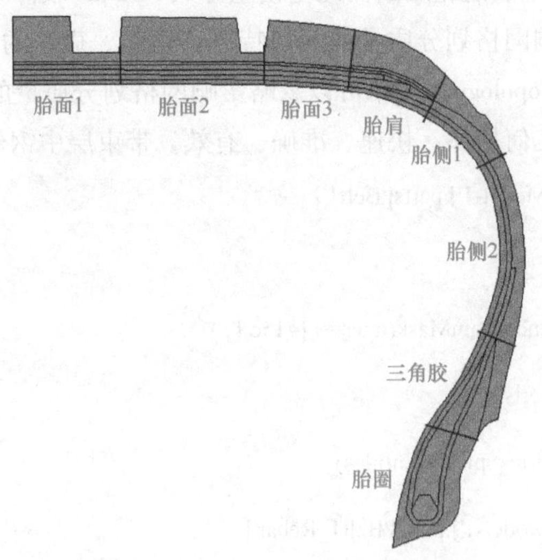

图 3-23　轮胎断面分割示意图

6. 轮胎有限元网格的生成与优化

为了保证网格质量，定义网格种子时需定义局部尺寸的种子，调用 pickedEdges 命令选中需要定义布局种子的边，为每条边施加合适的种子数，使用 seedEdgeByNumber( ) 函数为 pickedEdges 命令选中的边布置种子并设置为不允许改变，调用 generateMesh( ) 函数生成网格单元。为了保证模型的收敛性，还需要借助于细长比、锥度比、内角等指标来衡量网格质

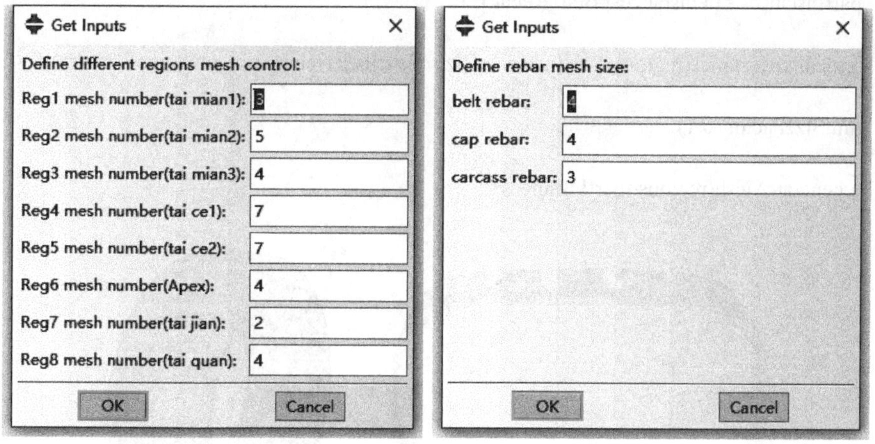

Get Inputs

Define different regions mesh control:

Reg1 mesh number(tai mian1): 3

Reg2 mesh number(tai mian2): 5

Reg3 mesh number(tai mian3): 4

Reg4 mesh number(tai ce1): 7

Reg5 mesh number(tai ce2): 7

Reg6 mesh number(Apex): 4

Reg7 mesh number(tai jian): 2

Reg8 mesh number(tai quan): 4

OK　Cancel

Get Inputs

Define rebar mesh size:

belt rebar: 4

cap rebar: 4

carcass rebar: 3

OK　Cancel

图 3-24　设置轮胎各部件网格参数示意图

量，如果出现个别质量较差的网格，可采用 Abaqus/CAE 中的 Mesh Edit 功能进行局部修正。

需要注意的是：单击 为每条边设置局部网格种子数量时，应勾选 Constraints 选项卡的不允许单元改变选项（Do not allow the number of elements to change），如图 3-25 所示，以保证划分的所有区域中的网格种子数量一致，进而保证相邻材料单元共节点。

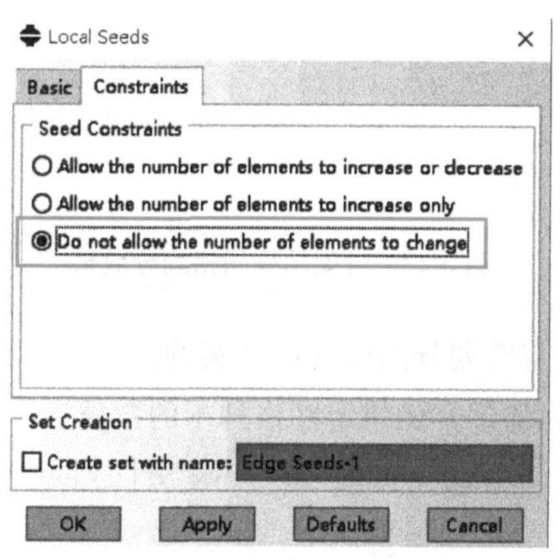

图 3-25　限制网格种子数量不许改变

操作完成后停止宏录制，将 abaqus. rpy 文件重新命名为 mesh. py 文件。重新打开 Abaqus/CAE 后，运行该脚本，网格划分效果如图 3-26a 所示，使用 Abaqus 关键词*SYMMETRIC MODEL GENERATION 命令将二维有限元模型旋转为三维有限元模型，如图 3-26b 所示。

当完成轮胎橡胶结构的网格划分后，将轮胎骨架结构单独划分为单元网格，并赋予不同的单元类型。全钢轮胎中的钢丝、半钢轮胎中的帘线结构都是为了增强轮胎中带束层、胎体层的强度而设置，在轮胎网格划分中由于材料的不同需要将其与轮胎中的橡胶结构分开，单独划分网格，骨架结构网格划分完成后如图 3-27 所示。以带束层中的 rebar 单元网格划分为例，将实例网格种子的指派参数化，具体代码如下。

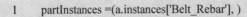

```
1  partInstances =(a.instances['Belt_Rebar'], )
2  a.seedPartInstance(regions=partInstances,size=float(belt1rebar_ms),deviationFactor=0.1,
3  minSizeFactor=0.1)
4  a.generateMesh(regions=partInstances)
```

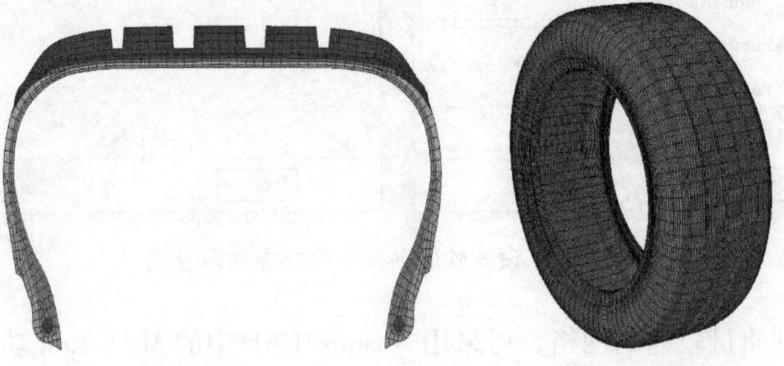

a) 二维模型单元　　b) 三维模型单元

图 3-26　轮胎网格划分效果

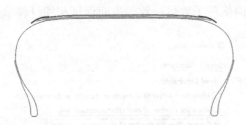

图 3-27　骨架结构网格划分效果

- 第 1 行代码表示选择需要划分网格的部件实例。
- 第 2、3 行代码表示为部件实例指定网格种子的数量。
- 第 4 行代码的功能为调用 generateMesh( ) 函数生成网格。

3.5 轮胎有限元网格开发实例

【提示】本章实例的开发均基于 Abaqus6. 14 版本，读者的 Abaqus 版本如果不同于笔者，可自行打开资源包中的 CAE 模型，首先保存为对应的版本号，再开发相应的网格划分程序。

【提示】运行资源包代码时，如遇到 CAE 文件未解锁状态，可先将资源包中的 CAE 文件在 Abaqus 软件中解锁，然后即可运行程序。

1.『实例 3-1』轮胎胎肩和胎侧部位单元网格划分

本实例选择图 3-28（见随书资源包 chapter 3\Model\Taice. cae）所示胎肩和胎侧区域，教给读者网格自动划分程序的开发方法。

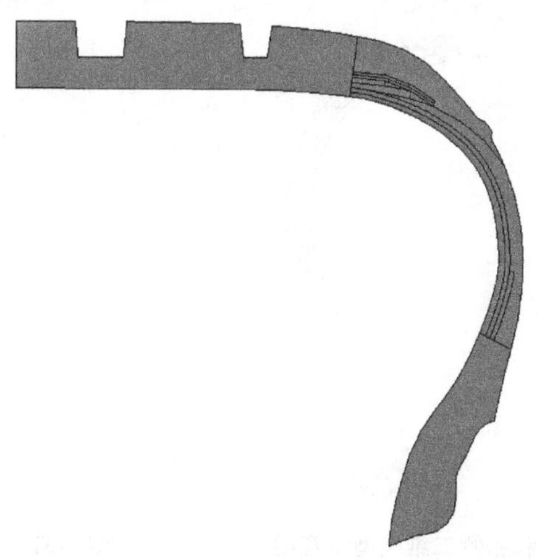

图 3-28　轮胎胎肩、胎侧结构示意图

启动 Abaqus/CAE，单击【File】菜单→【Macro Manager】→Create，弹出如图 3-29 所示的对话框，创建名为 Taice_Mesh 的宏，保存在根目录（Home）下，单击 Continue 按钮开始录制宏文件。

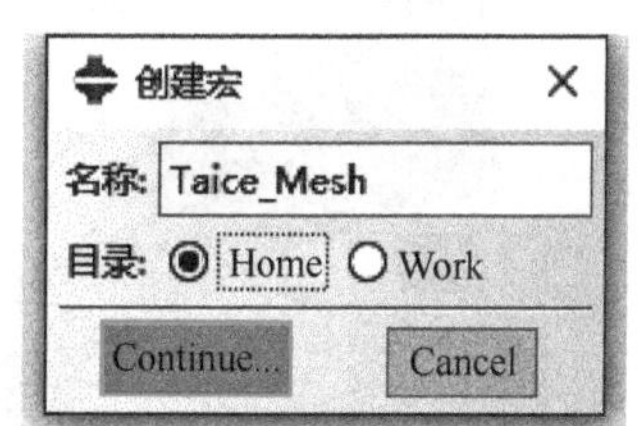

图 3-29　录制名为 Taice_Mesh 的宏文件

请读者按照下列步骤操作：

1）选择【File】菜单下的【Open】子菜单，打开轮胎 CAE 模型。

2）选中轮胎模型，单击【View】菜单下的【Part Display Options】，按照图 3-21 的方法，将显示方式修改为 Extra Fine。

3）进入草图模块，使用草图中的直线命令将轮胎的二维模型分割成 3 部分，退出草图后，重生成特征，如图 3-30 所示。

4）切换到 Mesh 模块，利用虚拟拓扑功能的合并面（）、合并边（）、忽略实体（）3 个功能完成对轮胎模型的虚拟拓扑优化。

5）选择按钮为每条边设置网格种子数，设置胎肩区域网格数为 5，将胎侧 1 和胎侧 2 区域的网格数分别设置为 7 和 9，如图 3-31 所示。

6）轮胎单元网格生成。单击按钮为轮胎部分区域划分网格，如图 3-32a 所示。如果没有使用虚拟拓扑功能，划分的单元网格效果如图 3-32b 所示。单击按钮，为轮胎网格选择单元类型 CGAX4RH，如图 3-33 所示。

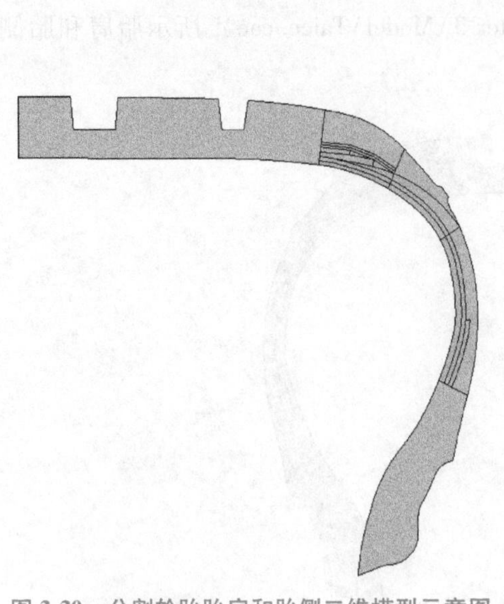

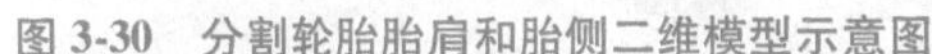

图 3-30 分割轮胎胎肩和胎侧二维模型示意图

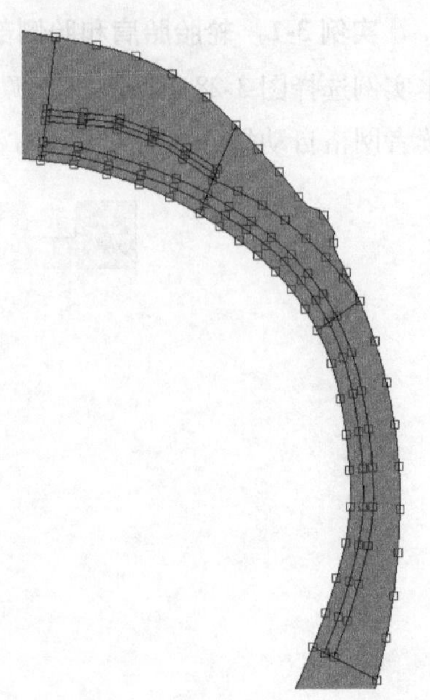

图 3-31 定义网格种子的数量

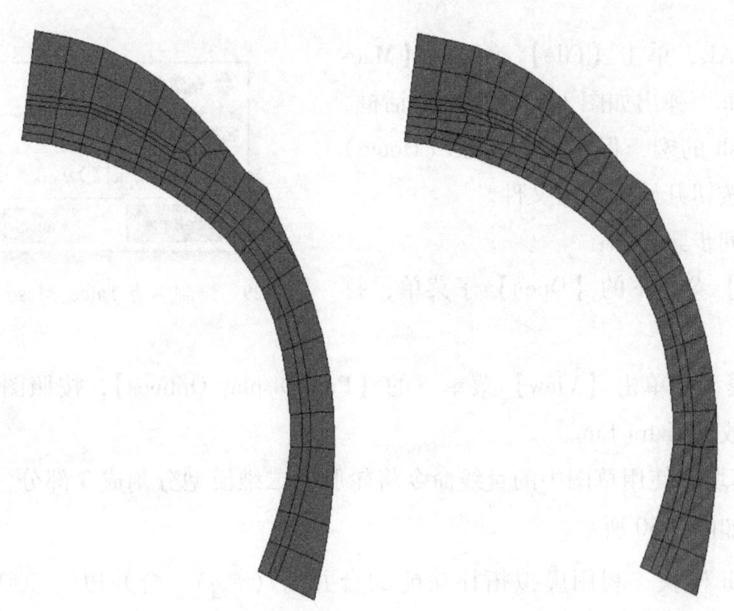

a) 使用虚拟拓扑功能的网格划分　　b) 未使用虚拟拓扑功能网格划分效果

图 3-32 轮胎部分网格划分效果图

7）创建网格部件实例，单击【Mesh】模块下的【Create Mesh Part】，为轮胎网格创建网格部件 Part-Taice-mesh-1，该部件可进行网格编辑工作。

8）单击 Stop Recording 按钮，结束宏录制。宏管理器中将出现刚录制的宏 Taice_Mesh，如图 3-34 所示。

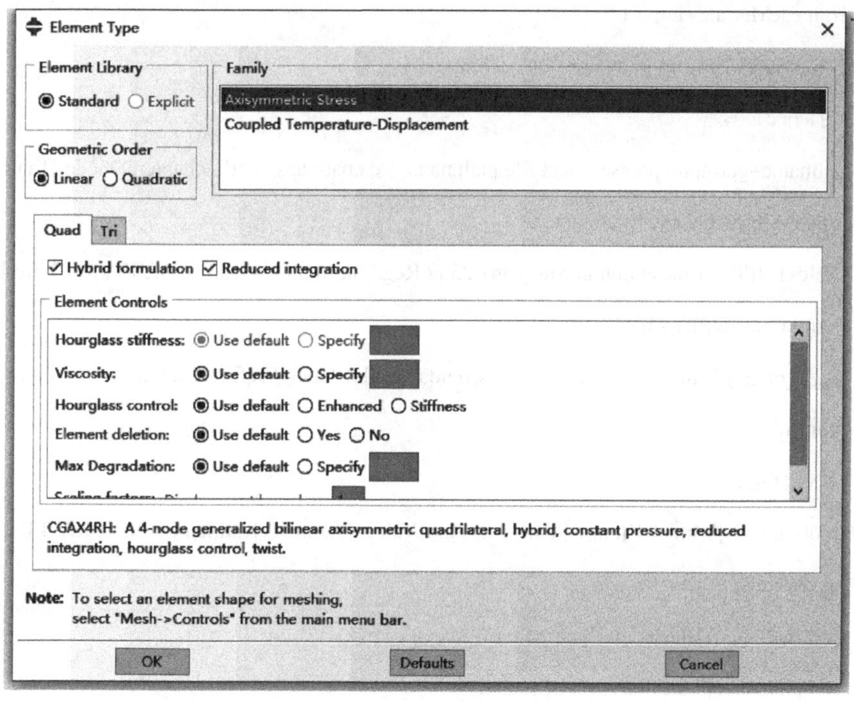

图 3-33　轮胎单元类型选择

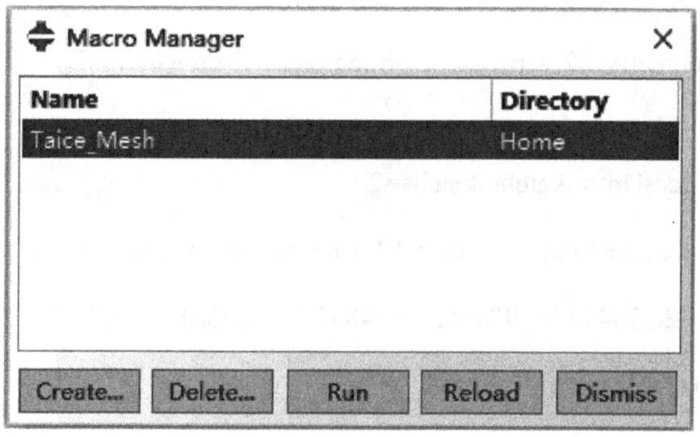

图 3-34　录制的宏

打开软件安装的根目录（笔者的路径是 C:\Users\Lenovo\abaqusMacros. py），找到宏文件 abaqusMacros. py，使用文本编辑器软件打开。本实例的源代码详见随书资源包:\chapter 3\Taice. py，部分代码如下。

```
#!/user/bin/python
# -* - coding:UTF-8 -*-
# 导入模块
from abaqus import *
from abaqusConstants import *
```

轮胎设计研发智能化技术

```
from caeModules import *
from driverUtils import executeOnCaeStartup
# 打开 cae 模型
pathname=getInput('please select file path name:','os.path.abspath('../chapter3/Model/Taice.cae')
 openMdb(pathName=pathname)
 fields1=(('Reg1 mesh number(tai jian):','5'),('Reg2 mesh number(tai ce1):','7'),('Reg3 mesh
 number(tai ce2):','9'))
 reg1_mn,reg2_mn,reg3_mn=getInputs(fields=fields1,label='Define different regions mesh
 control:')
 # 部件细化
 mdb.models['Model-1'].parts['Part-Taice'].setValues(geometryRefinement=EXTRA_FINE)
 # 部件分割
 p = mdb.models['Model-1'].parts['Part-Taice']
 s = p.features['Partition face-1'].sketch
 mdb.models['Model-1'].ConstrainedSketch(name='__edit__', objectToCopy=s)
 s2 = mdb.models['Model-1'].sketches['__edit__']
 g, v, d, c = s2.geometry, s2.vertices, s2.dimensions, s2.constraints
 s2.setPrimaryObject(option=SUPERIMPOSE)
 p.projectReferencesOntoSketch(sketch=s2,
 upToFeature=p.features['Partition face-1'], filter=COPLANAR_EDGES)
 s2.Line(point1=(26.3341419797466, 23.4484292352066), point2=(24.2003266043666,
 18.6795015936218))
 s2.Line(point1=(24.2003266043666, 18.6795015936218), point2=(23.9543320723628,
 18.0778482962615))
 # 虚拟拓扑
 p = mdb.models['Model-1'].parts['Part-Taice']
 e = p.edges
 edges = e.getSequenceFromMask(mask=('[#80000 #0 #8000 ]', ), )
 v = p.vertices
 verts = v.getSequenceFromMask(mask=('[#180000 #0 #40 ]', ), )
 pickedEntities =(verts, edges, )
```

```
37 p.ignoreEntity(entities=pickedEntities)
38 # 定义网格种子
39 p = mdb.models['Model-1'].parts['Part-Taice']
40 e = p.edges
41 pickedEdges = e.getSequenceFromMask(mask=('[#10 #80 ]', ), )
42 p.seedEdgeByNumber(edges=pickedEdges, number=2, constraint=FIXED)
43 p = mdb.models['Model-1'].parts['Part-Taice']
44 e = p.edges
45 pickedEdges = e.getSequenceFromMask(mask=('[#0 #a0c0200 ]', ), )
46 p.seedEdgeByNumber(edges=pickedEdges, number=int(reg2_mn), constraint=FIXED)
47 # 部件网格生成
48 p = mdb.models['Model-1'].parts['Part-Taice']
49 f = p.faces
50 pickedRegions = f.getSequenceFromMask(mask=('[#f06 ]', ), )
51 p.generateMesh(regions=pickedRegions)
52 # 创建网格部件实例
53 p = mdb.models['Model-1'].parts['Part-Taice']
54 p.PartFromMesh(name='Part-Taice-mesh-1', copySets=True)
55 p1 = mdb.models['Model-1'].parts['Part-Taice-mesh-1']
56 session.viewports['Viewport: 1'].setValues(displayedObject=p1)
```

- 第 4~7 行代码的功能是导入 Abaqus 模块。录制的宏文件中，所有模块都是逐一导入，当编写脚本文件时，可以使用 from abaqus import * 、from abaqusConstants import * 、from caeModules import * 批量导入对象。
- 第 9、10 行代码的功能是调用 openMdb( ) 函数打开轮胎的二维模型。
- 第 11~14 行代码调用 getInputs( ) 函数完成输入多个网格种子的参数值。
- 第 16 行代码的功能是对轮胎部件进行细化显示处理。
- 第 18~29 行代码的功能是对轮胎模型分区操作，以保证生成尽可能多的四边形。
- 第 31~37 行代码的功能是利用虚拟拓扑技术对影响网格划分质量的边和角做优化处理。
- 第 39~46 行代码的功能是定义了轮胎各部位的网格种子数。
- 第 48~49 行代码的功能是调用 generateMesh( ) 函数，对所选择的区域划分单元网格。

• 第 53~56 行代码的功能是创建单元网格部件，可根据需要对其进行网格编辑。

在 Abaqus/CAE 的【File】菜单下，选择【Run Script】命令运行脚本 Taice. py，执行结果如图 3-35 所示。

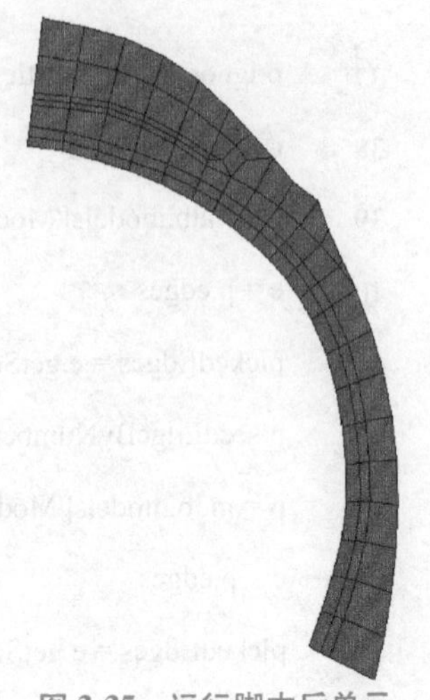

图 3-35　运行脚本后单元网格划分效果

2.『实例 3-2』轮胎三角胶和胎圈区域的单元网格划分

对轮胎断面划分网格时，最复杂、最困难的位置是三角胶和胎圈部位，主要原因是该区域曲线较多，线条分布极不规则，通常都会在网格划分之前对该区域的几何模型做简化处理。本实例将详细介绍三角胶和胎圈区域的网格自动化划分方法，操作步骤如下：

1）启动 Abaqus/CAE，打开随书资源包\chapter 3\Model\Apex. cae。在【File】菜单下选择【Macro Manager】命令，创建宏 Apex_Mesh，将保存路径设置为 Home，如图 3-36 所示。

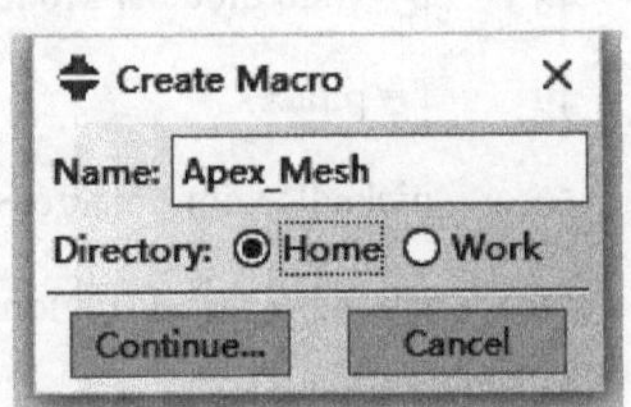

图 3-36　录制 Wangge_Apex 的宏

2）在 Part 功能模块打开轮胎三角胶和胎圈部位几何模型，如图 3-37 所示。

3）将各部件的显示方式修改为细化显示，方法同前。

4）分割三角胶和胎圈部位区域。切换到草图模块，对三角胶和胎圈部位进行分割，划分出布置网格种子的边界，退出草图模块后，单击模型树的重生成特征（见图 3-38），效果如图 3-39 所示。

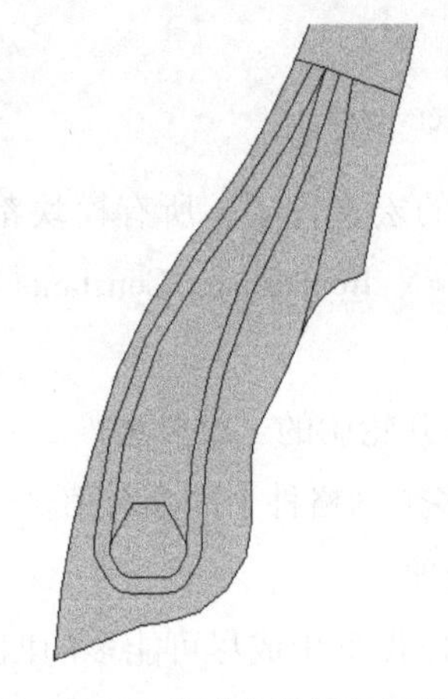

图 3-37　三角胶和胎圈几何模型

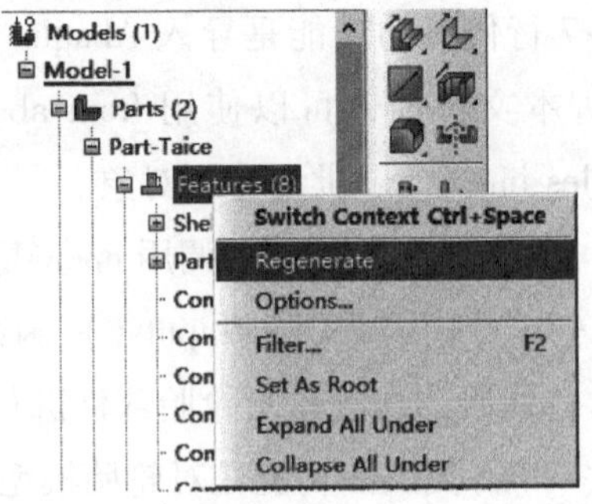

图 3-38　模型重生成特征示意图

5）为了便于定义网格种子的数量，切换到【Mesh】功能模块，使用虚拟拓扑功能将三角胶和胎圈区域的曲线段合并。

6）定义局部网格种子。选择为边定义种子，依次为三角胶和胎圈区域的边定义网格种子数，分别定义三角胶 1、三角胶 2、胎圈部位的网格种子数为 6、5、3，定义完毕的效果如图 3-40 所示。

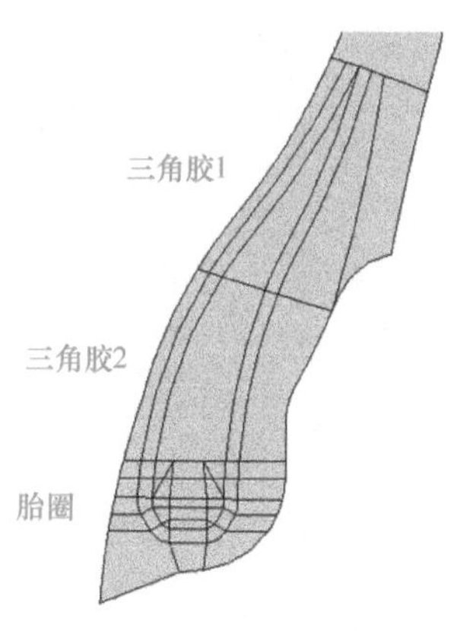

图 3-39　轮胎三角胶和胎圈分割示意图

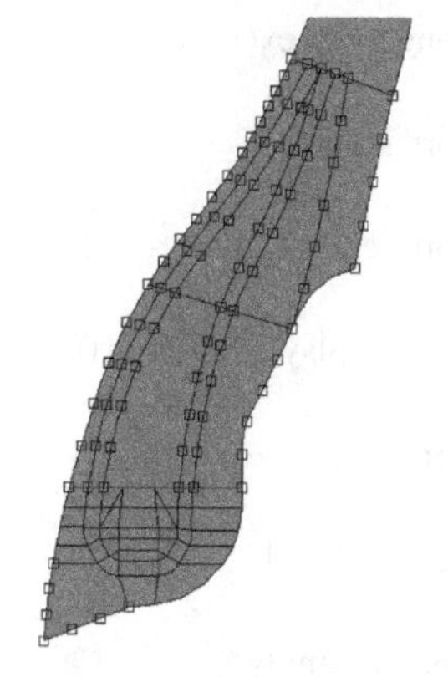

图 3-40　三角胶和胎圈网格种子

7）生成三角胶和胎圈区域的单元网格。单击【Mesh】功能模块的局部单元生成按钮，为部分区域生成网格。

8）单击【Mesh】模块的【Create Mesh Part】，生成三角胶和胎圈部位的网格部件实例，如图 3-41 所示。

9）单击【Stop Recording】按钮，结束宏录制。宏管理器将显示录制的宏文件，如图 3-42 所示。

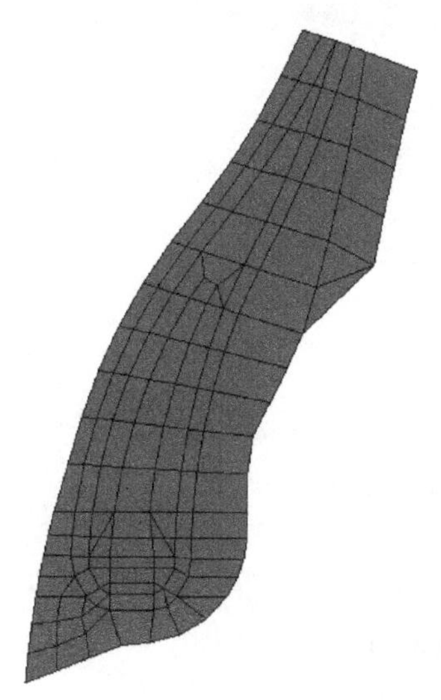

图 3-41　轮胎三角胶和胎圈区域网格划分效果

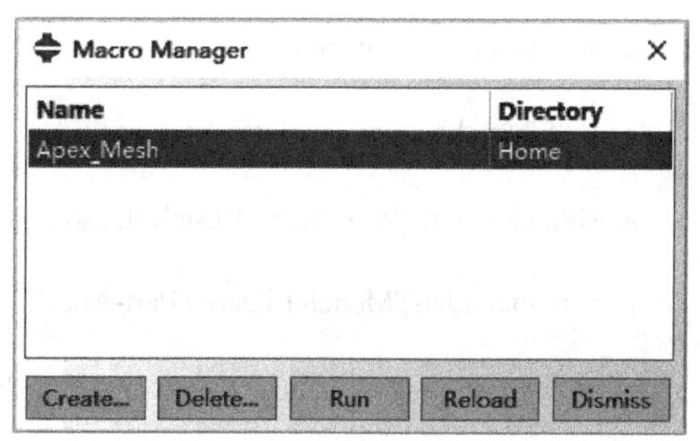

图 3-42　录制完毕 Apex_Mesh 的宏管理器

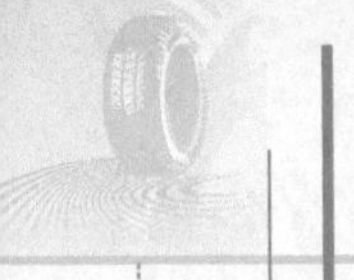

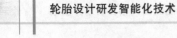

10）无须保存模型，直接退出 Abaqus/CAE，在软件安装的根目录（笔者的路径为 C:\Users\Lenovo\abaqusMacros. py）找到录制的宏文件 abaqusMacros. py。用文本编辑器打开，程序源代码如下（详见随书资源包：chapter 3\Apex. py）。

```
def Wangge_Apex():
    import section
    import regionToolset
    import displayGroupMdbToolset as dgm
    import part
    import material
    import assembly
    import step
    import interaction
    import load
    import mesh
    import optimization
    import job
    import sketch
    import visualization
    import xyPlot
    import displayGroupOdbToolset as dgo
    import connectorBehavior
    openMdb(pathName='D:/luntai/Apex.cae')
    session.viewports['Viewport: 1'].setValues(displayedObject=None)
    p = mdb.models['Model-1'].parts['Part-Apex']
    session.viewports['Viewport: 1'].setValues(displayedObject=p)
    # 部件曲线细化
    mdb.models['Model-1'].parts['Part-Apex'].setValues(
```

```
        geometryRefinement=EXTRA_FINE)
    # 部件分割
    p = mdb.models['Model-1'].parts['Part-Apex']
    s = p.features['Partition  face-1'].sketch
    mdb.models['Model-1'].ConstrainedSketch(name='__edit__', objectToCopy=s)
    s2 = mdb.models['Model-1'].sketches['__edit__']
    g, v, d, c = s2.geometry, s2.vertices, s2.dimensions, s2.constraints
    s2.setPrimaryObject(option=SUPERIMPOSE)
    p.projectReferencesOntoSketch(sketch=s2,
        upToFeature=p.features['Partition  face-1'], filter=COPLANAR_EDGES)
    s2.Line(point1=(33.0982142205407, -58.3851332037667), point2=(21.867503877136034,-54.9
    751317161936))
    s2.PerpendicularConstraint(entity1=g[120], entity2=g[160], addUndoState=False)
    s2.CoincidentConstraint(entity1=v[251], entity2=g[151], addUndoState=False)
    s2.Line(point1=(19.9470959460691, -70.5939894141263), point2=(15.751907484840387,-70.5
    939894141263))
    s2.HorizontalConstraint(entity=g[161], addUndoState=False)
    s2.CoincidentConstraint(entity1=v[252], entity2=g[152], addUndoState=False)
    s2.Line(point1=(22.3919888633162, -70.5939894141246), point2=(29.269542409744937,-70.5
    939894141246))
    s2.HorizontalConstraint(entity=g[162], addUndoState=False)
    s2.CoincidentConstraint(entity1=v[253], entity2=g[156], addUndoState=False)
    s2.Line(point1=(18.1733727167612, -73.6661681658597), point2=(16.920719015248064,-73.5
    978225914393))
    s2.Line(point1=(16.9207190152064, -73.5978225914393), point2=(15.035843333450623,-73.5
    978225914393))
```

轮胎设计研发智能化技术

```
s2.HorizontalConstraint(entity=g[164], addUndoState=False)
s2.CoincidentConstraint(entity1=v[254], entity2=g[152], addUndoState=False)
s2.Line(point1=(24.1657120926267, -73.6661681658568), point2=(25.323320959654675,-73.7
886143209527))
s2.Line(point1=(25.3233209596675, -73.7886143209527), point2=(29.038251874954684,-73.7
886143209527))
s2.HorizontalConstraint(entity=g[166], addUndoState=False)
s2.CoincidentConstraint(entity1=v[255], entity2=g[155], addUndoState=False)
s2.Line(point1=(18.173372716763, -74.4411681658597), point2=(17.220744772605812,-74.99
11681658608))
s2.Line(point1=(17.2207447726012, -74.9911681658608), point2=(14.755879649860924,-74.9
911681658608))
s2.HorizontalConstraint(entity=g[168], addUndoState=False)
s2.CoincidentConstraint(entity1=v[256], entity2=g[152], addUndoState=False)
s2.Line(point1=(24.1657120926267, -74.4411681658566), point2=(25.118340036786487,-74.9
911681658556))
s2.Line(point1=(25.1183400367887, -74.9911681658556), point2=(28.624872281916646,-74.9
911681658556))
s2.HorizontalConstraint(entity=g[170], addUndoState=False)
s2.CoincidentConstraint(entity1=v[257], entity2=g[155], addUndoState=False)
s2.Line(point1=(18.9483727167645, -75.783507541725), point2=(17.995744772607017,-76.33
35075417265))
s2.Line(point1=(17.9957447726017, -76.3335075417265), point2=(14.51684397087265,-76.33
35075417265))
s2.HorizontalConstraint(entity=g[172], addUndoState=False)
s2.CoincidentConstraint(entity1=v[258], entity2=g[152], addUndoState=False)
```

```
s2.Line(point1=(23.390712092627, -75.783507541723), point2=(24.343340036790764,-76.3335075417227))
s2.Line(point1=(24.3433400367904, -76.3335075417227), point2=(27.862356510278 462,-76.3335075417227))
s2.HorizontalConstraint(entity=g[174], addUndoState=False)
s2.CoincidentConstraint(entity1=v[259], entity2=g[155], addUndoState=False)
s2.Line(point1=(19.6195424046963, -76.1710075417243), point2=(19.619542404682963,-77.2710075417243))
s2.VerticalConstraint(entity=g[175], addUndoState=False)
s2.Line(point1=(19.6195424046963, -77.2710075417243), point2=(20.469542409785841,-79.6959248121275))
s2.Line(point1=(22.7195424046932, -76.171007541723), point2=(22.719542404698732,-77.271007541724))
s2.VerticalConstraint(entity=g[177], addUndoState=False)
s2.Line(point1=(22.7195424046932, -77.271007541724), point2=(22.463958730619029,-79.4863032099252))
s2.Line(point1=(18.1733727167612, -73.6661681658597), point2=(24.165712092692267,-73.6661681658568))
s2.HorizontalConstraint(entity=g[179], addUndoState=False)
s2.PerpendicularConstraint(entity1=g[58], entity2=g[179], addUndoState=False)
s2.Line(point1=(18.173372716763, -74.4411681658597), point2=(24.165712092629667,-74.4411681658566))
s2.HorizontalConstraint(entity=g[180], addUndoState=False)
s2.PerpendicularConstraint(entity1=g[58], entity2=g[180], addUndoState=False)
s2.Line(point1=(18.9483727167645, -75.783507541725), point2=(19.619542404691006 3,-75.3960075417243))
```

轮胎设计研发智能化技术

```
s2.Line(point1=(19.6195424046963, -75.3960075417243), point2=(22.7195424041026932,-7
5.396007541723))
s2.HorizontalConstraint(entity=g[182], addUndoState=False)
s2.Line(point1=(22.7195424046932, -75.396007541723), point2=(23.390712092610527,-75.7
83507541723))
s2.Line(point1=(19.6195424046963, -76.1710075417243), point2=(19.6195424041076963,-7
5.3960075417243))
s2.VerticalConstraint(entity=g[184], addUndoState=False)
s2.Line(point1=(19.6195424046963, -75.3960075417243), point2=(19.6195424041106963,-73.
6661681658589))
s2.VerticalConstraint(entity=g[185], addUndoState=False)
s2.ParallelConstraint(entity1=g[184], entity2=g[185], addUndoState=False)
s2.CoincidentConstraint(entity1=v[260], entity2=g[179], addUndoState=False)
s2.Line(point1=(19.6195424046963, -73.6661681658589), point2=(19.94709594611150691,-7
0.5939894141263))
s2.Line(point1=(22.7195424046932, -76.171007541723), point2=(22.71954240461117932,-75.
396007541723))
s2.VerticalConstraint(entity=g[187], addUndoState=False)
s2.Line(point1=(22.7195424046932, -75.396007541723), point2=(22.7195424046120932,-73.
6661681658582))
s2.VerticalConstraint(entity=g[188], addUndoState=False)
s2.ParallelConstraint(entity1=g[187], entity2=g[188], addUndoState=False)
s2.CoincidentConstraint(entity1=v[261], entity2=g[179], addUndoState=False)
s2.Line(point1=(22.7195424046932, -73.6661681658582), point2=(22.3919888631253162,-7
0.5939894141246))
s2.Line(point1=(15.3827295143388, -72.0612337222425), point2=(19.0999820491277757,-7
```

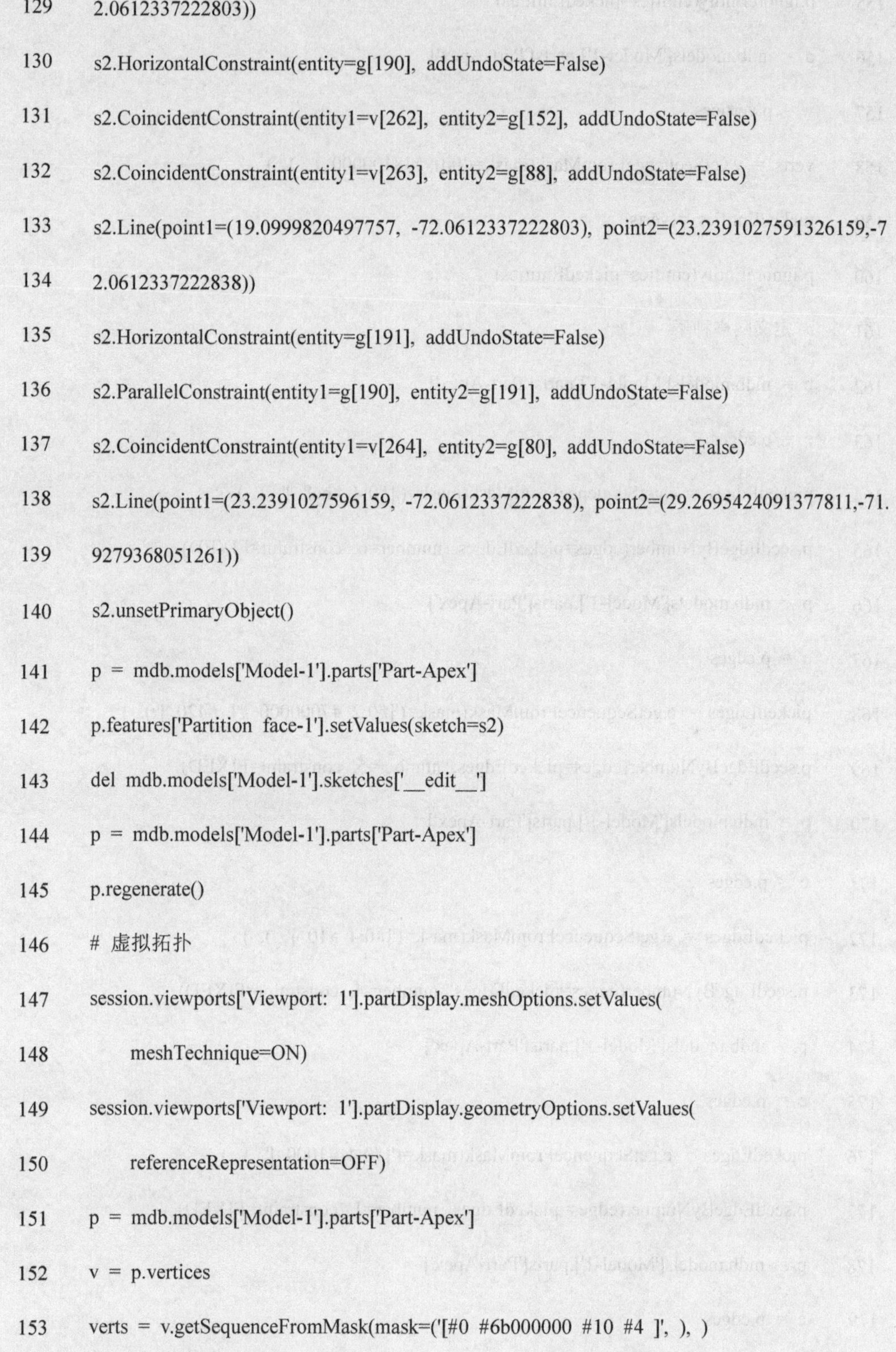

```
2.0612337222803))
s2.HorizontalConstraint(entity=g[190], addUndoState=False)
s2.CoincidentConstraint(entity1=v[262], entity2=g[152], addUndoState=False)
s2.CoincidentConstraint(entity1=v[263], entity2=g[88], addUndoState=False)
s2.Line(point1=(19.0999820497757, -72.0612337222803), point2=(23.2391027591326159,-7
2.0612337222838))
s2.HorizontalConstraint(entity=g[191], addUndoState=False)
s2.ParallelConstraint(entity1=g[190], entity2=g[191], addUndoState=False)
s2.CoincidentConstraint(entity1=v[264], entity2=g[80], addUndoState=False)
s2.Line(point1=(23.2391027596159, -72.0612337222838), point2=(29.2695424091377811,-71.
9279368051261))
s2.unsetPrimaryObject()
p = mdb.models['Model-1'].parts['Part-Apex']
p.features['Partition face-1'].setValues(sketch=s2)
del mdb.models['Model-1'].sketches['__edit__']
p = mdb.models['Model-1'].parts['Part-Apex']
p.regenerate()
# 虚拟拓扑
session.viewports['Viewport: 1'].partDisplay.meshOptions.setValues(
    meshTechnique=ON)
session.viewports['Viewport: 1'].partDisplay.geometryOptions.setValues(
    referenceRepresentation=OFF)
p = mdb.models['Model-1'].parts['Part-Apex']
v = p.vertices
verts = v.getSequenceFromMask(mask=('[#0 #6b000000 #10 #4 ]', ), )
pickedEntities =(verts, )
```

```
p.ignoreEntity(entities=pickedEntities)
p = mdb.models['Model-1'].parts['Part-Apex']
v = p.vertices
verts = v.getSequenceFromMask(mask=('[#0 #38100000 ]', ), )
pickedEntities =(verts, )
p.ignoreEntity(entities=pickedEntities)
# 定义网格种子
p = mdb.models['Model-1'].parts['Part-Apex']
e = p.edges
pickedEdges = e.getSequenceFromMask(mask=('[#0:4 #bc8 ]', ), )
p.seedEdgeByNumber(edges=pickedEdges, number=6, constraint=FIXED)
p = mdb.models['Model-1'].parts['Part-Apex']
e = p.edges
pickedEdges = e.getSequenceFromMask(mask=('[#0:2 #7000000 #1 #420 ]',), )
p.seedEdgeByNumber(edges=pickedEdges, number=5, constraint=FIXED)
p = mdb.models['Model-1'].parts['Part-Apex']
e = p.edges
pickedEdges = e.getSequenceFromMask(mask=('[#0:4 #10 ]', ), )
p.seedEdgeByNumber(edges=pickedEdges, number=4, constraint=FIXED)
p = mdb.models['Model-1'].parts['Part-Apex']
e = p.edges
pickedEdges = e.getSequenceFromMask(mask=('[#0:4 #1000 ]', ), )
p.seedEdgeByNumber(edges=pickedEdges, number=1, constraint=FIXED)
p = mdb.models['Model-1'].parts['Part-Apex']
e = p.edges
pickedEdges = e.getSequenceFromMask(mask=('[#c0000 ]', ), )
```

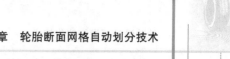

第3章 轮胎断面网格自动划分技术

```
181 p.seedEdgeByNumber(edges=pickedEdges, number=3, constraint=FIXED)
182 # 网格生成
183 p = mdb.models['Model-1'].parts['Part-Apex']
184 p.seedPart(size=2.6, deviationFactor=0.1, minSizeFactor=0.1)
185 p = mdb.models['Model-1'].parts['Part-Apex']
186 f = p.faces
187 pickedRegions = f.getSequenceFromMask(mask=('[#ffffffff #4ff ]', ), )
188 p.generateMesh(regions=pickedRegions)
189 p = mdb.models['Model-1'].parts['Part-Apex']
190 f = p.faces
191 pickedRegions = f.getSequenceFromMask(mask=('[#0 #1feb00 ]', ), )
192 p.generateMesh(regions=pickedRegions)
193 # 创建网格部件
194 p = mdb.models['Model-1'].parts['Part-Apex']
195 p.PartFromMesh(name='Part-Apex-mesh-1', copySets=True)
196 p1 = mdb.models['Model-1'].parts['Part-Apex-mesh-1']
197 session.viewports['Viewport: 1'].setValues(displayedObject=p1)
```

- 第 1 行代码的功能是定义了函数 Wangge-Apex( )。需要注意的是：自动录制的宏函数中不包含任何参数。
- 第 2~18 行代码的功能是导入相关模块。需要注意的是：第 4 行和第 17 行代码中的模块名字太长，为后面引用方便，分别起了别名 dgm 和 dgo 来替代。宏文件中的模块是逐一导入读者在编写脚本文件时，可以使用 from abaqus import ＊、from abaqusConstants import ＊、from caeModules import ＊批量导入。
- 第 19~22 行代码的功能是打开轮胎几何模型，并命名为 Part-Apex。
- 第 23~25 行代码的功能是对轮胎几何模型做细化处理。
- 第 26~145 行代码的功能是调用草图模块中的直线命令对轮胎模型做切割处理，生成规则的四边形网格。
- 第 146~160 行代码的功能是使用虚拟拓扑命令对影响网格划分的小线段进行合并，便于定义网格参数。

- 第 161~181 行的功能是使用 pickedEdges( ) 命令为边赋予网格种子数，为三角胶 1 定义单元种子数为 6，为三角胶 2 定义单元种子数为 5，为胎圈定义单元种子数 3。
- 第 182~192 行代码的功能是调用 generateMesh( ) 命令划分网格。

在 Abaqus/CAE 的【File】菜单下，选择【Run Script】命令运行脚本 Apex. py。

【提示】在划分轮胎单元网格的过程中，如果轮胎模型未改变，可通过该脚本完成重复性网格划分。如果企业需更换某种型号轮胎，可通过录制宏文件的方法重新完成脚本录制，修改少量参数即可完成不同型号轮胎的网格划分。

3.6 本章小结

本章主要介绍了以下内容：

1. 第 3.1 节介绍了轮胎断面有限元网格划分的现状，以及迫切需要解决的问题，并提出一种“分区网格种子限制”的方法来划分轮胎网格，可极大提高工程师的工作效率。

2. 第 3.2 节介绍了轮胎结构的组成及功能，主要包括两种结构：轮胎橡胶结构和钢丝帘线结构。

3. 第 3.3 节介绍了两种常用的轮胎断面网格划分方法，并给出了轮胎断面网格划分的原则。

4. 第 3.4 节通过 Python 语言对 Abaqus 软件进行了二次开发，教给读者使用录制宏文件的方法划分轮胎网格，以及如何开发高效、便捷的轮胎网格自动化程序。

5. 第 3.5 节通过两个轮胎部分结构网格自动划分的实例向读者展示如何实现轮胎网格的自动划分，读者可根据实际需要开发相关型号的网格自动划分程序。

参考文献

[1] 曹金凤. Abaqus 有限元分析常见问题解答与实用技巧［M］. 北京：机械工业出版社，2020.

[2] 王利明. 特定构件有限元网格划分自动化系统［D］. 济南：山东大学，2017.

[3] 王友善，吴健，向宗义. 三维花纹子午线轮胎有限元分析［J］. 轮胎工业，2009，29（6）：339-341.

[4] 宋君萍，刘丽，马连湘. 基于区域性等段数剖分方法的轮胎断面有限单元网格的自动生成［J］. 青岛科技大学学报（自然科学版），2004（6）：520-524.

[5] 陶波，束永平. 载重子午线轮胎有限元网格自动划分程序研究［J］. 轮胎工业，2010，30（7）：400-403.

[6] 姜胜林，龙运芳，杨进殿，等. 子午线轮胎 CAE 前处理自动化设计［J］. 制造业自动化，2021，43（12）：143-147.

[7] 胡坚皓. 载重子午线轮胎的网格划分及有限元分析［D］. 上海：东华大学，2011.

[8] 曹金凤. Python 语言在 Abaqus 中的应用［M］. 2 版. 北京：机械工业出版社，2020.

[9] 曹金凤，王志文，王慎平，等. 基于 Python 语言和 Abaqus 软件的轮胎参数化高效建模技术［J］. 橡胶工业，2021，68（11）：6.
[10] 王国林，殷旻，梁晨. 轮胎 CAE 仿真分析平台的开发［J］. 轮胎工业，2018，38（11）：645-650.
[11] 石亦平，周玉蓉. ABAQUS 有限元分析实例详解［M］. 北京：机械工业出版社，2006.

第4章 轮胎设计仿真一体化技术

本章内容：

4.1 轮胎断面自动化高效建模

在 Abaqus/CAE 中建模时，需要反复输入各种参数和设置多个对话框，十分费时。而编写 Python 脚本只需要几条语句就可实现，耗时仅需数秒钟。因此，编写 Python 脚本快速建立 Abaqus 有限元模型是高级用户必备的基本功。对于企业用户，通常研究对象相对固定，建模方法、分析过程等往往十分相似，更适合编写脚本或定制插件，仅需输入不同的参数，即可生成模型，避免了大量重复工作。

本章将首先介绍轮胎自动化高效建模技术，然后教给读者建立轮胎有限元分析的材料库的方法，最后介绍有限元分析结果自动后处理技术，并以一个轮胎自动后处理插件开发实例为例详细介绍实现过程。

4.1.1 在 Abaqus 中定制插件（Plug-in）

Abaqus 软件可以基于 Python 语言进行两种开发，分别是定制插件和 GUI 图形用户界面开发。读者可根据实际需求定制高效建模、网格自动化、自动后处理等插件或专门的用户界面，都能够大大减少在 Abaqus 建模软件中、分析和后处理的时间，提高有限元分析效率。关于 Python 语言基础及其在 Abaqus 中进行二次开发的详细介绍，请参考笔者于 2020 年出版的专著《Python 语言在 Abaqus 中的应用》（第 2 版），本章仅介绍与轮胎设计仿真一体化技术相关的内容。

1. 定义插件的方法

自定义插件可以通过 RSG 对话框或 Abaqus GUI 工具包两种方式来创建。

RSG 对话框构造器（RSG dialog Builder）是 Abaqus 软件提供的专门用于 GUI 插件开发的辅助工具，位于 Abaqus/CAE 的【Plug-ins】菜单下的【Abaqus】子菜单中，该工具使用方便，快捷高效，对读者的界面开发基础要求低，基本能够满足绝大多数读者的开发需求。

2. 插件的保存方法

使用 RSG 对话框构造器创建插件程序后，可以保存为两种方式：RSG plug-in 和 Standard plug-in，如图 4-1 所示。

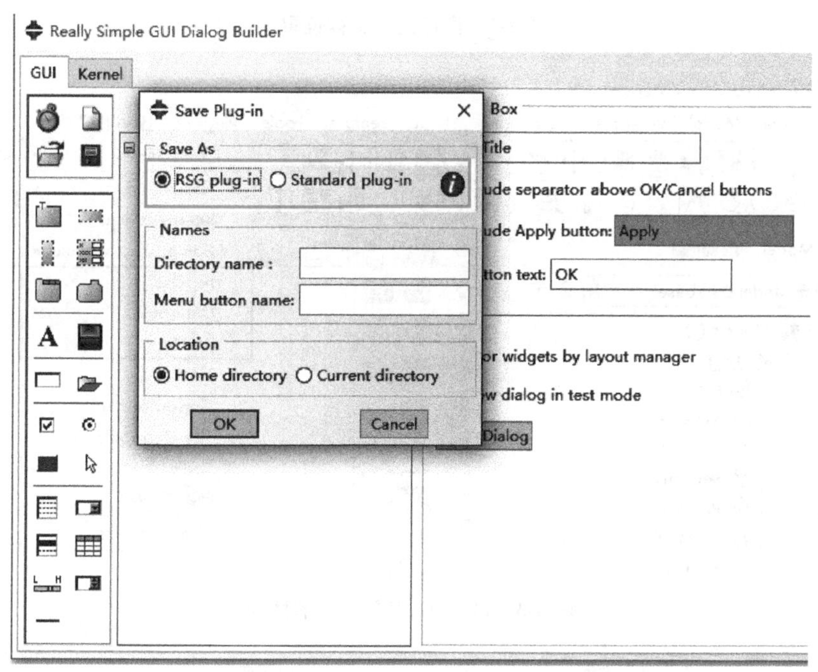

图 4-1　插件的保存方式

RSG 插件允许在重启动 RSG 对话框构造器时再次加载并编辑图形界面，标准插件（Standard plug-in）则无法重新加载，也无法快速预览插件的图形界面，控件的增加、修改及排列都需要手动输入代码完成。另外，RSG 插件的控件类型有限，标准插件的控件类型及库函数丰富，能够实现较大规模的复杂界面开发。

插件的保存目录包括根目录（Home directory）和当前目录（Current directory），如图 4-1 所示，分别代表读者安装 Abaqus 软件的根目录和 Abaqus 的当前工作目录。

3. 插件的使用方法

插件程序的使用十分简便，只需将编写好的插件程序直接复制到 Abaqus 安装目录或者工作目录的 Abaqus_plugins 文件夹内即可（见图 4-2），启动 Abaqus/CAE 后，便可实现插件程序的自动加载。在 Abaqus/CAE 的【Plug-ins】菜单中会自动出现该插件工具子菜单（见图 4-3）。

4. 插件程序的组成

通常情况下，插件程序由注册文件、图形界面文件及内核执行文件组成，如图 4-4 所示。

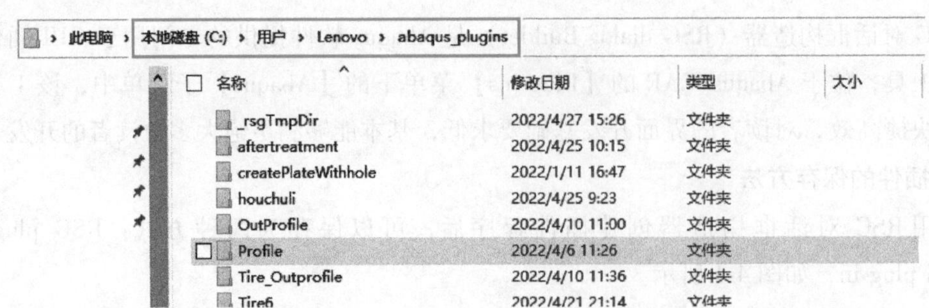

图 4-2 插件文件保存位置

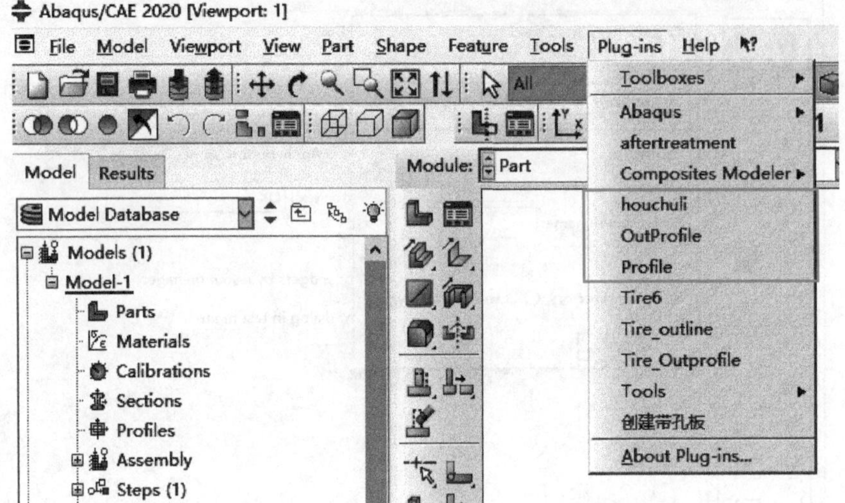

图 4-3 Plug-ins 菜单显示的插件

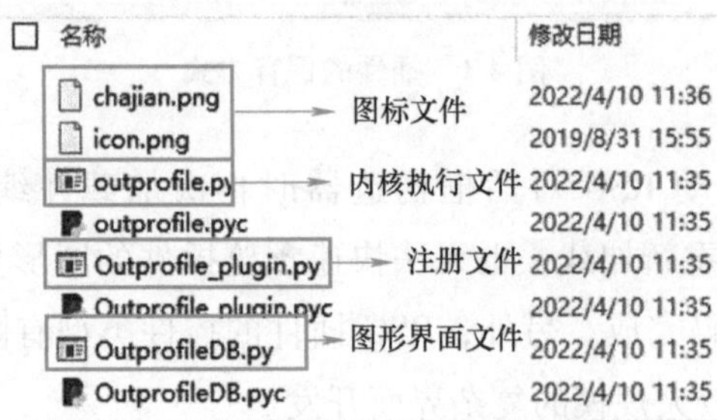

图 4-4 插件程序主要文件示意图

（1）注册文件　一般以“文件名_plugin. py”命名，其主要作用是注册各类控件关键字，检查数据合法性，并将插件工具注册到 Plug-ins 菜单或自定义工具条中。

（2）图形界面文件　一般以“文件名 DB. py”命名，其主要作用是定义图形界面框架、各类控件及关联各控件的执行目标、执行动作等。

（3）内核执行文件　该文件是插件程序的核心，包含一系列驱动 Abaqus/CAE 内核程序的指令，通过执行这些指令来完成 CAE 建模及数据处理等功能。

除了上述所列 3 个文件之外，读者还可以指定多种格式的图片文件作为工具图标或者界面图例，便于直观判断插件的功能。

5. 插件程序的管理

当插件菜单包含多个层级时，调用某一插件工具时需要单击多级菜单按键，过程较为烦琐，此时可以考虑将插件工具注册到工具条中来管理。操作步骤如下：

1）启动 Abaqus/CAE，单击“Tools”→“Customize”菜单，弹出如图 4-5 所示的对话框。

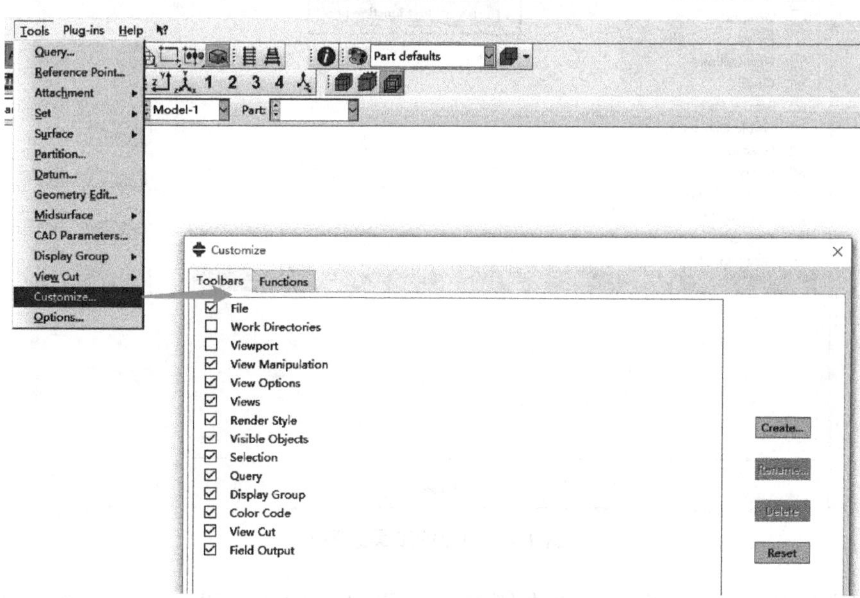

图 4-5　Abaqus 视图定制功能

2）单击【Create】按钮，在弹出的对话框中输入【MyToolset】作为工具条名称，如图 4-6所示。

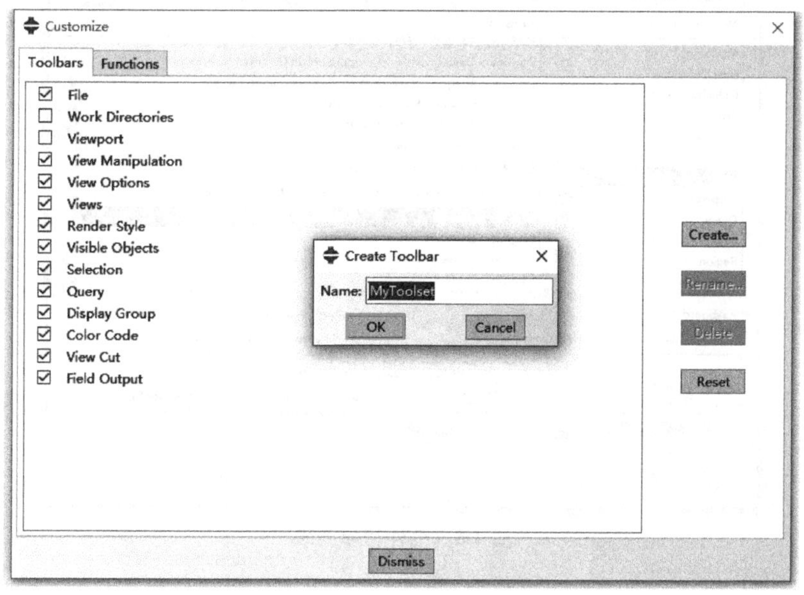

图 4-6　创建插件工具条

3）工具条创建完成后会显示如图 4-7 所示的工具条列表 Toolbars。同时在 Abaqus/CAE 主窗口中出现图 4-7 所示的工具条，并提供“Drop your first function here”的提示信息。

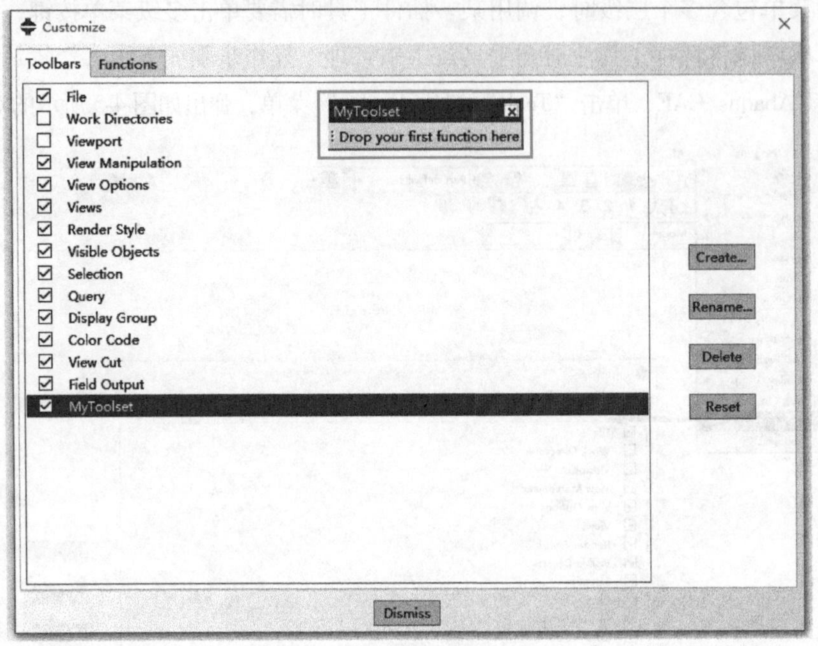

图 4-7　创建的工具条列表

4）切换到 Functions 标签下，在左侧 Module/Toolset 中选择 Plug-ins，右侧会自动显示出所有插件程序的列表，如图 4-8 所示。

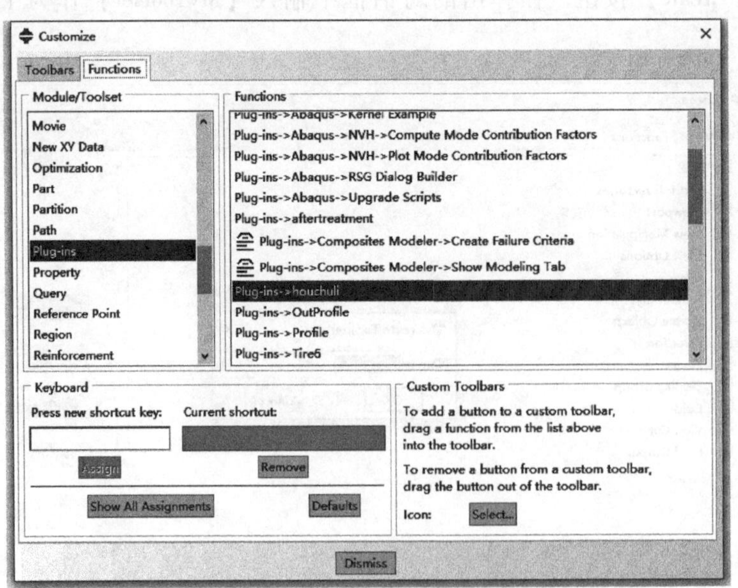

图 4-8　插件程序列表

5）选中希望在工集条中显示的插件工具，将其拖曳至空白工具条中，即可完成新的插件工具条的创建，效果如图 4-9 所示。

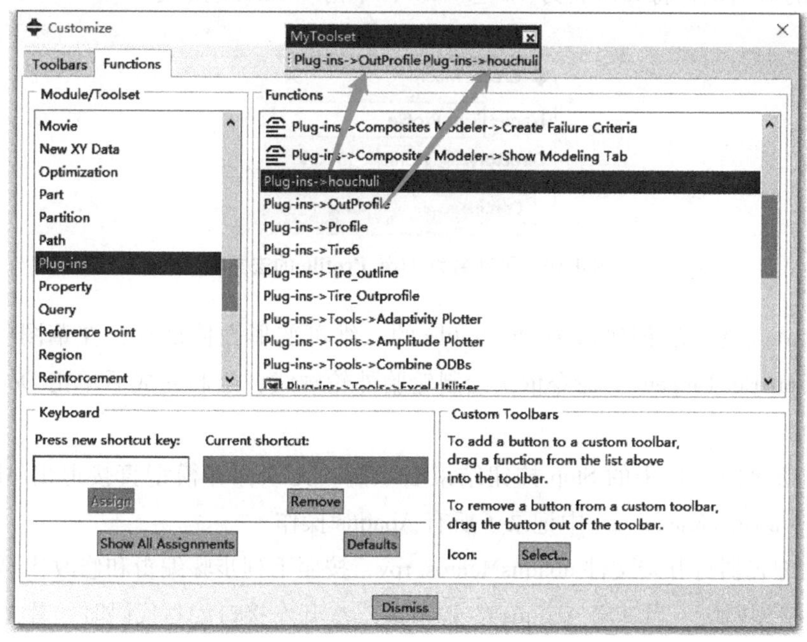

图 4-9　创建插件工具条

4.1.2　开发轮胎高效建模插件

第 4.1.1 节介绍了在 Abaqus/CAE 中定制插件的相关基础知识，本节将详细介绍轮胎结构高效建模的方法和参数化建模的实现过程。为了方便说明，本书对轮胎结构进行了适当简化，仅选取表 4-1 中的 8 个参数来表征轮胎结构。读者在开发真实轮胎模型的过程中，应该按照实际需求进行参数数量的选择和设计。

表 4-1　轮胎外轮廓参数

参数	含义	数值/mm
Outerdiameter	外直径（D）	500
Sectionwidth	断面宽（B）	117
Section Height	断面高（H）	118
Sidewall H1	下胎侧高度（H1）	64
Sidewall H2	上胎侧高度（H2）	54
Beadwidth	胎圈宽度（DT）	15.7
Shoulderply	胎肩厚度（I）	13.8
Capply	冠部总厚（M）	15

1）启动 Abaqus/CAE，选择【File】菜单→【Macro Manager】→【Create】命令，弹出如图 4-10 所示的对话框，将其命名为 Tire_Profile，单击 Continue 按钮。

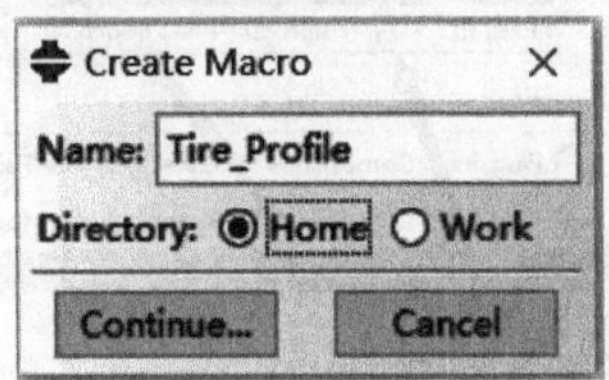

图 4-10　录制名为 Tire_Profile 的宏文件

2）在 Part 功能模块创建名为 OutProfile 的二维可变形壳体部件，在草图中使用 Spot、Line、ArcByStartEndTangent 等命令依次绘制轮胎外轮廓线，绘制完成后单击 Done 按钮退出草图。

3）单击宏录制窗口中的 Stop 按钮结束宏录制，无须保存模型直接退出 Abaqus/CAE。此时，宏文件 abaqusMacros. py 中记录了所有 Abaqus 操作。

4）使用编辑器打开宏文件 abaqusMacros. rpy，按照下列步骤编辑和修改代码。

① 导入相关模块。当基于 Abaqus 的 Python 二次开发接口编写代码时，首先需要导入需要的所有相关模块，本书导入 abaqus 和 abaqusConstants 两个模块，代码如下：

```
from abaqus import *
from abaqusConstants import *
```

② 删除 import section、import regionToolset 等宏文件自动导入的相关模块代码行。

③ 建议删除 Abaqus 自动生成的视窗代码。例如，session. Viewports ['viewport; 1']. makeCurrent。

④ 通过 def( ) 函数定义表 4-1 中的 8 个参数，代码如下：

```
def OuterProfile (Outerdiameter, Sectionwidth, SetionHeight, SidewallH1, SidewallH2, Beadwidth, Shoulderply, Capply):
```

其中，Outerdiameter，Sectionwidth，SetionHeight，SidewallH1，SidewallH2，Beadwidth，Shoulderply，Capply 分别对应建模所需的 8 个参数，其值全为浮点型数据。

⑤ 创建约束草图 ConstrainedSketch，大致尺寸为 2000，代码如下：

```
s=mdb. models['Model-1']. ConstrainedSketch(name='__profile__', sheetSize=2000. 0)
```

⑥ 创建二维变形体的轮胎部件模型，代码如下：

```
p=mdb. models['Model-1']. Part(name='Part-Tire_Profile', dimensionality=TWO_D_PLANAR, type=DEFORMABLE_BODY)
```

其他代码保持不变，将其保存为 CreateTire. py。

5）定义轮胎建模插件参数输入界面。使用 Abaqus 软件自带的 RSG 快速创建插件（Ping-in）功能来定义参数输入界面。实现方法如下：在 Abaqus/CAE 中选择【Plug-ins】菜单→【Abaqus】→【RSG Dialog Builder】，将弹出如图 4-11 所示的 RSG 对话框构造器。

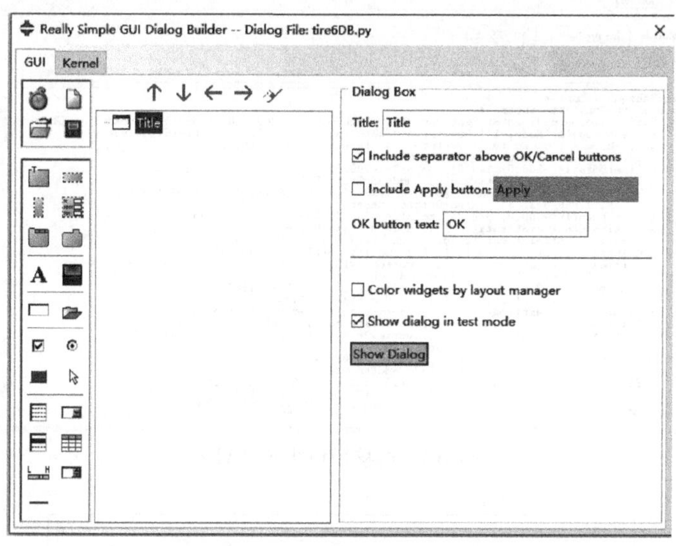

图 4-11　RSG 对话框构造器界面

修改标题为 Tire_Profile，增加 Parameters 组框的同时增加文本框、标签、关键字、默认值等，按照同样的方法设置 8 个参数值，完成之后的对话框，如图 4-12 所示。

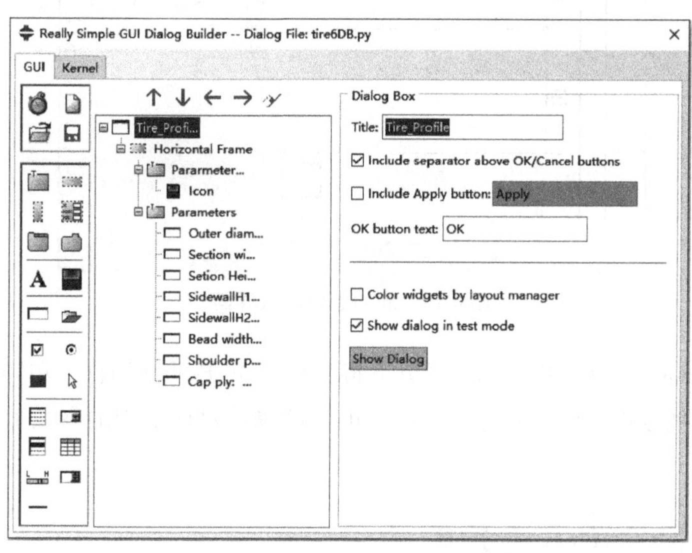

图 4-12　RSG 对话框设置

6）将内核脚本文件与 GUI 标签页中的内核函数绑定。切换到 Kernel 标签页，选择修改后宏文件 CreateTire. py 来加载内核模块，在下拉列表中选择 OutProfile 函数，如图 4-13 所示。重新切换到 GUI 标签页，保存对话框，设计完成后的界面如图 4-14 所示。此时，所有插件文件都保存于根目录的 abauqs_plugins 文件夹。

轮胎设计研发智能化技术

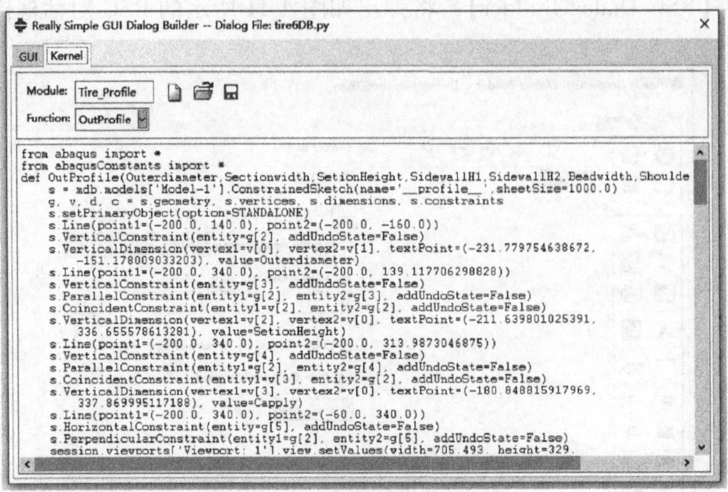

图 4-13　内核模块绑定效果图

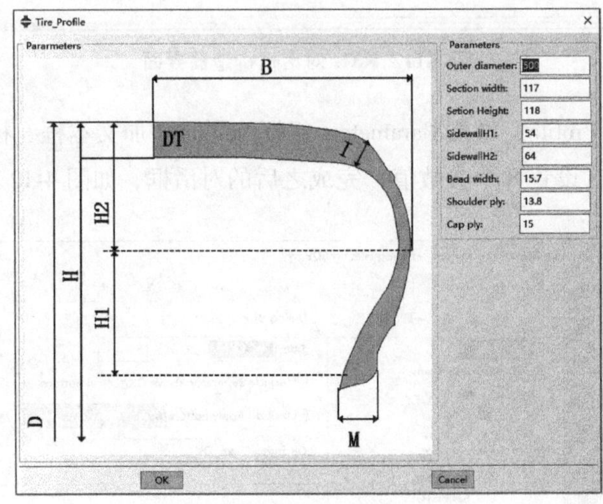

图 4-14　轮胎参数输入界面

重新启动 Abaqus/CAE，Plug_ins 菜单下将出现 Tire_Profile 插件，单击 OK 按钮，仅需 2~3s 即可完成该型号轮胎结构的建模，读者可尝试修改对话框中的参数值，生成不同形状的轮胎断面模型。

4.1.3　轮胎建模插件开发实例

『实例 4-1』开发轮胎外轮廓自动建模插件实例

本实例基于 Abaqus 软件提供的 Python 二次开发接口，结合宏录制功能录制所需 Python 代码，修改参数后生成脚本文件，在 RSG 对话框中开发 GUI 轮胎建模插件，输入轮胎结构关键参数后一键生成有限元几何模型，将原本需要数小时才能完成的轮胎结构建模缩短为几秒钟，极大地提高了复杂轮胎结构的设计研发效率。详细的操作步骤如下：

1）启动 Abaqus/CAE，单击【File】菜单→【Macro Manager】→Create，弹出如图 4-15 所示的对话框，创建名为 Tire_OutProfile、保存在根目录（Home）的宏，单击 Continue 按钮开始录制宏文件。

图 4-15　录制名为 Tire_OutProfile 的宏文件

2）在 Abaqus/CAE 的 Part 模块中创建图 4-16 所示的外轮廓部件，设置为轴对称可变形部件。

3）进入草图模块，使用草图命令绘制外轮廓。先绘制图 4-17 所示轮胎外轮廓的一半，然后通过镜像命令绘制另一半，绘制完成单击 Done 按钮，效果如图 4-18 所示。

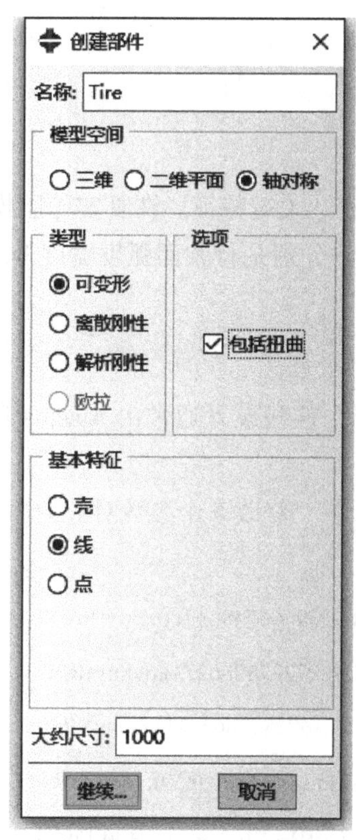

图 4-16　创建轮胎外轮廓

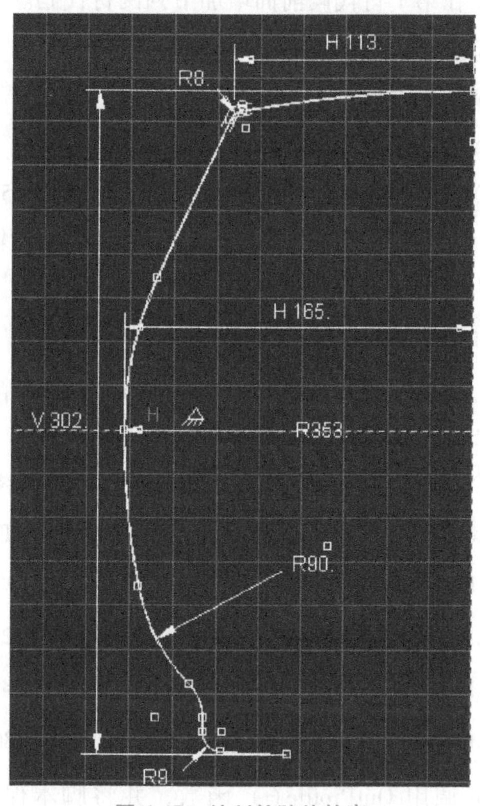

图 4-17　绘制轮胎外轮廓

4）单击图 4-19 所示的【Stop Recording】按钮，结束宏录制，在根目录（笔者路径为：C:\Users\Lenovo）下找到 abaqusMacros. py 文件，用编辑器打开修改宏文件。

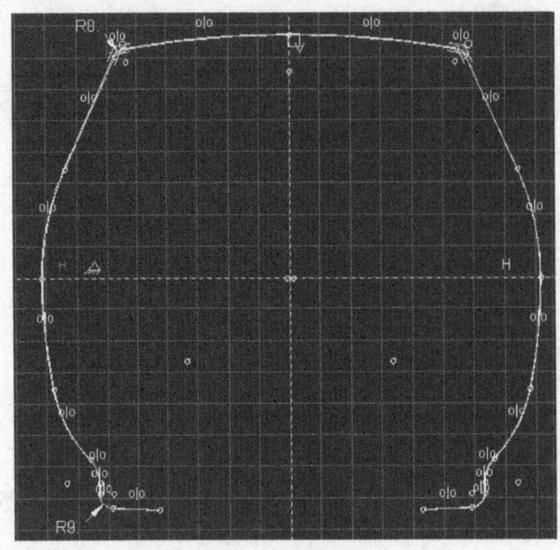

图 4-18　轮胎外轮廓草图模型

图 4-19　结束宏录制

5）修改 abaqusMacros. py 文件。

① 在第 1 行代码前面增加下列两行代码。

```
from abaqus import *
from abaqusConstants import *
```

② 删除不必要的代码。

③ 定义 OutProfile 函数并设置形参，选取 5 个参数来表达关键特征。在真实轮胎模型开发中，应该按照实际需求进行参数化设置，本案例 5 个参数分别是行驶面弧度宽度 b、圆弧半径 Rn、R2、R3、R4，代码如下所示。

```
def OutProfile(b, Rn, R2, R3, R4):
```

④ 删除对视窗 Viewport-1 中部件显示设置的相关代码，这些设置通常由 Abaqus 自动生成，读者不必太关心。

⑤ 保留绘制轮胎外轮廓代码，并将实际参数替换为形参，修改 5 个参数对应的命令：

```
s.offset(distance=b, objectList=(g[3], ), side=RIGHT)
s.RadialDimension(curve=g[16],textPoint=(452.669799804688,144.439666748047),radius=Rn)
s.RadialDimension(curve=g[34], textPoint=(1062.82385253906, 136.972274780273),radius=R2)
s.RadialDimension(curve=g[49], textPoint=(67.1634216308594, -58.1673812866211),radius=R3)
s.RadialDimension(curve=g[48], textPoint=(-194.786071777344,-143.091156005859), radius=R4)
```

⑥ 调用 OutProfile( ) 函数，并将脚本保存为 Tire_OutProfile. py（详见随书资源包：chapter 4\Tire_OutProfile. py）文件，代码如下。

```
from abaqus import*
from abaqusConstants import*
```

```
def OutProfile(b,Rn,R2,R3,R4):
    s = mdb.models['Model-1'].ConstrainedSketch(name='__profile__',
    sheetSize=1000.0)
    g, v, d, c = s.geometry, s.vertices, s.dimensions, s.constraints
    s.setPrimaryObject(option=STANDALONE)
    s.Line(point1=(-300.0, 0.0), point2=(320.0, 0.0))
    s.HorizontalConstraint(entity=g[2], addUndoState=False)
    s.Line(point1=(0.0, 260.0), point2=(0.0, -280.0))
    s.VerticalConstraint(entity=g[3], addUndoState=False)
    s.offset(distance=163.0, objectList=(g[3], ), side=RIGHT)
    s.offset(distance=163.0, objectList=(g[3], ), side=LEFT)
    s.offset(distance=154.5, objectList=(g[2], ), side=LEFT)
    s.offset(distance=150.5, objectList=(g[2], ), side=RIGHT)
    s.autoTrimCurve(curve1=g[6], point1=(-253.196334838867, 153.279602050781))
    s.autoTrimCurve(curve1=g[4], point1=(-163.252944946289, 194.63037109375))
    s.autoTrimCurve(curve1=g[5], point1=(161.498306274414, 186.678283691406))
    s.autoTrimCurve(curve1=g[8], point1=(183.785110473633, 159.641235351563))
    s.autoTrimCurve(curve1=g[7], point1=(-187.927688598633, -152.875274658203))
    s.autoTrimCurve(curve1=g[9], point1=(-168.028701782227, -171.960250854492))
    s.autoTrimCurve(curve1=g[12], point1=(215.623489379883, -150.489654541016))
    s.autoTrimCurve(curve1=g[10], point1=(160.702346801758, -181.502746582031))
    s.CircleByCenterPerimeter(center=(0.0, -280.0), point1=(0.0, -55.0))
    s.CoincidentConstraint(entity1=v[20], entity2=g[3], addUndoState=False)
    s.FixedConstraint(entity=g[2])
    s.FixedConstraint(entity=g[3])
    s.FixedConstraint(entity=g[13])
    s.FixedConstraint(entity=g[11])
    s.TangentConstraint(entity1=g[16], entity2=g[11])
    s.RadialDimension(curve=g[16], textPoint=(452.669799804688, 144.439666748047),
    radius=Rn)
    s.autoTrimCurve(curve1=g[16], point1=(-373.110473632813, 44.6247253417969))
```

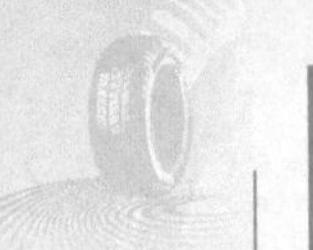

轮胎设计研发智能化技术

```
s.CircleByCenterPerimeter(center=(320.0, 0.0), point1=(125.0, 0.0))
s.CoincidentConstraint(entity1=v[24], entity2=g[2], addUndoState=False)
s.TangentConstraint(entity1=g[13], entity2=g[19])
s.RadialDimension(curve=g[19], textPoint=(1037.86401367188, -174.53662109375),
radius=165.0)
s.delete(objectList=(d[1], ))
s.Line(point1=(2.0, 0.0), point2=(300.0, 0.0))
s.HorizontalConstraint(entity=g[20], addUndoState=False)
s.ParallelConstraint(entity1=g[2], entity2=g[20], addUndoState=False)
s.autoTrimCurve(curve1=g[19], point1=(-116.889068603516, -109.917518615723))
s.autoTrimCurve(curve1=g[21], point1=(-37.5557250976563, -157.472579956055))
s.autoTrimCurve(curve1=g[22], point1=(32.5220947265625, -166.05891418457))
s.autoTrimCurve(curve1=g[23], point1=(101.277679443359, -125.10871887207))
s.autoTrimCurve(curve1=g[24], point1=(168.710998535156, -8.8629903793335))
s.autoTrimCurve(curve1=g[25], point1=(168.049926757813, 16.89599609375))
s.autoTrimCurve(curve1=g[26], point1=(142.927673339844, 86.2471160888672))
s.autoTrimCurve(curve1=g[27], point1=(51.6943054199219, 161.542678833008))
s.autoTrimCurve(curve1=g[29], point1=(-18.4173431396484, 163.110168457031))
s.autoTrimCurve(curve1=g[28], point1=(64.3780212402344, 153.32405090332))
s.autoTrimCurve(curve1=g[30], point1=(-59.7045249938965, 153.142181396484))
s.offset(distance=b, objectList=(g[3], ), side=RIGHT)
s.Line(point1=(-113.0, 144.602335568306), point2=(-135.945332337414,
90.53223341065))
s.CoincidentConstraint(entity1=v[50], entity2=g[17], addUndoState=False)
s.CoincidentConstraint(entity1=v[51], entity2=g[31], addUndoState=False)
s.EqualDistanceConstraint(entity1=v[46], entity2=v[47], midpoint=v[51],
addUndoState=False)
s.FixedConstraint(entity=g[32])
s.FixedConstraint(entity=g[31])
s.FixedConstraint(entity=g[17])
s.FixedConstraint(entity=v[50])
```

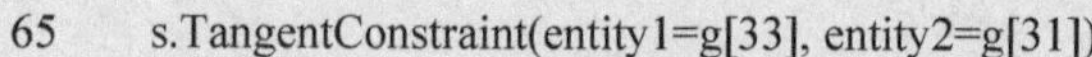

```
s.TangentConstraint(entity1=g[33], entity2=g[31])
s.CircleByCenterPerimeter(center=(300.0, 0.0), point1=(20.0, 0.0))
s.CoincidentConstraint(entity1=v[52], entity2=g[20], addUndoState=False)
s.TangentConstraint(entity1=g[34], entity2=g[13])
s.RadialDimension(curve=g[34], textPoint=(1062.82385253906, 136.972274780273),
radius=R2)
s.autoTrimCurve(curve1=g[34], point1=(-52.6110229492188, -244.209747314453))
s.autoTrimCurve(curve1=g[36], point1=(54.20458984375, -324.918395996094))
s.autoTrimCurve(curve1=g[37], point1=(-141.155517578125, 122.075233459473))
s.autoTrimCurve(curve1=g[38], point1=(-130.313415527344, 148.553161621094))
s.autoTrimCurve(curve1=g[39], point1=(-123.085327148438, 169.414520263672))
s.autoTrimCurve(curve1=g[31], point1=(-124.69157409668, 106.429206848145))
s.autoTrimCurve(curve1=g[40], point1=(-109.833862304688, 121.272880554199))
s.autoTrimCurve(curve1=g[35], point1=(-121.129379272461, -169.078048706055))
s.copyRotate(centerPoint=(0.0, -150.5), angle=-2.0, objectList=(g[14], ))
s.delete(objectList=(g[32], ))
s.offset(distance=126.0, objectList=(g[3], ), side=RIGHT)
s.FilletByRadius(radius=9.0, curve1=g[43], nearPoint1=(-120.286529541016,
-145.124877929688), curve2=g[44], nearPoint2=(-125.934692382813,
-132.971069335938))
s.offset(distance=R4, objectList=(g[44], ), side=RIGHT)
s.offset(distance=R4, objectList=(g[14], ), side=LEFT)
s.CircleByCenterPerimeter(center=(-147.5, -125.0), point1=(-134.980361938477,
-113.144836425781))
s.CoincidentConstraint(entity1=v[74], entity2=g[46], addUndoState=False)
s.FixedConstraint(entity=g[44])
s.TangentConstraint(entity1=g[48], entity2=g[44])
s.RadialDimension(curve=g[48], textPoint=(-194.786071777344,
-143.091156005859), radius=21.5)
s.CircleByCenterPerimeter(center=(-40.0, -20.0), point1=(-50.0, 40.0))
s.FixedConstraint(entity=g[42])
```

```
s.FixedConstraint(entity=g[48])
s.TangentConstraint(entity1=g[49], entity2=g[42])
s.TangentConstraint(entity1=g[49], entity2=g[48])
s.RadialDimension(curve=g[49], textPoint=(67.1634216308594, -58.1673812866211),
 radius=R3)
 s.autoTrimCurve(curve1=g[42], point1=(-152.680236816406, -90.176139831543))
 s.autoTrimCurve(curve1=g[51], point1=(-145.668548583984, -107.167343139648))
 s.autoTrimCurve(curve1=g[52], point1=(-143.504135131836, -113.654434204102))
 s.autoTrimCurve(curve1=g[53], point1=(-134.649749755859, -136.850708007813))
 s.autoTrimCurve(curve1=g[54], point1=(-130.714447021484, -147.269378662109))
 s.autoTrimCurve(curve1=g[48], point1=(-141.733245849609, -111.295486450195))
 s.autoTrimCurve(curve1=g[55], point1=(-131.895034790039, -142.748077392578))
 s.autoTrimCurve(curve1=g[49], point1=(-127.898399353027, -119.077758789063))
 s.autoTrimCurve(curve1=g[57], point1=(-133.782348632813, -113.798400878906))
 s.autoTrimCurve(curve1=g[59], point1=(-122.337539672852, -125.975112915039))
 s.autoTrimCurve(curve1=g[61], point1=(-105.844253540039, -134.504760742188))
 s.autoTrimCurve(curve1=g[56], point1=(-156.682373046875, -109.497406005859))
 s.autoTrimCurve(curve1=g[63], point1=(-168.324691772461, -122.291870117188))
 s.autoTrimCurve(curve1=g[64], point1=(-160.563140869141, -146.911499023438))
 s.autoTrimCurve(curve1=g[14], point1=(-147.756591796875, -151.951736450195))
 s.autoTrimCurve(curve1=g[58], point1=(-156.399017333984, -36.4220085144043))
 s.autoTrimCurve(curve1=g[68], point1=(-143.376800537109, -6.06549453735352))
 s.autoTrimCurve(curve1=g[70], point1=(-134.6953125, 10.1969108581543))
 s.autoTrimCurve(curve1=g[71], point1=(-87.6706085205078, 33.687068939209))
 s.delete(objectList=(g[62], ))
 s.delete(objectList=(g[72], ))
 s.delete(objectList=(g[46], ))
 s.delete(objectList=(g[47], ))
 s.autoTrimCurve(curve1=g[17], point1=(-144.574859619141, 138.576873779297))
 s.autoTrimCurve(curve1=g[73], point1=(-120.495674133301, 142.068939208984))
 s.autoTrimCurve(curve1=g[44], point1=(-125.506996154785, 142.068939208984))
```

```
s.autoTrimCurve(curve1=g[75], point1=(-126.25870513916, 164.09797668457))
s.autoTrimCurve(curve1=g[76], point1=(-127.511528015137, 87.7473449707031))
s.autoTrimCurve(curve1=g[77], point1=(-122.355926513672, -34.7814407348633))
s.autoTrimCurve(curve1=g[18], point1=(114.060974121094, 139.992538452148))
s.autoTrimCurve(curve1=g[65], point1=(-136.460968017578, -153.848709106445))
s.autoTrimCurve(curve1=g[67], point1=(-129.961273193359, -154.498062133789))
s.autoTrimCurve(curve1=g[43], point1=(78.0892333984375, -157.326217651367))
s.autoTrimCurve(curve1=g[80], point1=(79.1689453125, -150.854080200195))
s.autoTrimCurve(curve1=g[15], point1=(158.592620849609, -88.0424423217773))
s.autoTrimCurve(curve1=g[82], point1=(165.507202148438, 42.519889831543))
s.autoTrimCurve(curve1=g[11], point1=(75.6175537109375, 159.266143798828))
s.offset(distance=35.0, objectList=(g[78], ), side=LEFT)
s.Line(point1=(-91.0, -137.408784070776), point2=(-91.0, -175.0))
s.VerticalConstraint(entity=g[85], addUndoState=False)
s.ParallelConstraint(entity1=g[84], entity2=g[85], addUndoState=False)
s.autoTrimCurve(curve1=g[81], point1=(-75.0222244262695, -147.424102783203))
s.autoTrimCurve(curve1=g[85], point1=(-89.5722732543945, -162.687225341797))
s.autoTrimCurve(curve1=g[87], point1=(-91.269775390625, -140.398223876953))
s.autoTrimCurve(curve1=g[84], point1=(-91.7547760009766, -135.795059204102))
s.autoTrimCurve(curve1=g[79], point1=(-144.981307983398, -149.955261230469))
s.autoTrimCurve(curve1=g[13], point1=(-162.826248168945, -128.561553955078))
s.autoTrimCurve(curve1=g[66], point1=(-166.99006652832, -144.012557983398))
s.autoTrimCurve(curve1=g[89], point1=(-159.257247924805, -146.983917236328))
s.autoTrimCurve(curve1=g[88], point1=(-164.015914916992, 87.7527542114258))
s.autoTrimCurve(curve1=g[83], point1=(-143.791610717773, 156.093780517578))
s.FilletByRadius(radius=8.0, curve1=g[33], nearPoint1=(-125.351852416992,
124.597480773926), curve2=g[74], nearPoint2=(-95.0154266357422,
148.368255615234))
s.copyMirror(mirrorLine=g[3], objectList=(g[45], g[50], g[60], g[69], g[78],
g[86], g[33], g[41], g[74], g[90]))
s.setAsConstruction(objectList=(g[2], g[3], g[20]))
```

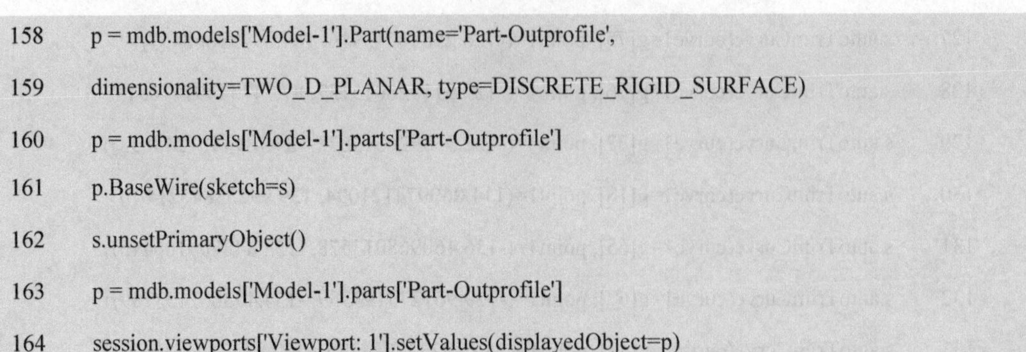

```
p = mdb.models['Model-1'].Part(name='Part-Outprofile',
dimensionality=TWO_D_PLANAR, type=DISCRETE_RIGID_SURFACE)
p = mdb.models['Model-1'].parts['Part-Outprofile']
p.BaseWire(sketch=s)
s.unsetPrimaryObject()
p = mdb.models['Model-1'].parts['Part-Outprofile']
session.viewports['Viewport: 1'].setValues(displayedObject=p)
del mdb.models['Model-1'].sketches['__profile__']
```

启动 Abaqus/CAE，在【File】菜单下选择【Run Script】命令，运行脚本文件 Tire_OutProfile. py 后，效果如图 4-20 所示。

图 4-20　执行脚本后的轮胎外轮廓效果图

6）定制轮胎外轮廓自动建模插件。

① 使用 RSG 对话框中相关控件制作轮胎外轮廓插件，打开【Plug-ins】菜单下的【Abaqus】子菜单，选择 RSG 对话框。

② 在 GUI 标签页下，单击【Show Dialog】按钮将显示对话框设置效果，如图 4-21 所示。

③ 按照下列步骤设置对话框：

a. 将标题改为 Tire_OutProfile。

b. 单击▣按钮，在标题下增加 Parameter 组框（group box）。

c. 单击▭按钮增加文本框，设置文本标签为“b”，数据类型为 Float，匹配的关键字为 b，设置完成后的对话框如图 4-22 所示。

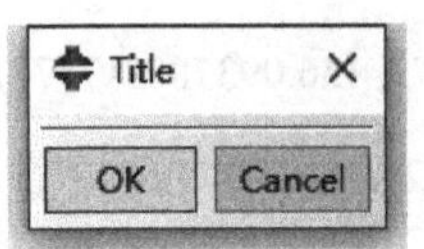

图 4-21　对话框设置效果

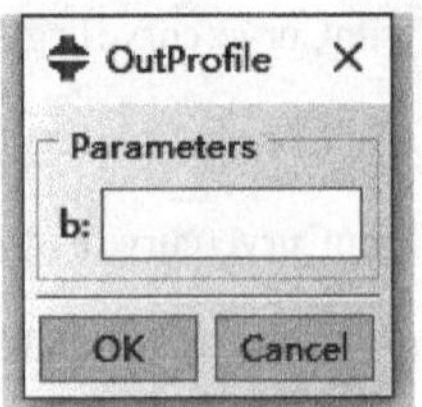

图 4-22　设置标题、组框和文本框

d. 按照同样的方法，设置下列文本框。

文本标签为“Rn”，类型为 Float，关键字为 Rn。

文本标签为“R2”，类型为 Float，关键字为 R2。

文本标签为“R3”，类型为 Float，关键字为 R3。

文本标签为“R4”，类型为 Float，关键字为 R4。

e. 单击按钮，在标题下增加 Fig 组框（group box），单击按钮选择随书资源包：\chapter 4\Model\OutProfile. PNG 文件作为显示图标，设置完成后的对话框如图 4-23 所示。

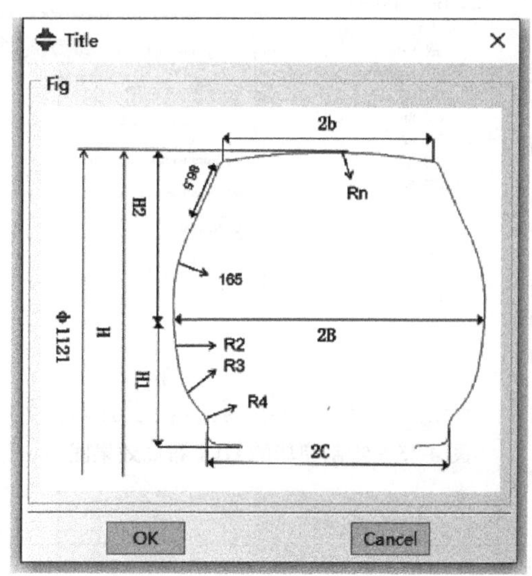

图 4-23　增加图标对话框

f. 读者可以根据需要使用箭头按钮↑ ↓ ← → 更改组框的位置，使其位于 Parameters 组框的右边，设置完毕的对话框效果如图 4-24 所示，GUI 布局如图 4-25 所示。

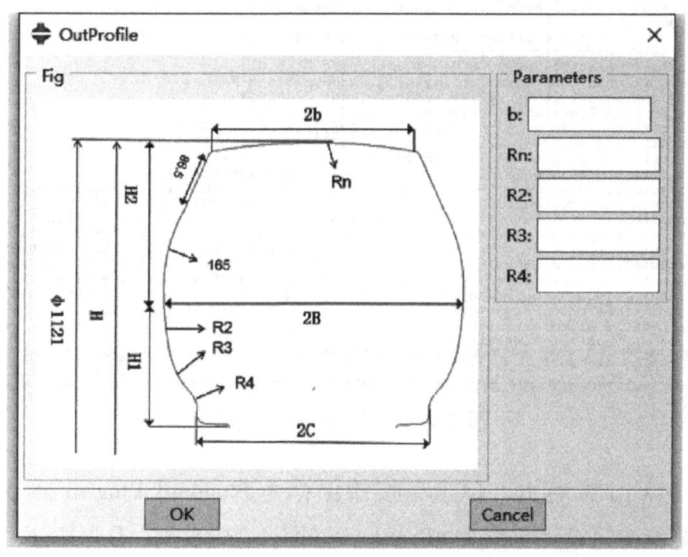

图 4-24　绘制完成的对话框效果图

g. 切换到标签页 Kernel，单击按钮选择文件 Tire_OutProfile. py 作为内核脚本来加载，并在下拉列表中选择 OutProfile 函数，如图 4-26 所示。

轮胎设计研发智能化技术

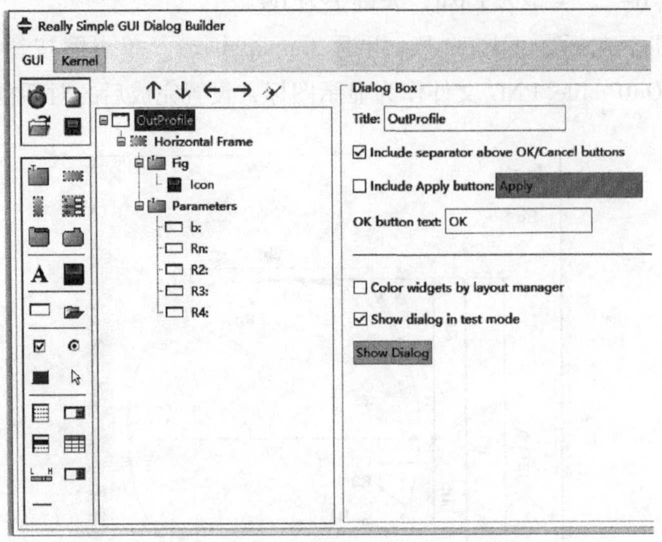

图 4-25　绘制完毕的 GUI 布局效果图

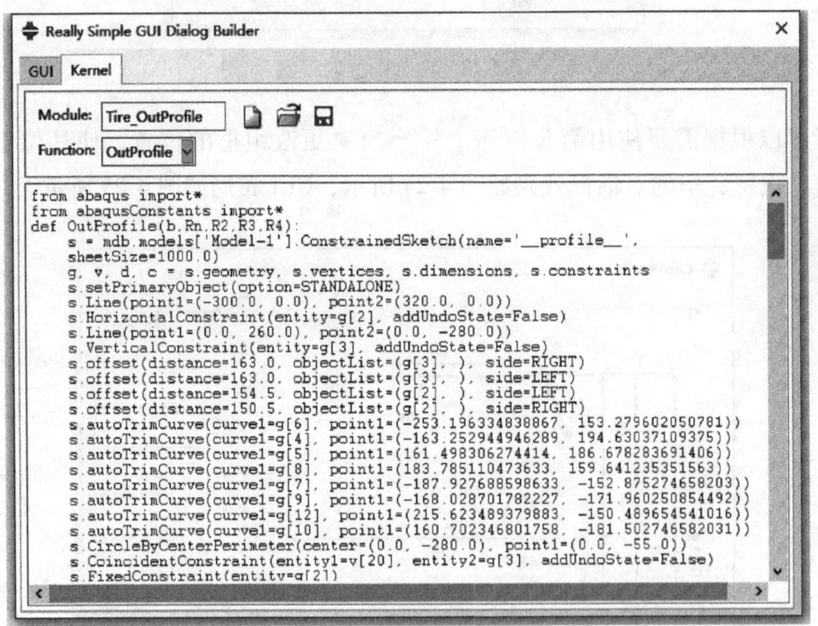

图 4-26　设置 Kernel 标签页

h. 重新切换到 CUI 标签页，单击■按钮保存为 Standard Plug-in 插件，设置目录名为 Tire_Outprofile，菜单按钮设为 Tire_OutProfile，如图 4-27 所示。需要注意的是：插件文件自动保存在根目录下的 abaqus_plugins 文件夹中。

i. 重新启动 Abaqus/CAE，此时【Plug-ins】菜单下将出现【Tire_Outprofile】子菜单，如图 4-28 所示，单击该子菜单后将弹出如图 4-24 所示的对话框。

图 4-27　保存插件程序

图 4-28　注册完毕的 Tire_Outprofile 插件

4.2 建立轮胎有限元分析的材料库

在有限元仿真分析过程中，每个轮胎模型都需要重复输入多个材料参数，浪费大量时间。建议读者二次开发定制特有的材料库，实现大量材料数据的快速生成与管理。本节将用 3 种方法开发包含 3 种轮胎材料的材料库为例，详细介绍其实现过程和操作方法。

4.2.1 简介

本实例将创建包含 3 种橡胶材料的材料库（用户可根据有限元分析的实际需求定制所需材料库），在实例中轮胎橡胶与钢丝材料的参数见表 4-2。

表 4-2　钢材、三角胶和胎侧胶的材料属性

材料名称	材料属性	值
钢材（Steel）	弹性模量	200 E9Pa
	泊松比	0.3
	密度	7800kg/m^3
	屈服应力及对应的塑性应变	400 E6，0.00
		420 E6，0.02
		500 E6，0.20
		600 E6，0.50
三角胶（Yeoh 模型）（Apex）	C_{10}	1.1547
	C_{20}	−0.2305
	C_{30}	0.0426
胎侧胶（Yeoh 模型）（Rimcushion）	C_{10}	0.6303
	C_{20}	−0.0931
	C_{30}	0.0144

4.2.2 录制材料库宏文件

详细操作步骤如下。

1）启动 Abaqus/CAE，在 File 菜单下选择 Macro Manager 来创建宏，名字为 Tire_SI_Materials，将保存路径设置为 Home，如图 4-29 所示。

2）切换到 Property 模块，在 Material Manager 下创建表 4-2 中的 3 种材料并输入对应的材料参数。

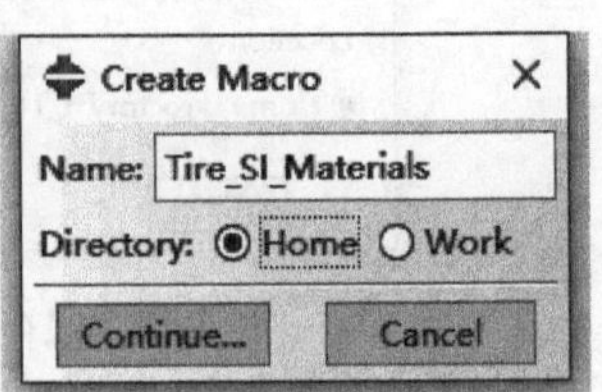

图 4-29 创建宏 Tire_SI_Materials

3）单击 Stop Recording 按钮结束宏录制。

4）不必保存模型，直接退出 Abaqus/CAE。

5）重新启动 Abaqus/CAE，打开 Macro Manager，选中 Tire_SI_Materials，单击 Run 按钮执行宏文件。切换到 Property 功能模块，在 Material Manager 中可以看到创建好的 3 种材料（见图 4-30）。

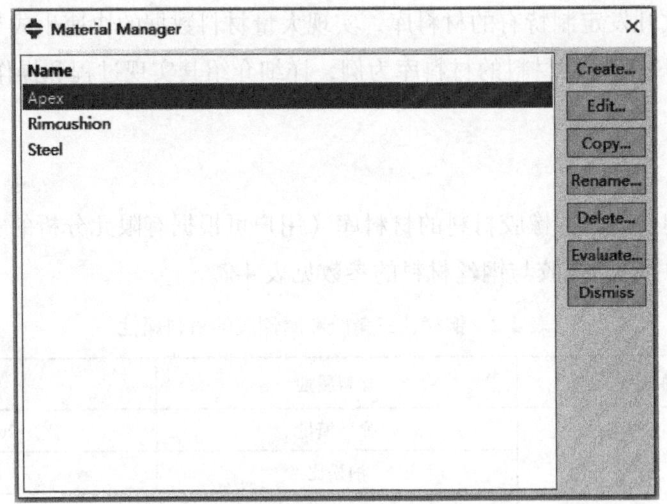

图 4-30 定义 3 种材料参数

4.2.3 修改宏文件生成脚本文件

本节将修改录制的宏文件 abaqusMacros. py 来编写材料库脚本 material_library. py。操作步骤如下。

在软件安装的根目录（笔者的路径为 C:\用户\Lenovo\abaqusMacros. py）找到录制的宏文件 abaqusMacros. py（详见随书资源包下列位置：\chapter 4\abaqusMacros. py），使用文本编辑器软件打开，源代码如下。

```
def Tire_SI_Materials():
    import section
    import regionToolset
    import displayGroupMdbToolset as dgm
    import part
    import material
    import assembly
    import optimization
    import step
    import interaction
    import load
    import mesh
    import job
    import sketch
    import visualization
    import xyPlot
    import displayGroupOdbToolset as dgo
    import connectorBehavior
    session.viewports['Viewport: 1'].partDisplay.setValues(sectionAssignments=ON,
        engineeringFeatures=ON)
    session.viewports['Viewport: 1'].partDisplay.geometryOptions.setValues(
        referenceRepresentation=OFF)
    mdb.models['Model-1'].Material(name='Apex')
    mdb.models['Model-1'].materials['Apex'].Hyperelastic(materialType=ISOTROPIC,
        testData=OFF, type=YEOH, volumetricResponse=VOLUMETRIC_DATA, table=((
        1.1547, -0.2305, 0.0426, 0.0, 0.0, 0.0), ))
    mdb.models['Model-1'].Material(name='Sidewall')
    mdb.models['Model-1'].materials['Sidewall'].Hyperelastic(
        materialType=ISOTROPIC, testData=OFF, type=YEOH,
        volumetricResponse=VOLUMETRIC_DATA, table=((0.6303, -0.0931, 0.0144,
        0.0, 0.0, 0.0), ))
```

轮胎设计研发智能化技术

```
32        mdb.models['Model-1'].Material(name='Steel')
33        mdb.models['Model-1'].materials['Steel'].Density(table=((7800.0, ), ))
34        mdb.models['Model-1'].materials['Steel'].Elastic(table=((200000000000.0, 0.3), ))
35        mdb.models['Model-1'].materials['Steel'].Plastic(table=((400000000.0, 0.0),
36            (420000000.0, 0.02), (500000000.0, 0.2), (600000000.0, 0.5)))
```

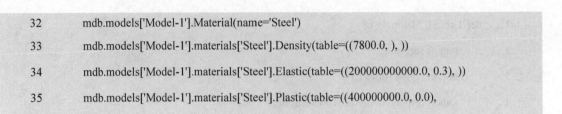

- 第 1 行代码的功能是定义函数 Tire_SI_Materials( )。
- 第 2~18 行代码分别导入下列模块：section、regionToolset、displayGroupMdbToolset、part、material、assembly、step、interaction、load、mesh、job、sketch、visualization、xyPlot、displayGroupOdbToolset、connectorBehavior。细心的读者会发现，这些模块都是在 Abaqus/CAE 中建模使用的模块或工具。
- 第 19~22 行代码的功能是对视口 Viewport-1 中的部件进行显示设置，这些设置一般都由 Abaqus 自动完成，读者不必太关心。
- 第 23~36 行代码分别为模型 Model-1 定义 3 种材料 Steel、Apex 和 Sidewall，后面将对这部分代码稍作修改来创建用户自定义材料库。

1. 对 abaqusMacros. py 文件进行修改

1）在第 1 行代码前面增加下面 2 行代码。

```
from abaqus import *
from abaqusConstants import *
```

2）删除第 2~21 行代码。

3）在函数 Tire_SI_Materials( ) 的开始部分，添加注释行说明脚本的功能是增加 3 种材料 Steel、Apex 和 Sidewall 及材料属性。然后，调用 getInput( ) 函数获取模型名并赋值给变量 name，模型名指的是模型库最后一个模型名，可以使用命令 mdb. models. keys( )[-1] 提取，并将步骤 1 中所有 'Model-1' 都替换为 name。修改后的源代码如下。

```
from abaqus import *
from abaqusConstants import *
def Tire_SI_Materials():
"""
    Add Steel, Apex,Sidewall in SI units
"""
    import material
    name = getInput('Enter model name', mdb.models.keys()[-1])
    if not name in mdb.models.keys():
        raise ValueError, 'mdb.models[%s] not found'%repr(name)
```

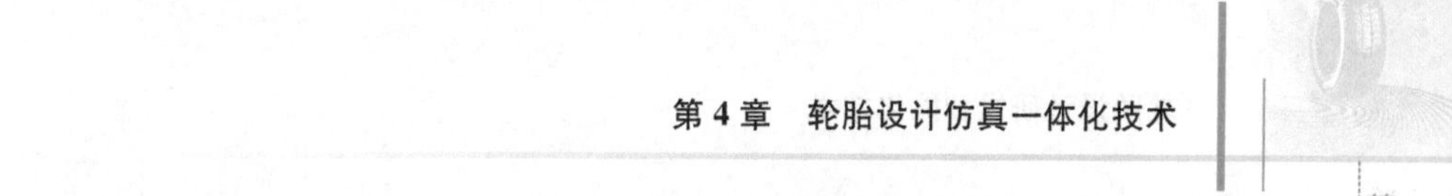

4）创建对象 m=mdb. models ［name］. Materials ［'Steel'］，并为 m 增加弹性模量、泊松比、塑性和密度等特性。对应的命令如下。

```
m = mdb.models[name].Material('Steel')
m.Elastic(table=((200.0E9, 0.3), ))
m.Plastic(table=((400.E6, 0.0), (420.E6, 0.02), (500.E6, 0.2), (600.E6, 0.5)))
m.Density(table=((7800.0, ), ))
```

5）创建对象 m=mdb. models ［name］. Materials ［'Apex'］，并为 m 增加 Yeoh 模型中 C_{10}、C_{20}、C_{30}等参数，代码如下。

```
m = mdb.models[name].Material('Apex')
mdb.models['Model-1'].Material(name='Apex')
mdb.models['Model-1'].materials['Apex'].Hyperelastic(materialType=ISOTROPIC,
testData=OFF, type=YEOH, volumetricResponse=VOLUMETRIC_DATA, table=((
1.1547, -0.2305, 0.0426, 0.0, 0.0, 0.0), ))
```

6）创建对象 m=mdb. models ［'name'］ . Materials ［'Sidewall'］，并为 m 增加 Yeoh 模型中 C_{10}、C_{20}、C_{30}等参数，代码如下。

```
m = mdb.models[name].Material('Sidewall')
mdb.models['Model-1'].Material(name='Sidewall')
mdb.models['Model-1'].materials['Sidewall'].Hyperelastic(
materialType=ISOTROPIC, testData=OFF, type=YEOH,
volumetricResponse=VOLUMETRIC_DATA, table=((0.6303, -0.0931, 0.0144,
0.0, 0.0, 0.0), ))
```

7）添加函数调用语句 Tire_SI_Materials( )，将上述所有命令组织在一起，得到自定义材料库脚本 material_library. py。

```
from abaqus import *
from abaqusConstants import *

def Tire_SI_Materials():
    """
        Add Steel, Apex, Sidewall in SI units
    """
        import material
```

```
    name = getInput('Enter model name', mdb.models.keys()[-1])
    if not name in mdb.models.keys():
        raise ValueError, 'mdb.models[%s] not found'%repr(name)

    m = mdb.models[name].Material('Steel')
    m.Elastic(table=((200.0E9, 0.3), ))
    m.Plastic(table=((400.E6, 0.0), (420.E6, 0.02),
          (500.E6, 0.2), (600.E6, 0.5)))
    m.Density(table=((7800.0, ), ))

    m = mdb.models[name].Material('Apex')
    mdb.models['Model-1'].Material(name='Apex')
    mdb.models['Model-1'].materials['Apex'].Hyperelastic(materialType=ISOTROPIC,
    testData=OFF, type=YEOH, volumetricResponse=VOLUMETRIC_DATA, table=((
    1.1547, -0.2305, 0.0426, 0.0, 0.0, 0.0), ))

    m = mdb.models[name].Material('Sidewall')
    mdb.models['Model-1'].Material(name='Sidewall')
    mdb.models['Model-1'].materials['Sidewall'].Hyperelastic(
    materialType=ISOTROPIC, testData=OFF, type=YEOH,
    volumetricResponse=VOLUMETRIC_DATA, table=((0.6303, -0.0931, 0.0144,
    0.0, 0.0, 0.0), ))
Tire_SI_Materials()
```

8）将脚本保存为 material_library. py（详见随书资源包下列位置：chapter 4\material_library. py）。

2. 运行脚本 material_library. py

1）启动 Abaqus/CAE 并创建模型 Model-1。

2）在 File 菜单下选择 Run Script，将弹出如图 4-31 所示的对话框，选择文件 material_library. py 并单击 OK 按钮，将弹出如图 4-32 所示的 getInput 对话框，输入模型名 Model-1 并单击 OK 按钮，程序瞬间执行完毕。

3）进入 Property 模块，在材料管理器（Material Manager）将列出 3 种自定义材料，（见图 4-33）。

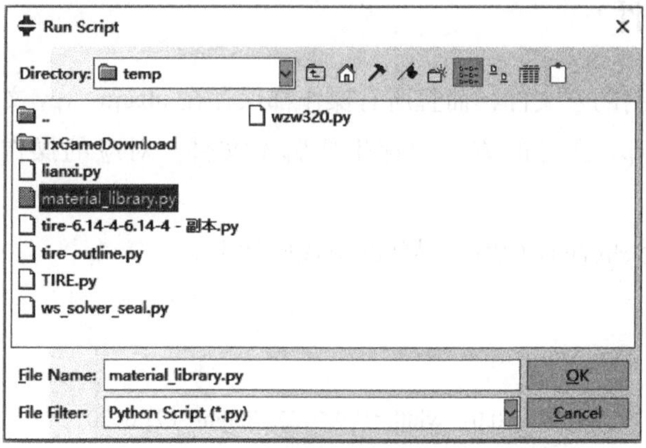

图 4-31　运行脚本 material_library. py

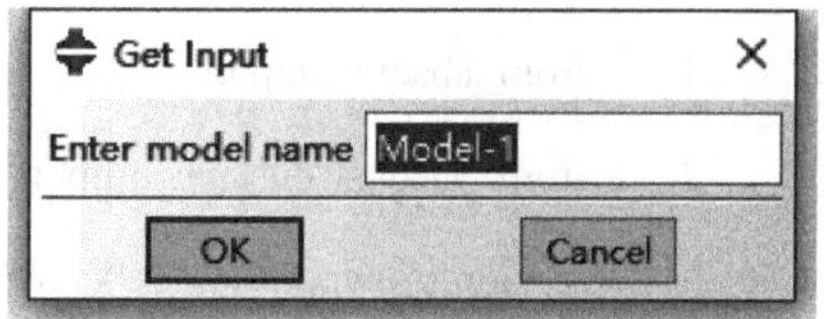

图 4-32　输入模型名称 Model-1

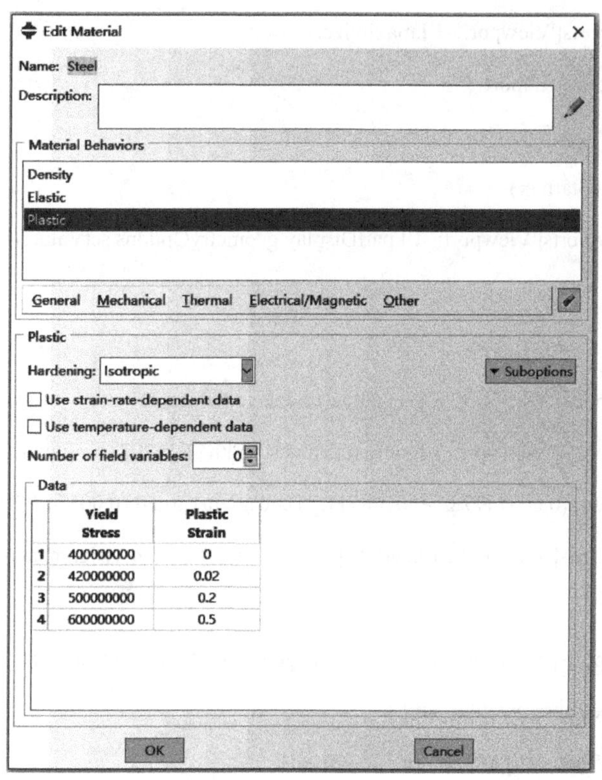

图 4-33　steel 的材料属性

【提示】本实例的目的是创建材料库，因此只录制了创建材料并定义材料属性的命令，读者可以根据需要录制任意命令，在宏文件 abaqusMacros. py 的基础上稍加修改即可。

4.2.4 修改 rpy 文件生成脚本文件

第 4.2.2 节介绍的方法不仅得到了录制的宏文件，而且所有操作都保存在 abaqus.rpy 文件中。本节将教给读者通过修改 abaqus.rpy 文件的方法快速生成脚本文件。对应的操作如下。

1）打开 abaqus.rpy 文件，删除 # 开头的注释行后，得到的源代码如下。

```
from abaqus import *
from abaqusConstants import *
session.Viewport(name='Viewport: 1', origin=(0.0, 0.0), width=179.5625, height=192.662017
22266)
session.viewports['Viewport: 1'].makeCurrent()
session.viewports['Viewport: 1'].maximize()
from caeModules import *
from driverUtils import executeOnCaeStartup
executeOnCaeStartup()
  session.viewports['Viewport: 1'].partDisplay.geometryOptions.setValues(referenceRepresentatio
  =ON)
Mdb()
session.viewports['Viewport: 1'].setValues(displayedObject=None)
session.viewports['Viewport: 1'].view.setValues(width=1.11702, height=1.20973,
cameraPosition=(0.00574778, -0.0168711, 4), cameraTarget=(0.00574778, -0.0168711, 0))
session.viewports['Viewport: 1'].partDisplay.setValues(sectionAssignments=ON, engineeringFe
 tures=ON)
session.viewports['Viewport: 1'].partDisplay.geometryOptions.setValues(
    referenceRepresentation=OFF)
mdb.models['Model-1'].Material(name='Apex')
mdb.models['Model-1'].materials['Apex'].Hyperelastic(materialType=ISOTROPIC,
    testData=OFF, type=YEOH, volumetricResponse=VOLUMETRIC_DATA, table=((
    1.1547, -0.2305, 0.0426, 0.0, 0.0, 0.0), ))
mdb.models['Model-1'].Material(name='Sidewall')
```

```
25    mdb.models['Model-1'].materials['Sidewall'].Hyperelastic(
26        materialType=ISOTROPIC, testData=OFF, type=YEOH,
27        volumetricResponse=VOLUMETRIC_DATA, table=((0.6303, -0.0931, 0.0144, 0.0,
28        0.0, 0.0), ))
29    mdb.models['Model-1'].Material(name='Steel')
30    mdb.models['Model-1'].materials['Steel'].Density(table=((7800.0, ), ))
31    mdb.models['Model-1'].materials['Steel'].Elastic(table=((200000000000.0, 0.3),        ))
32    mdb.models['Model-1'].materials['Steel'].Plastic(table=((400000000.0, 0.0), (
33       420000000.0, 0.02), (500000000.0, 0.2), (600000000.0, 0.5)))
```

2）删除 abaqus. rpy 文件中无关代码行，精简代码。

① 本实例的功能仅是创建材料库，abaqusConstants、caeModules 模块和 driverUtils 模块不会用到，可删除第 2 行、第 7 行和第 8 行代码。

② 本实例的主要功能是创建材料库，与视口的设置和显示无关，可以删除掉第 3~6 行、第 9~19 行代码。

③ 第 20~33 行代码是本实例的关键代码行，不能删除。

3）精简后的代码只有 14 行，保存于随书资源包下列位置：\chapter4\material_library_RPY. py，代码如下。

```
from abaqus import *
mdb.models['Model-1'].Material(name='Apex')
mdb.models['Model-1'].materials['Apex'].Hyperelastic(materialType=ISOTROPIC,
    testData=OFF, type=YEOH, volumetricResponse=VOLUMETRIC_DATA, table=((
    1.1547, -0.2305, 0.0426, 0.0, 0.0, 0.0), ))
mdb.models['Model-1'].Material(name='Sidewall')
mdb.models['Model-1'].materials['Sidewall'].Hyperelastic(
    materialType=ISOTROPIC, testData=OFF, type=YEOH,
  volumetricResponse=VOLUMETRIC_DATA, table=((0.6303, -0.0931, 0.0144, 0.0, 0.0, 0.0), ))
mdb.models['Model-1'].Material(name='Steel')
mdb.models['Model-1'].materials['Steel'].Density(table=((7800.0, ), ))
mdb.models['Model-1'].materials['Steel'].Elastic(table=((200000000000.0, 0.3),        ))
mdb.models['Model-1'].materials['Steel'].Plastic(table=((400000000.0, 0.0), (
    420000000.0, 0.02), (500000000.0, 0.2), (600000000.0, 0.5)))
```

启动 Abaqus/CAE，在 File 菜单下选择 Run Script 并运行脚本文件 material_library_

轮胎设计研发智能化技术

RPY. py，执行效果同图 4-30。

4.3 轮胎有限元分析结果自动后处理

Abaqus 软件的 Visualization 模块提供了丰富的后处理功能供读者选择，但由于实际工程问题分析目的不同，因此分析需求和分析结果处理需求也不同，开发满足个性化需求的自动后处理程序或定制专门的后处理插件，不仅可以提高分析效率，还可以避免大量的重复工作。

4.3.1 Abaqus/CAE 的常用后处理技术

本节将介绍常用的自动后处理命令，包括在视窗中显示输出数据库命令、设置视窗的背景颜色命令、输出图片文件命令、输出动画命令、X-Y 绘图命令，最后将详细介绍轮胎仿真分析自动后处理插件的定制方法。

1. 在视窗中显示输出数据库命令

本书以 viewer_tire. odb 输出数据库文件为例（保存于随书资源包 chapter 4\Model\viewer_tire. odb）介绍相关命令。

```
1    odb=session.openOdb('viewer_tire.odb',readOnly=False)
2    o1=session.viewports['Viewport:1']
3    o1.setValues(displayedObject=odb)
```

- 第 1 行代码的功能是调用 openOdb() 函数打开数据库文件，并用变量 odb 表示该输出数据库。
- 第 2 行代码的功能是设置变量 o1 表示当前视窗 Viewport 1。
- 第 3 行代码的功能是设置视窗中的显示对象为 odb，即 viewer_tire. odb 文件。

2. 设置视窗的背景颜色命令

启动 Abaqus/CAE 后，Abaqus 软件默认的背景颜色是深蓝色，建议将该背景色修改为白色，便于让输出的图片和动画更加美观。源代码如下。

```
1    session.graphicsOptions.setValues(backgroundStyle=SOLID,backgroundColor='#FFFFFF')
```

- 本行代码的功能是调用 setValues() 方法将背景色修改为白色，其中，#FFFFFF 表示白色。

3. 输出图片文件命令

在【File】菜单下选择【Print】命令，将弹出如图 4-34 所示的对话框，可以设置图片文件。笔者通常把图片文件保存为 PNG 格式，对应的源代码如下。

```
1    o1 = session.openOdb(name='C:/Temp/viewer_tire.odb')
2    session.viewports['Viewport: 1'].setValues(displayedObject=o1)
```

```
3    session.viewports['Viewport: 1'].odbDisplay.display.setValues(plotState=(
4        CONTOURS_ON_DEF, ))
5    session.printToFile(fileName='stress', format=PNG, canvasObjects=(
6        session.viewports['Viewport: 1'], ))
```

- 第 3、4 行代码的功能是调用 setValues( ) 函数，设置绘图状态为在变形体上绘制云图（CONTOURS_ON_DEF）。
- 第 5、6 行代码的功能是调用 printToFile( ) 函数，设置输出图片的文件名、输出格式和输出对象。

4. 输出动画命令

在 Abaqus 的后处理模块中，图标的功能是绘制动画图，选择【Animate】菜单的【Save as】命令，在如图 4-35 所示的对话框中设置文件名、显示速率（帧/秒）等，即可输出动画。

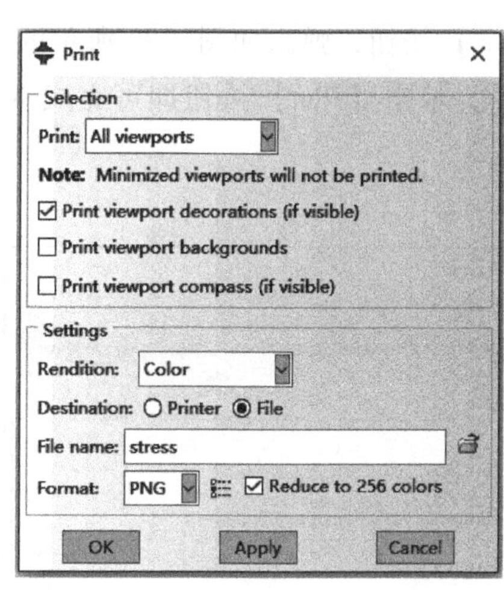

图 4-34　设置输出图片对话框

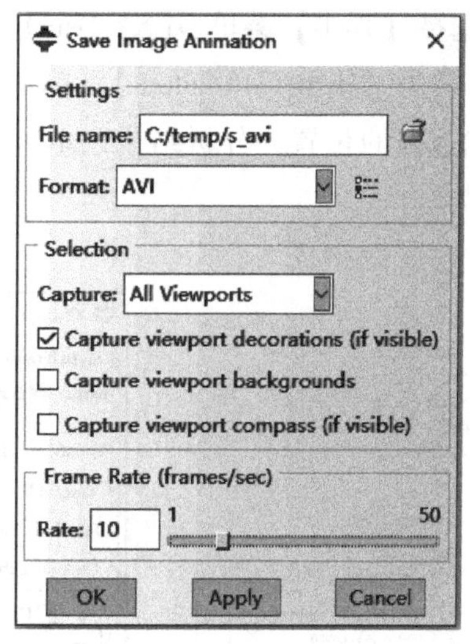

图 4-35　设置输出动画对话框

对应的源代码如下。

```
o1 = session.openOdb(name='C:/Temp/viewer_tire.odb')
session.viewports['Viewport: 1'].setValues(displayedObject=o1)
session.viewports['Viewport: 1'].animationController.setValues(
    animationType=TIME_HISTORY)
session.viewports['Viewport: 1'].animationController.play(
    duration=UNLIMITED)
```

```
7     session.imageAnimationOptions.setValues(vpDecorations=ON, vpBackground=OFF,
8         compass=OFF, frameRate=10)
9     session.writeImageAnimation(fileName='C:/temp/s_avi', format=AVI,
10        canvasObjects=(session.viewports['Viewport: 1'], ))
```

- 第 3、4 行代码的功能是调用 setValues( ) 函数设置动画的显示方式。
- 第 5、6 行代码的功能是调用 setValues( ) 函数设置动画的显示时间为 UNLIMITED。
- 第 7、8 行代码的功能是调用 setValues( ) 函数设置动画的显示速率为 10 帧/s，同时设置图片的显示方式（包括修饰、背景和罗盘）。
- 第 9、10 行代码的功能是调用 writeImageAnimation ( ) 函数输出动画，包括：fileName（文件名）、format（格式）和 canvasObjects（显示对象）。

5. X-Y 绘图命令

在后处理过程中，经常需要将分析结果绘制曲线图。对应的操作如下。

1）在 Abaqus/CAE 中打开 ODB 文件。

2）选择【Tools】菜单→【XY Data】→【Create】命令，弹出如图 4-36 所示的对话框；选择数据来源为【ODB field output】，单击【Continue】按钮，弹出如图 4-37 所示的对话框；选取输出数据的位置、分析结果、单元或节点后，单击【Plot】按钮即可完成 X-Y 图的绘制。

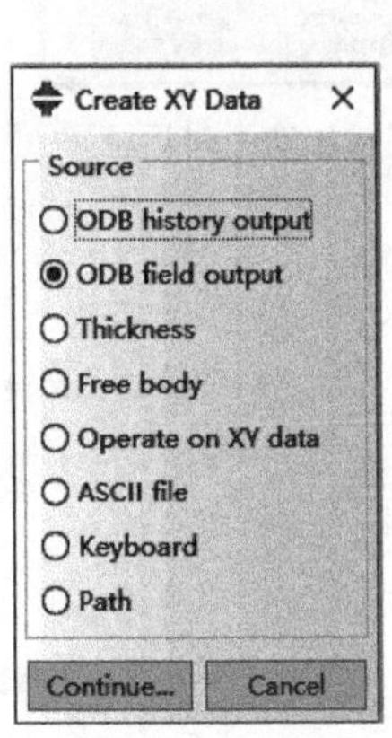

图 4-36　创建 XY Data

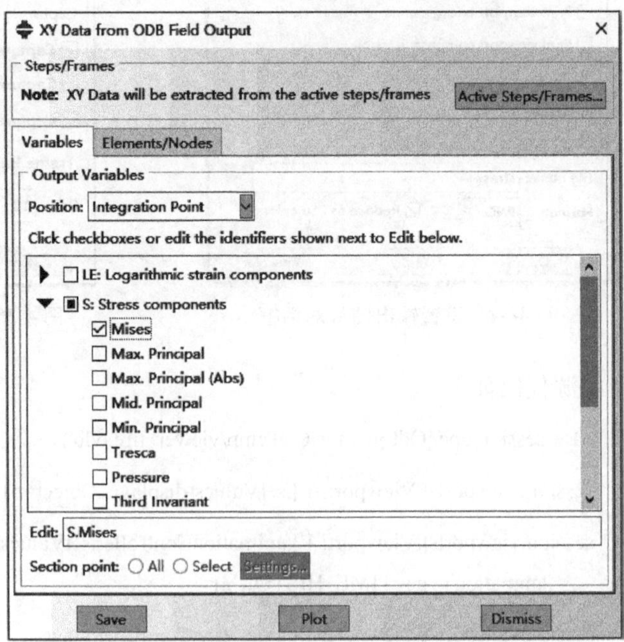

图 4-37　从场变量中提取 XY Data

对应的源代码如下。

```
1   odb = session.odbs['C:/Temp/viewer-tire.odb']
2   xyList = xyPlot.xyDataListFromField(odb=odb, outputPosition=INTEGRATION_POINT,
3       variable=(('S', INTEGRATION_POINT, ((INVARIANT, 'Mises'), )), ),
4       elementPick=(('PART-1-1', 1, ('[#0:4 #80 ]', )), ), )
5   xyp = session.XYPlot('XYPlot-1')
6   chartName = xyp.charts.keys()[0]
7   chart = xyp.charts[chartName]
8   curveList = session.curveSet(xyData=xyList)
9   chart.setValues(curvesToPlot=curveList)
10  session.charts[chartName].autoColor(lines=True, symbols=True)
11  session.viewports['Viewport: 1'].setValues(displayedObject=xyp)
12  session.xyPlots[session.viewports['Viewport: 1'].displayedObject.name].setValues(
13      transform=(0.889997, 0, 0, -0.0100294, 0, 0.889997, 0, -0.0165926, 0,
14      0, 0.889997, 0, 0, 0, 0, 1))
15  session.charts['Chart-1'].majorAxis1GridStyle.setValues(show=True)
16  session.charts['Chart-1'].majorAxis2GridStyle.setValues(show=True)
17  session.xyPlots['XYPlot-1'].title.setValues(text='XYPlot-S')
18  session.charts['Chart-1'].axes1[0].axisData.setValues(labelNumDigits=3)
19  session.charts['Chart-1'].axes2[0].axisData.setValues(labelNumDigits=3)
```

- 第 2~4 行代码的功能是调用 xyDataListFromField( ) 函数提取场变量积分点处的 Mises 应力，并用鼠标选择的方式选中部件 PART-1-1 的单元 1。
- 第 5 行代码的功能是调用构造器 XYPlot( ) 函数创建名为 XYPlot-1 的绘图，并赋值给变量 xyp。
- 第 11 行代码的功能是设置视窗中的显示对象为 xyp。
- 第 15、16 行的功能是设置显示曲线图上的 X、Y 轴的网格线。
- 第 17 行代码的功能是修改图注为 XYPlot-S。
- 第 18、19 行代码的功能是设置曲线图 X、Y 轴上的刻度精确到小数点后 3 位数。

4.3.2 开发轮胎自动后处理插件

基于 Abaqus/CAE 的轮胎有限元分析完成后，即可进入 Visualization 功能模块来查看和显示结果。本节针对轮胎有限元分析结果的后处理制作相应的插件，使分析结果处理起来更加简单、便捷。

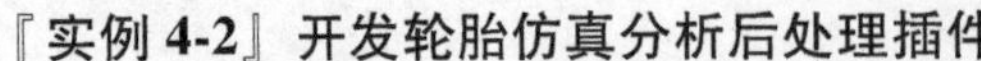

轮胎设计研发智能化技术

『实例 4-2』开发轮胎仿真分析后处理插件

有限元分析完成后，通常需要提取大量的数据、图片、曲线等评价方案优劣，目前通用有限元软件 Abaqus 的后处理模块无法满足所有读者的需求，建议开发专门的自动后处理程序，以提高分析效率。

快速编写 Python 脚本实现轮胎仿真分析自动后处理的方法有两种，一是利用录制宏文件的方法来实现；二是直接编写 Python 脚本。实例『实例 4-1』已经介绍了录制、修改宏文件生成脚本的方法，本节将介绍直接编写 Python 代码来完成自动后处理脚本的方法。

一般情况下，应该按照下列顺序编写脚本：

1）写注释行，说明脚本的名称、功能等。对于复杂的脚本，还应说明各变量的含义，使脚本可读性更强，便于移植。

2）导入相应模块。

3）在 Abaqus/CAE 中，应依次按照顺序创建对象。

本实例完整的源代码详见随书资源包 chapter 4\houchuli. py，主要脚本命令如下。

1）导入相应的模块，创建新模型。代码如下。

```
1    from abaqus import *
2    from abaqusConstants import *
3    from caeModules import *
4    from driverUtils import executeOnCaeStartup
```

- 第 1 行代码的功能是导入 abaqus 模块中的所有对象。
- 第 2 行代码的功能是导入符号常数模块 abaqusConstants。
- 第 3 行代码的功能是导入 caeModules 模块中的所有对象，访问 Abaqus/CAE 所有的模块。
- 第 4 行代码的功能是允许 CAE 以刚启动的状态执行模块。

2）打开待访问的 odb 文件，读者可根据需要判断是否操作这一步。

```
1    o1 = session.openOdb(name='C:/Temp/Job-tire.odb', readOnly=False)
2    session.viewports['Viewport: 1'].setValues(displayedObject=o1)
```

- 第 1 行代码的功能是调用 openOdb（） 函数打开需要处理的 odb 文件。
- 第 2 行代码的功能是指定视窗的显示对象。

3）设置视图背景颜色，代码如下。

```
1    if bg=="bg1":
2    # bg==baise
3        session.graphicsOptions.setValues(backgroundColor='#FFFFFF',
4        backgroundBottomColor='#FFFFFF')
```

```
5    elif bg=="bg2":
6    # bg==jianbian
7        session.graphicsOptions.setValues(backgroundColor='#1B2D46',
8        backgroundBottomColor='#A3B1C6')
```

- 第 3、4 行代码的功能是设置视窗的背景颜色为白色。
- 第 5、6 行代码的功能是设置视窗为渐变色，符号#1B2D46 表示蓝色渐变。

4）设置云图选项，代码如下。

```
1    if picture=="plot deformed shap":
2    # ODB 为变形图
3        session.viewports['Viewport: 1'].odbDisplay.display.setValues(plotState=(
4        UNDEFORMED, ))
5    elif picture=="plot undeformed shap":
6    # ODB 变形图
7        session.viewports['Viewport: 1'].odbDisplay.display.setValues(plotState=(
8        DEFORMED, ))
9    elif picture=="plot contours on deformed shap":
10    # 显示变形云图
11        session.viewports['Viewport: 1'].odbDisplay.display.setValues(plotState=(
12        CONTOURS_ON_DEF, ))
```

- 第 1~4 行代码的功能是绘制模型的变形图。
- 第 5~8 行代码的功能是绘制模型的未变形图。
- 第 9~12 行代码的功能是在变形图的基础上绘制云图。

5）设置图例选项，代码如下。

```
1    if ziti=="ziti1":
2    # 设置字体 Times New Roman
3        session.viewports['Viewport: 1'].viewportAnnotationOptions.setValues(
4        legendFont='-*-times new roman-medium-r-normal-*-*-140-*-*-p-*-*-*')
5    elif ziti=="ziti2":
6    # 设置字体 Verdana
7        session.viewports['Viewport: 1'].viewportAnnotationOptions.setValues(
8        legendFont='-*-verdana-medium-r-normal-*-*-140-*-*-p-*-*-*')
```

轮胎设计研发智能化技术

```
9     if Style=="medium":
10        # 设置字体常规
11            session.viewports['Viewport: 1'].viewportAnnotationOptions.setValues(
12            legendFont='-*-verdana-medium-r-normal-*-*-140-*-*-p-*-*-*')
13        elif Style=="tilt":
14        # 设置字体倾斜
15            session.viewports['Viewport: 1'].viewportAnnotationOptions.setValues(
16            legendFont='-*-verdana-medium-i-normal-*-*-140-*-*-p-*-*-*')
17        elif Style=="bold":
18            # 设置字体加粗
19            session.viewports['Viewport: 1'].viewportAnnotationOptions.setValues(
20                legendFont='-*-verdana-bold-r-normal-*-*-140-*-*-p-*-*-*')
21        # 设置图例小数位数
22        session.viewports['Viewport: 1'].viewportAnnotationOptions.setValues(
23            legendDecimalPlaces=value)
24        # 设置图例左右距离
25        session.viewports['Viewport: 1'].viewportAnnotationOptions.setValues(
26            legendPosition=(X, Y))
```

- 第 1~4 行代码的功能是设置图例文字的字体为 Times New Roman，字体类型为常规，字体大小为 14 号。
- 第 5~8 行代码的功能是设置图例文字的字体为 Verdana，字体类型为常规，字体大小为 14 号。
- 第 9~12 行代码的功能是设置图例文字为常规字体，字体类型为 Verdana，字体大小为 14 号。
- 第 13~16 行代码的功能是设置图例文字为倾斜字体，字体类型为 Verdana，字体大小为 14 号。
- 第 17~20 行代码的功能是设置图例文字为加粗字体，字体类型为 Verdana，字体大小为 14 号。
- 第 21~23 行代码的功能是设置图例的小数位数。
- 第 24~26 行代码的功能是设置图例与视窗左侧位置的距离，X 代表距离视窗左侧顶点水平方向的距离，Y 代表距离视窗左侧顶点竖直方向的距离。

6）设置模型的可见边，代码如下。

```
1   if Edge=="Edge1":
2   # 设置可见边为所有边
3       session.viewports['Viewport: 1'].odbDisplay.commonOptions.setValues(
4       visibleEdges=ALL)
5   elif Edge=="Edge2":
6   # 设置可见边为外部边
7       session.viewports['Viewport: 1'].odbDisplay.commonOptions.setValues(
8       visibleEdges=EXTERIOR)
9   elif Edge=="Edge3":
10   # 设置可见边为自由边
11       session.viewports['Viewport: 1'].odbDisplay.commonOptions.setValues(
12       visibleEdges=FREE)
```

- 第1~4行代码的功能是设置指定视窗的显示对象为模型的所有边。
- 第5~8行代码的功能是设置指定视窗的显示对象为模型的外部边。
- 第9~12行代码的功能是设置指定视窗的显示对象为模型的自由边。

7）设置显示动画播放，代码如下。

```
1   if Animation=="Play":
2   # 动画播放
3       session.viewports['Viewport: 1'].animationController.setValues(
4       animationType=SCALE_FACTOR)
5       session.viewports['Viewport: 1'].animationController.play(
6       duration=UNLIMITED)
7   elif Animation=="Stop":
8   # 动画停止
9       session.viewports['Viewport: 1'].animationController.setValues(
10       animationType=NONE)
```

- 第1~4行代码的功能是设置动画播放类型为缩放系数。
- 第5、6行代码的功能是设置动画播放时间为连续。

8）自定义插件实例，创建对话框和内核脚本。

① 重新启动Abaqus/CAE，选择【Plug-ins菜单】→【Abaqus】→【RSG Dialog Builder】命令，弹出如图4-38所示的RSG对话框构造器界面。

② 在GUI标签页下，单击按钮Show Dialog后将弹出如图4-39所示的对话框。Show Dialog

按钮的功能是显示对话框设置效果。

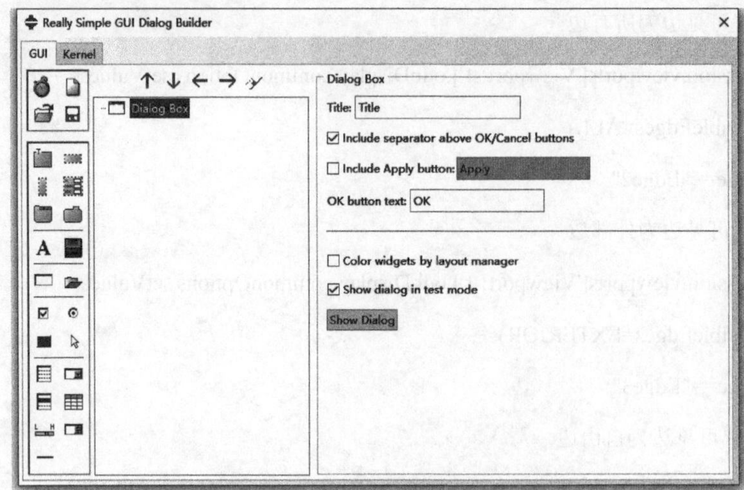

图 4-38 RSG 对话框构造器界面

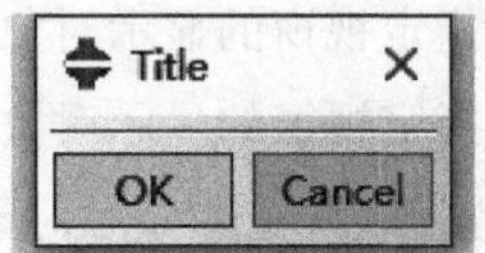

图 4-39 对话框设置效果

③ 按照第 4.1.3 节“开发轮胎建模插件”的定制界面方法，创建图 4-40~图 4-43 的界面。

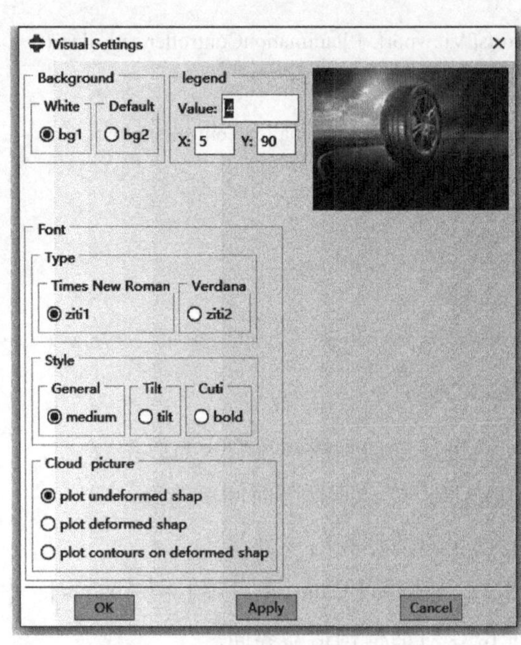

图 4-40 GUI 界面设置效果

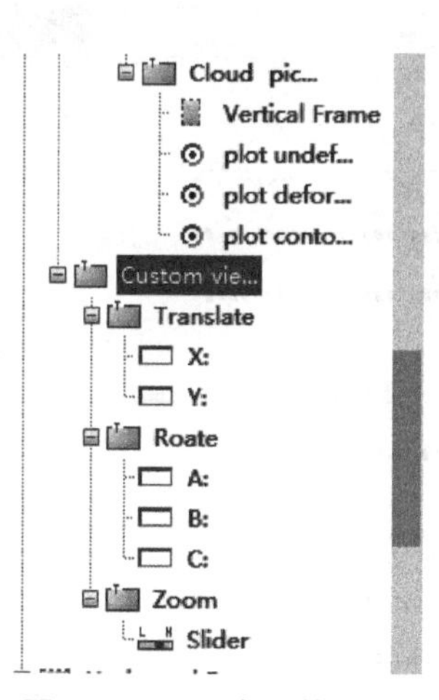

图 4-41　GUI 布局效果图

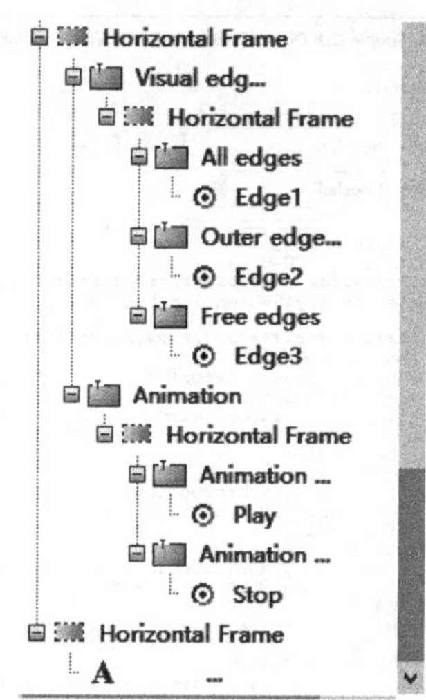

图 4-42　可见边和动画 GUI 布局效果

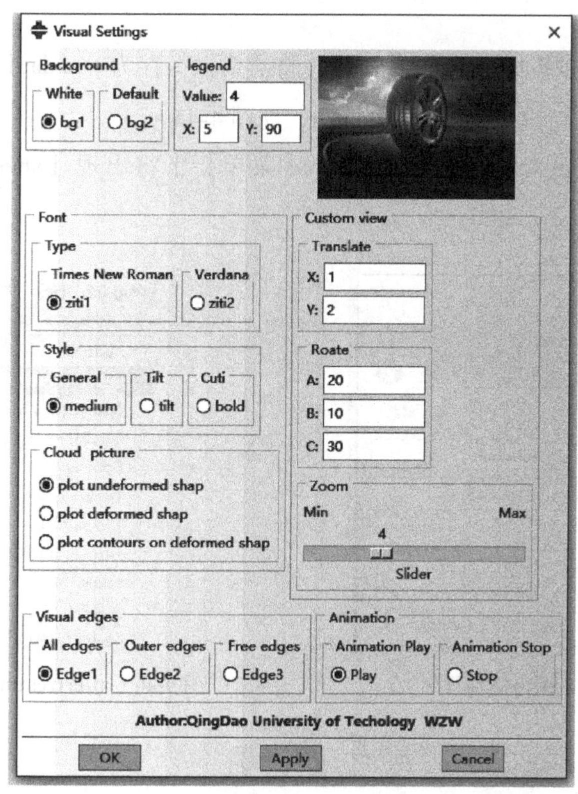

图 4-43　绘制完毕的对话框效果

④ 切换到标签页 Kernel，单击按钮选择文件 houchuli. py 来加载内核脚本，在下拉列表中选择 houchuli. py 函数，如图 4-44 所示。

轮胎设计研发智能化技术

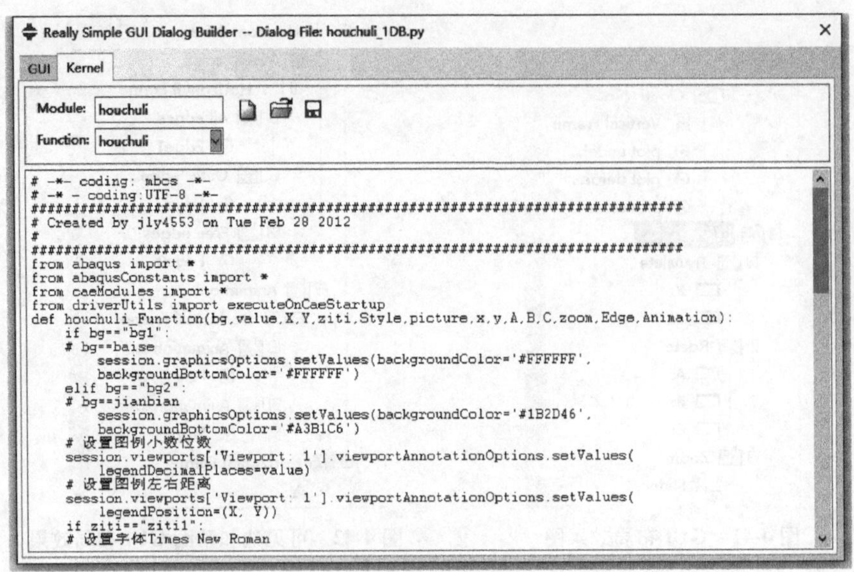

图 4-44　设置 Kernel 标签页

⑤ 重新回到 GUI 标签页，单击按钮，将对话框保存为 Standard Plug-in，设置目录名为 Houchuli，将菜单按钮设置为 aftertreatment，如图 4-45 所示。

⑥ 重新启动 Abaqus/CAE，此时【Plug-ins 菜单】下将出现【aftertreatment】子菜单命令，如图 4-46 所示。

图 4-45　保存插件程序

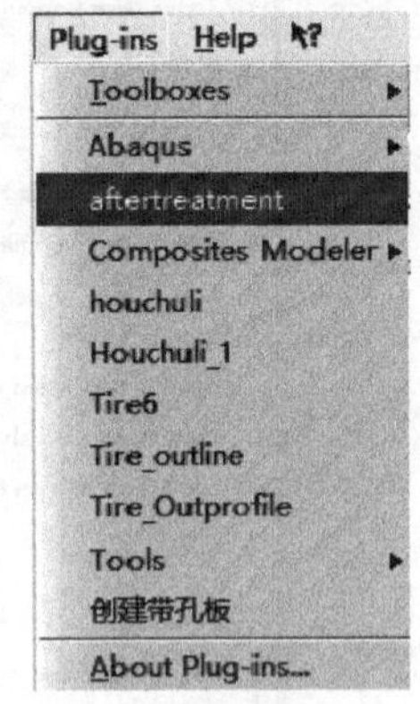

图 4-46　aftertreatment 子菜单

4.4　本章小结

本章主要介绍了下列内容：

1. 第 4.1 节介绍了轮胎自动化高效建模技术，包括：在 Abaqus 软件中定制插件的方法、轮胎高效建模插件的实现方法，并通过制作轮胎外轮廓建模插件的开发实例详细介绍了实现过程。

2. 第 4.2 节演示了开发只包含 3 种材料的轮胎有限元分析材料库的方法，分别使用录制宏文件、修改宏文件生成脚本文件和修改 rpy 文件生成脚本文件 3 种方法。

3. 第 4.3 节详细介绍了轮胎有限元分析结果自动后处理代码的编写方法、轮胎自动后处理插件的开发方法，并通过 1 个轮胎有限元后处理插件开发实例教给读者完整的实现过程。

参考文献

[1] 贾利勇，富琛阳子，贺高. Abaqus GUI 程序开发指南 [M]. 北京：人民邮电出版社，2016.

[2] 石亦平，周玉蓉. ABAQUS 有限元分析实例详解 [M]. 北京：机械工业出版社，2006.

[3] 哈斯巴根，朱凌，石琴，等. 轮胎有限元建模过程优化及刚度特性仿真研究 [J]. 合肥工业大学学报（自然科学版），2015（07）：944-948.

[4] 刘信奎，王好臣，李玉胜. UG 在子午线轮胎 CAD 建模中的应用 [J]. 山东理工大学学报（自然科学版），2003（03）：17-19.

[5] 杨进殿. 半钢轮胎有限元仿真过程中的建模自动化 [D]. 济南：山东大学，2015.

[6] 洪圣康. 轮胎有限元分析自动化建模与处理系统 [D]. 镇江：江苏大学，2019.

[7] 曹金凤. Python 语言在 Abaqus 中的应用 [M]. 2 版. 北京：机械工业出版社，2020.

[8] 曹金凤. Abaqus 有限元分析常见问题解答与实用技巧 [M]. 北京：机械工业出版社，2020.

[9] 钟同圣，卫丰，王鸷，等. Python 语言和 ABAQUS 前处理二次开发 [J]. 郑州大学学报（理学版），2006（01）：60-64.

第5章 深度学习算法与轮胎性能预测

本章内容:

本章将首先介绍深度学习的发展历程及常用算法，让读者初步了解深度学习方面的相关知识，然后介绍数据分析与数据挖掘技术常用知识，让读者学会处理数据的相关方法；最后通过 1 个轮胎性能预测实例详细介绍数据处理、算法搭建及结果分析的整个过程，便于读者在实际工作中更好地使用。

5.1 深度学习算法简介

本节将详细介绍 4 种常用的数据预测算法，让读者深入理解并掌握这些算法的基本概念、基本原理和实现方法。

5.1.1 深度学习的发展历程及应用

深度学习（Deep Learning）起源于人工神经网络，本质上是指一类对具有深层结构的神经网络进行有效训练的方法，也是近几年人工智能领域的重要研究方向之一。人工智能领域最初研究的内容是神经网络，但是发展到一定阶段后，规模越来越大，结构也越来越复杂，于是将其命名为“深度学习”，可以将深度学习理解为后神经网络时代。

1. 深度学习的发展历程

深度学习的发展，大致经历了三个阶段：

（1）深度学习的起源阶段　1943 年，心理学家麦卡洛克（McCulloch）和数学逻辑学家皮兹（Pitts）发表了论文《神经活动中内在思想的逻辑演算》，提出了 MP 模型。MP 模型模仿神经元的结构和工作原理，构成了一个基于神经网络的数学模型，本质上是一种“模拟人类大脑”的神经元模型，但需要手动设置权重，十分不便。MP 模型作为人工神经网络的起源，开创了人工神经网络的新时代，也奠定了神经网络模型的基础。

1949 年，加拿大著名心理学家唐纳德·海布（Donald Olding Hebb）在《行为的组织》中提出了一种基于无监督学习的规则——海布学习规则（Hebb Rule）。海布规则模仿人类认知世界的过程，建立了一种“网络模型”，该网络模型针对训练集进行大量训练并提取了训练集的统计特征，然后按照样本的相似程度进行分类，把相互之间联系密切的样本分为一类，这样就把样本分成了若干类。海布学习规则与“条件反射”机理一致，为后期的神经网络学习算法奠定了基础，具有重大的历史意义。

20 世纪 50 年代末，在 MP 模型和海布学习规则的研究基础上，美国科学家罗森布拉特（Rosenblatt）发现了一种类似于人类学习过程的学习算法——感知机学习。1958 年，正式提出了由两层神经元组成的神经网络，称之为“感知机”。感知机的提出吸引了大量科学家对人工神经网络研究的兴趣，对神经网络的发展具有里程碑式的意义。

（2）深度学习的发展阶段　1982 年，著名物理学家约翰·霍普菲尔德发明了 Hopfield 神经网络，它是一种结合存储系统和二元系统的循环神经网络。Hopfield 网络也可以模拟人类的记忆，根据激活函数的不同，有连续型和离散型两类，分别用于优化计算和联想记忆。但由于存在陷入局部最小值的缺陷，该算法并未在当时引起很大的轰动。

直到 1986 年，深度学习之父杰弗里·辛顿提出了一种适用于多层感知机的反向传播算法——BP 算法。BP 算法在传统神经网络正向传播的基础上，增加了误差的反向传播过程。反向传播过程不断地调整神经元之间的权重和阈值，直到输出的误差减小到允许的范围之内，或达到预先设定的训练次数为止。BP 算法完美地解决了非线性分类问题，让人工神经网络再次引起了人们的关注。

（3）深度学习的爆发阶段　2006 年，杰弗里·辛顿及他的学生鲁斯兰·萨拉赫丁诺夫正式提出了深度学习的概念。他们在世界顶级学术期刊《科学》发表的一篇文章中详细地给出了“梯度消失”问题的解决方案——通过无监督的学习方法逐层训练算法，再使用有监督的反向传播算法调优。该深度学习方法的提出，立即在学术圈引起了巨大的反响，以斯坦福大学、多伦多大学为代表的众多世界知名高校纷纷投入巨大的人力、财力进行深度学习领域的相关研究，而后又迅速蔓延到工业界中。

2012 年，在著名的 ImageNet 图像识别大赛中，杰弗里·辛顿领导的小组采用深度学习模型 AlexNet 一举夺冠。AlexNet 采用 Relu 激活函数，从根本上解决了梯度消失问题，并采用 GPU 极大地提高了模型的训练速度。同年，由斯坦福大学著名的吴恩达教授和世界顶尖计算机专家 Jeff Dean 共同主导的深度神经网络（DNN）技术在图像识别领域取得了惊人的成绩，在 ImageNet 测评中成功地把错误率从 26%降低到 15%。深度学习算法在世界大赛的脱颖而出，也再一次吸引了学术界和工业界对深度学习领域的关注。

随着深度学习技术的不断进步及数据处理能力的不断提升，2014 年，Facebook 基于深度学习技术的 DeepFace 项目，在人脸识别方面的准确率已能达到 97%以上，跟人类识别的准确率几乎没有差别，这样的结果也再一次证明了深度学习算法在图像识别方面的优势。

2016 年，随着谷歌公司基于深度学习开发的 AlphaGo 以 4∶1 的比分战胜了国际顶尖围棋高手李世石，深度学习的热度迅速增长。2017 年，基于强化学习算法的 AlphaGo 升级版 AlphaGo Zero 横空出世，其采用“从零开始”“无师自通”的学习模式，以 100∶0 的比分轻而易举地打败了 AlphaGo。除了围棋，它还精通国际象棋等其他棋类游戏，可以说是真正的棋类“天才”。在这一年，深度学习的相关算法在医疗、金融、艺术、无人驾驶等多个领域均取得了显著的成果。所以，也有专家把 2017 年看作是深度学习甚至是人工智能发展最为突飞猛进的一年。

深度学习发展如此迅速，主要原因在于它在很多问题上都表现出优异的性能。同时，深度学习还让问题的解决方式更加简单，因为它将特征工程完全自动化，而这曾是机器学习工作流程中最关键的一步。先前的机器学习技术仅包含将输入数据变换到一两个连续的表示空间，但这通常无法得到复杂问题所需的精确表示。因此，人们竭尽全力让初始输入数据更适合用这些方法处理，也必须手动为数据设计好输入层，也就是特征工程。而深度学习完全将这个步骤自动化，可以一次性学习所有特征，而无须手动设计，这极大地简化了机器学习的工作流程，将复杂的多阶段流程替换为一个简单的、端到端的深度学习模型。

2. 深度学习的应用

目前，深度学习算法广泛应用于数据预测、计算机视觉、自然语言处理、语音识别等领域，下面将逐一介绍。

（1）数据预测　深度学习预测算法在各个领域都有应用，下面以海洋浪高预测为例，详细介绍数据预测的过程。由于不同强度的海浪对人类的威胁程度不同，海洋浪高大于 6m 以上能够掀翻船只，破坏海上工程结构，给海上航行、海上施工、海上军事行动、渔业捕捞等造成巨大危害。准确预测能够减少海浪带来的损失，深度学习算法可以解决这一难题，利用循环神经网络（RNN）、长短时记忆网络（LSTM）、门控循环单元网络（GRU）等算法在时间序列数据处理方面的优势，从而可以提高精度的预测未来值。在海洋浪高预测方面通常选取对浪高影响因素较大的特征作为模型的输入，如大气温度、风向、风速、大气压强、海水温度等。选取海浪高度作为输出特征，并根据需要设置预测的时长等进行训练，在海浪实际预测方面也有不错的效果，一定程度上减小了海浪灾害带来的损失。

（2）计算机视觉

1）目标检测（Object Detection）。目标检测（Object Detection）是当前计算机视觉和机器学习领域的研究热点之一，其核心任务是筛选出给定图像中所有感兴趣的目标，确定其位置和大小。如图 5-1 所示，如果希望检测图中的人物，最困难之处在于遮挡、光照、姿态等造成的像素级误差，这是目标检测所要挑战的问题。目前，深度学习中通常通过搭建深度神经网络（DNN）来提取目标特征。

图 5-1　目标检测图

2）语义分割（Semantic Segmentation）。语义分割（Semantic Segmentation）旨在将图像中的物体作为可解释的语义类别，该类别是通过深度神经网络（DNN）的特征聚类得到。与目标检测相同，在深度学习中需要选择交并比（Intersection over Union）作为评价指标来评估设计的语义分割网络。值得注意的是，语义类别对应不同的颜色，生成结果需要与原始的标注图像相比较，较为一致才能作为一个可分辨不同语义信息的网络。语义分割问题也可认为是分类问题，其中每个像素被分类为来自一系列对象类中的某一个。图 5-2 是一个土地的卫星影像图，可通过语义分割来查看土地的使用情况，如监测地区的森林砍伐和城市化等。

3）超分辨率重建（Super Resolution Construction）。超分辨率重建（Super Resolution Construction）的主要任务是通过软件和硬件相结合的方法，由观测的低分辨率图像重建高分辨率图像，该技术在医疗影像和视频编码通信中十分重要。该领域一般分为单图像超分辨率和视频超分辨率，在单个图像中主要为了提升细节和质感，而在视频序列中通过该技术可解决丢帧、帧图像模糊等问题。如图 5-3 所示，左侧为原始图像，右侧为超分辨率重建后的图像，可以发现右侧图像更为清晰。

图 5-2　土地卫星影像图

图 5-3　超分辨率重建前后对比

4）行人重识别（Person Re-identification）。行人重识别（Person Re-identification）也称行人再识别，主要基于计算机视觉技术判断图像或者视频序列中是否存在特定行人，被广泛认为属于图像检索的子问题。核心任务是给定监控行人图像，检索跨设备下的该行人图像。目前，通常与人脸识别技术联合，用于人脸识别辅助。在深度学习中，通过全局和局部特征提取及度量学习，对多组行人图片进行分类和身份查询。例如，在商场对行人行进与停留轨迹进行识别，可以分析用户需求等。

(3) 自然语言处理（NLP） 自然语言处理（NLP）是一种解释和处理人类语音的算法，称为自然语言处理，属于语言学、计算机学和人工智能领域。自然语言处理（NLP）使用了多种算法来分析数据，从而使系统能够产生人类语言或识别人类语音中的音调变化。深度学习由于其非线性的复杂结构，能够将低维稠密且连续的向量表示为不同粒度的语言单元。例如，词、短语、句子和文章，使计算机理解通过网络模型参与编织的语言，进而使人类与计算机进行沟通。此外深度学习领域中研究人员使用循环、卷积、递归等神经网络模型对不同的语言单元向量组合，获得了更大语言单元的表示。将人类的文本作为输入，本身就具有挑战性，得到的自然语言计算机如何处理就更加难上加难，而这也是自然语言处理（NLP）不断探索的领域。

(4) 语音识别 语音识别（Speech Recognization）是一门交叉学科，近十几年进步显著。除了依赖数字信号处理、模式识别、概率论等理论知识外，深度学习的发展也使其效果有了很大幅度的提升。深度学习将声音序列转化为文本序列的目的，类似于在计算机视觉中将图像数据转换为特征向量，与图像处理不太相同的是需要对波（声音的形式）进行采样，获取关键信息，并对这些数字信息进行处理输入到网络中进行训练，得到一个可以实现语音识别的模型。语音识别的难点很多，如克服发音音节相似度进行精准识别、实时语音转写等，需要将很多不同的声音样本作为数据集，让深度网络具有更强的泛化性，同时还需要判断网络本身的复杂程度是否得当等。

5.1.2 神经网络基础

人工神经网络（ANN）是一组受生物大脑启发而研发的算法，它是由相互连接的简单单元（神经元）组。它们像开关一样接收、处理和传递信号到其他神经元。神经网络的元素本身非常简单，其复杂性和功能来自元素间的相互作用。本节将主要介绍神经网络的基本概念，包括：神经元、激活函数、损失函数和梯度下降。

1. 生物神经元

神经元是具有长突触（轴突）的细胞，它由细胞体和细胞突起构成。早在 1904 年，生物学家就已经知道了神经元的组成结构。1 个神经元通常有多个树突，主要用来接受传入的信息；而轴突只有一条，轴突尾端有许多轴突末梢可以给其他多个神经元传递信息。轴突末梢跟其他神经元的树突产生连接，从而传递信号。这个连接的位置在生物学上叫“突触”。神经元结构如图 5-4 所示。

1943 年，心理学家 McCulloch 和数学家 Pitts 参考了生物神经元结构，发表了抽象的神经元模型（MP）。该结构原理简单，是一个包含输入、输出与计算功能的模型。输入可以类比为神经元的树突，而输出则可以类比为神经元的轴突，计算则可以类比为细胞核。其计算结构如图 5-5 所示。

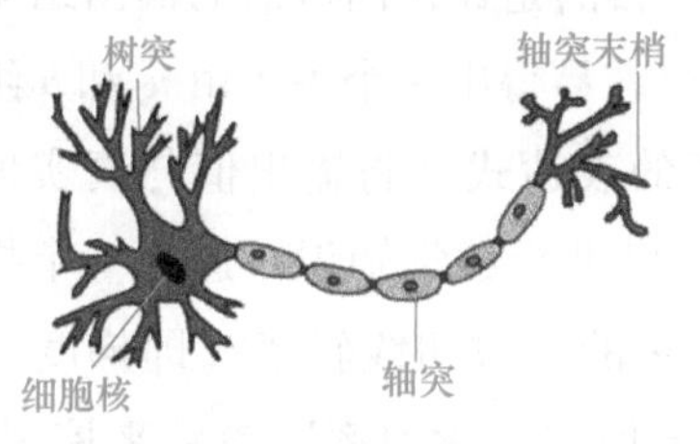

图 5-4　神经元结构

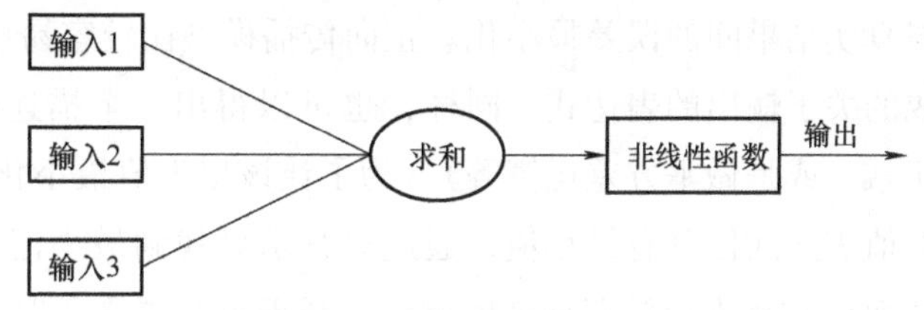

图 5-5　神经元模型计算结构

2. 人工神经元

（1）人工神经元　19 世纪末，在生物、生理学领域，Waldeger 等人创建了神经元学说。人工神经元的研究源于脑神经元学说，人工神经网络是由大量处理单元经广泛互连而组成的人工网络，用来模拟脑神经系统的结构和功能，学者把这些处理单元称为人工神经元。人工神经网络可看成是以人工神经元为节点，用有向加权弧连接起来的有向图。在有向图中，人工神经元就是对生物神经元的模拟，而有向加权弧则是轴突—突触—树突的模拟。有向加权弧的权值表示相互连接的两个人工神经元间相互作用的强弱。人工神经元模型如图 5-6 所示。

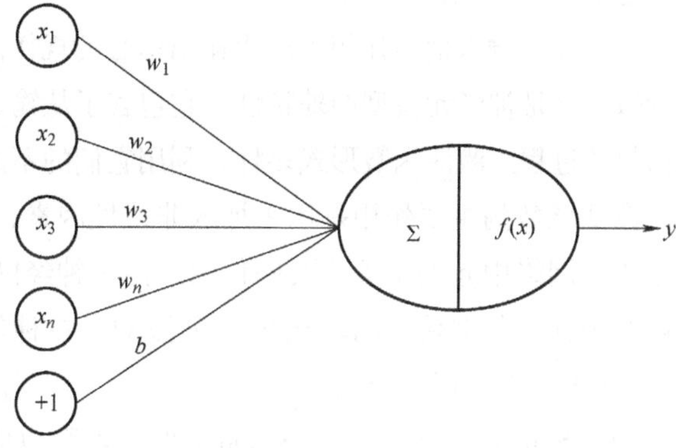

图 5-6　人工神经元模型

计算公式见式（5-1）

$$y = \sum_{i=1}^{n} w_i x_i + b = wx + b \tag{5-1}$$

式中，y 表示输出结果；x 表示输入；w 表示权重；b 表示偏置值。w 和 b 可以理解为两个变量。模型每次学习的目的都是为了调整 w 和 b，并找到预测效果最佳值，最终由该值配合公式形成的逻辑就是神经网络模型。

（2）正向传播　式（5-1）描述的过程称作正向传播，数据由输入端传递到输出端。当然，它是在假设有合适的 w 和 b 的基础上，才可以实现对现实环境的正确拟合。但是，由于在实际过程中通常无法事先知道 w 和 b 的合适值，于是需要加入一个训练过程，通过反向误差传递的方法自动修正模型，最终得出合适的权重值。

（3）反向传播　反向传播的目的是将模型的 w 和 b 调整到合适值。刚开始，没有得到合适的权重值时，正向传播生成的结果与实际结果存在误差，反向传播则是要把该误差传递给权重，通过调整权重以获得合适的输出。在实际训练过程中，通常很难一次将其调整到最佳状态，而是通过多次迭代逐渐修正，直到模型的输出值与实际值的误差小于某个阈值为止，这就是反向传播的核心思想，通常使用 BP 算法。

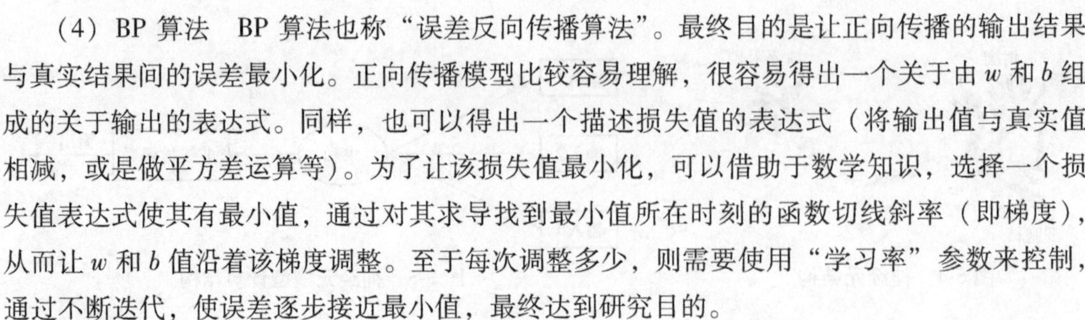

（4）BP 算法　BP 算法也称“误差反向传播算法”。最终目的是让正向传播的输出结果与真实结果间的误差最小化。正向传播模型比较容易理解，很容易得出一个关于由 w 和 b 组成的关于输出的表达式。同样，也可以得出一个描述损失值的表达式（将输出值与真实值相减，或是做平方差运算等）。为了让该损失值最小化，可以借助于数学知识，选择一个损失值表达式使其有最小值，通过对其求导找到最小值所在时刻的函数切线斜率（即梯度），从而让 w 和 b 值沿着该梯度调整。至于每次调整多少，则需要使用“学习率”参数来控制，通过不断迭代，使误差逐步接近最小值，最终达到研究目的。

3. 激活函数

在神经网络中，其解决问题的能力与效率除了与网络结构有关，在很大程度上取决于网络所采用的激活函数。激活函数的选择对网络的收敛速度有较大的影响，针对不同的实际问题，也应选择不同的激活函数。

神经元在输入信号作用下产生输出信号的规律由神经元功能函数决定，也称激活函数或转移函数，这是神经元模型的外特性。它包含了从输入信号到净输入，再到激活值，最终产生输出信号的过程。激活函数形式多样，利用它们的不同特性可以生成功能各异的神经网络。

激活函数的主要作用是用来加入非线性因素，以解决线性模型表达能力不足的缺陷，在整个神经网络中起到至关重要的作用。由于神经网络的数学基础是处处可微，所以选取的激活函数要保证数据输入与输出也是可微的。在神经网络里常用的激活函数有 Sigmoid、tanh 和 Relu 等，下面逐一介绍。

（1）Sigmoid 激活函数　Sigmoid 激活函数也叫逻辑回归（Logistic）函数，用于隐藏层的输出。它可以将一个实数映射到 0~1 的范围内，通常用来做二分类，在特征相差比较复杂或是相差不是很大的时候效果会比较好。但 Sigmoid 激活函数存在梯度消失问题，且输出并非以 0 为中心，这会降低权重更新的效率。该函数将大的负数转换成 0，将大的正数转换为 1。如式（5-2）所示

$$f(x)=\frac{1}{1+e^{-x}} \tag{5-2}$$

式中，x 表示输入的实数；$f(x)$ 表示经过激活函数作用后的输出值。

Sigmoid 激活函数曲线如图 5-7 所示。

（2）tanh 激活函数　tanh 激活函数又称双曲正切激活函数（hyperbolic tangent activation function），它将整个实数区间映射到（−1，1），且具有软饱和性。其输出以 0 为中心，收敛速度比 sigmoid 激活函数快，由于存在软饱和性，所以 tanh 激活函数也存在梯度消失问题。

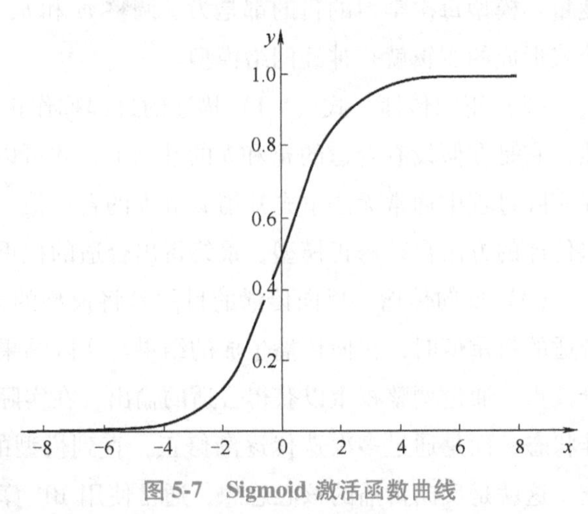

图 5-7　Sigmoid 激活函数曲线

【提示】tanh 激活函数的软饱和性是指对于任意的 x，如果存在常数 c，当 $x>c$ 时，恒有趋近于 0，则称其为右软饱和。如果对于任意的 x，如果存在常数 c，当 $x<c$ 时，恒有趋近于 0，则称其为左软饱和。既满足左软饱和又满足右软饱和的函数为软饱和。梯度消失是指在网络反向传播过程中由于链式求导法则不断地累积，出现了某些参数梯度非常小的现象。

tanh 激活函数如式（5-3）所示

$$f(x)=\frac{1-e^{-2x}}{1+e^{-2x}} \tag{5-3}$$

式中，x 表示输入的实数；$f(x)$ 表示经过激活函数作用后的输出值。

tanh 激活函数曲线如图 5-8 所示。

（3）Relu 激活函数　Relu 激活函数使用了简单的阈值化，计算效率很高。当输入为负时，Relu 完全失效，正向传播过程不存在失效问题，有些区域很敏感，有些区域则不敏感。但是在反向传播过程中，如果输入为负数，则梯度完全为零。Sigmoid 激活函数和 tanh 激活函数也存在相同的问题。Relu 激活函数应用的广泛性与它的优势不可分开，这种对正向信号的重视，忽略了负向信号的特性，与人类神经元细胞对信号的反映极其相似，所以在神经网络中取得了较好的拟合效果。

Relu 激活函数如式（5-4）所示

$$f(x)=\max(x,0) \tag{5-4}$$

式中，x 表示输入的实数；$f(x)$ 表示经过激活函数作用后的输出值。

Relu 激活函数曲线如图 5-9 所示。

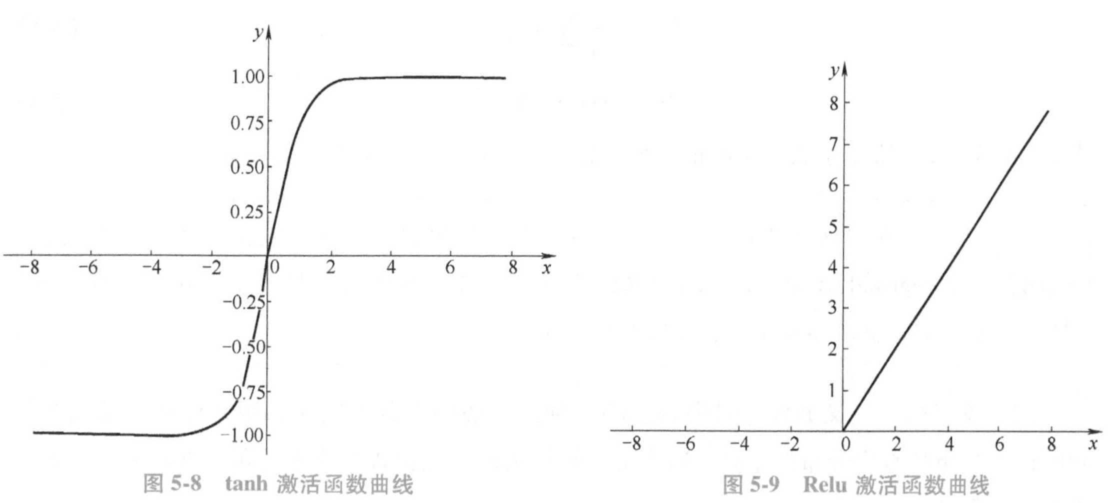

图 5-8　tanh 激活函数曲线

图 5-9　Relu 激活函数曲线

在神经网络中，运算特征是不断循环计算的，因此每个神经元的值也是在不断变化，这将导致 tanh 函数在特征相差明显时的效果会更好。在循环过程中，其会不断扩大特征效果

轮胎设计研发智能化技术

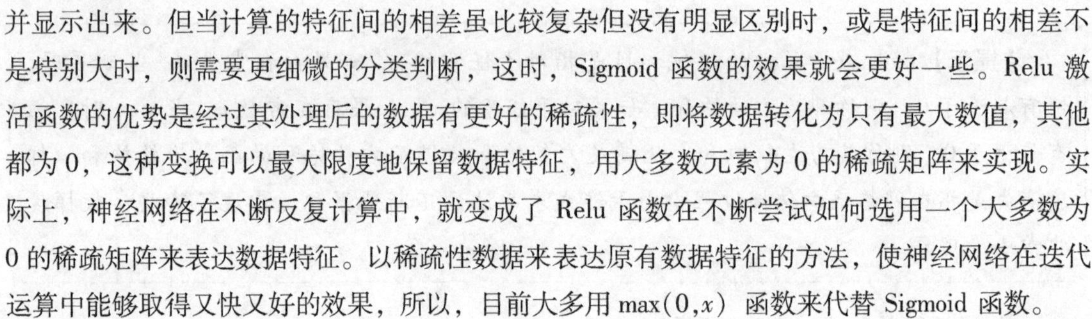

并显示出来。但当计算的特征间的相差虽比较复杂但没有明显区别时，或是特征间的相差不是特别大时，则需要更细微的分类判断，这时，Sigmoid 函数的效果就会更好一些。Relu 激活函数的优势是经过其处理后的数据有更好的稀疏性，即将数据转化为只有最大数值，其他都为 0，这种变换可以最大限度地保留数据特征，用大多数元素为 0 的稀疏矩阵来实现。实际上，神经网络在不断反复计算中，就变成了 Relu 函数在不断尝试如何选用一个大多数为 0 的稀疏矩阵来表达数据特征。以稀疏性数据来表达原有数据特征的方法，使神经网络在迭代运算中能够取得又快又好的效果，所以，目前大多用 $\max(0,x)$ 函数来代替 Sigmoid 函数。

4. 损失函数

损失函数（loss function）的功能是用来度量模型的预测值 $f(x)$ 与真实值的差异程度的运算函数，它是一个非负实值函数，通常使用 $L(Y,f(x))$ 来表示，损失函数越小，模型的鲁棒性就越好。损失函数主要用在模型的训练阶段，每个批次的训练数据送入模型后，通过前向传播输出预测值，损失函数会计算出预测值和真实值之间的差值，即损失值。得到损失值之后，模型通过反向传播更新各个参数，来降低真实值与预测值之间的差值，使模型生成的预测值向真实值方向靠拢，从而达到学习的目的。

损失函数是网络学习质量的关键。无论何种网络结构，如果选用的损失函数不正确，最终都将难以训练出正确的模型。本节首先介绍 2 个常用的损失函数：均值平方差和交叉熵。

（1）均值平方差　均值平方差（Mean Squared Error，MSE），也称“均方误差”，在神经网络中主要用来表达预测值与真实值之间的差异。在数理统计中，均方误差是指参数估计值与参数真实值之差平方的期望值，其定义如式（5-5）所示，主要对每个真实值与预测值相减的平方取平均值。均方根误差（RMSE）计算公式如式（5-6）所示，用来衡量预测值与真实值之间的偏差，且对数据中的异常值较为敏感。

$$MSE = \frac{1}{n}\sum_{i=1}^{n}(y_i - \hat{y}_i)^2 \tag{5-5}$$

$$RMSE = \sqrt{MSE} \tag{5-6}$$

式中，y_i 表示真实值；$\hat{y}_i$ 表示预测值。均方误差的值越小，表明模型的训练效果越好。

> **【提示】** 在神经网络计算中，预测值要与真实值控制在同样的数据分布内，假设将预测值经过 Sigmoid 激活函数得到的取值为 0~1，那么真实值也归一化成 0~1。只有这样，在进行损失值计算时才会取得较好的效果。

（2）交叉熵　交叉熵也是损失算法的一种，一般用于分类问题，用来评估当前训练得到的概率分布与真实分布的差异。减少交叉熵损失的目的是提高模型的预测准确率，其表达式如式（5-7）所示

$$c = \frac{1}{n}\sum_{x}[y\ln a + (1-y)\ln(1-a)] \tag{5-7}$$

式中，y 表示真实值分类（0 或 1）；a 表示预测值；c 表示计算的交叉熵值。交叉熵值越小，代表预测结果越好。

【提示】此处，用于计算的 a 也是通过分布统一化处理（或者是经过 sigmoid 激活函数激活），取值为 0~1。如果真实值和预测值都是 1，前面一项 $y\ln a$ 就是 $1\times\ln(1)$ 等于 0，后一项 $(1-y)\ln(1-a)$ 也就是 $0\times\ln(0)$，loss 为 0，反之 loss 函数为其他数值。

损失函数的选取取决于输入标签数据的类型：如果输入的是实数、无界的值，损失函数使用平方差；如果输入标签是位矢量（分类标志），则更适合选用交叉熵算法。

5. 梯度下降

梯度下降法属于一阶最优算法，通常也称为最速下降法。它将负梯度方向作为搜索方向，最速下降法越接近目标值，步长越小，前进越慢。对于 n 维问题求最优解，梯度下降法是最常用的方法之一。

在训练过程中，每次正向传播后都会得到输出值与真实值的损失值，该损失值越小，代表模型越好，此时可以使用梯度下降法寻找最小的损失值，从而可以反推出对应的学习参数 w 和 b，实现模型优化。

常用的梯度下降法包括：批量梯度下降、随机梯度下降和小批量梯度下降，下面简单介绍。

（1）批量梯度下降　首先，遍历全部数据集计算一次损失函数，然后，计算函数对各个参数的梯度和更新梯度。这种方法每更新一次参数就需要把数据集里的所有样本遍历，计算量大、计算速度慢、不支持在线学习。

（2）随机梯度下降　每查看一个数据就计算一个损失函数，然后求梯度更新参数。该方法计算速度比较快，但是收敛性能不太好，可能会出现在最优点附近振荡而无法找到最优点的情况。两次参数的更新也有可能互相抵消，造成目标函数振荡比较剧烈。

（3）小批量梯度下降　为了克服上述两种方法的缺点，通常采用一种折中算法——小批量梯度下降法。该方法的优点是：把数据分为若干批并按批来更新参数，这样一批中的一组数据共同决定了本次梯度的方向，下降起来就不容易跑偏，减少了随机性；同时，因为每一批样本数与数据集相比小了很多，计算量较小。

5.1.3　循环神经网络（RNN）

读者在阅读句子时，通常都是一个词一个词的阅读，同时会记住之前的内容，从而能够动态理解句子所传达的含义。生物智能以渐进的方式处理信息，同时保存一个关于所处理内容的内部模型，该模型依据过去的信息构建，并随着新信息的进入而不断更新。循环神经网络（RNN）的道理与此类似，它是一种特殊的神经网络结构，根据“人的认知是基于过往的经验和记忆”这一观点提出，与深度神经网络（DNN）和卷积神经网络（CNN）不同的是，它不仅考虑前一时刻的输入，而且还赋予了网络对前面内容的一种“记忆”功能。

RNN 之所以称为循环神经网络，是因为它的隐藏层之间的结点是相互连接的，当前输出与前面的输出相关。它处理序列的方式是遍历所有序列元素，并保存一个状态，其中包含与已查看内容相关的信息，具体表现为网络会对前面的信息进行记忆并应用于当前输出的计算中，其结构如图 5-10 所示。

循环神经网络的输入和输出可以是不定长且不等长的，这就意味着它有多种结构，最基本的结构有 4 种，其中一一对应结构如图 5-10 所示，另外 3 种结构分别如图 5-11、图 5-12 和图 5-13 所示。

（1）一对多结构　该结构的输入不是序列，但是输出为序列，因此可以只在序列开始时进行输入计算，如图 5-11 所示。

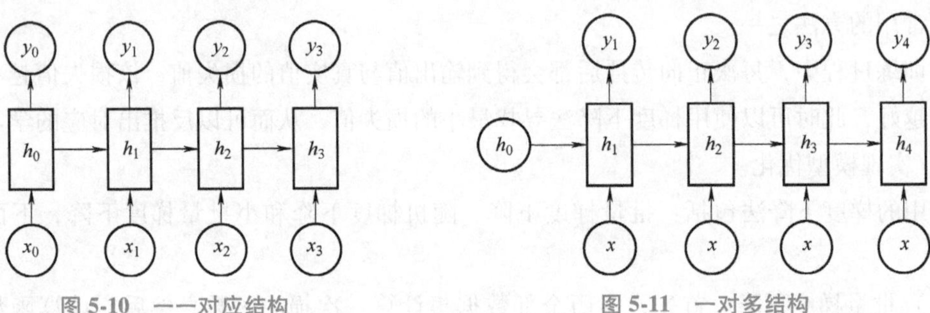

图 5-10　一一对应结构　　图 5-11　一对多结构

（2）多对一结构　有些情况下，待处理的问题输入为一个序列，输出则是一个单独的数值而不是序列，此时只需在最后一个隐藏状态上进行输出变换即可，如图 5-12 所示。

（3）多对多结构　该结构是最经典的循环神经网络结构，它的输入为x_1，x_2，$\cdots x_n$，输出为y_1，y_2，$\cdots y_n$，也就是说输入和输出序列必须是等长的，如图 5-13 所示。

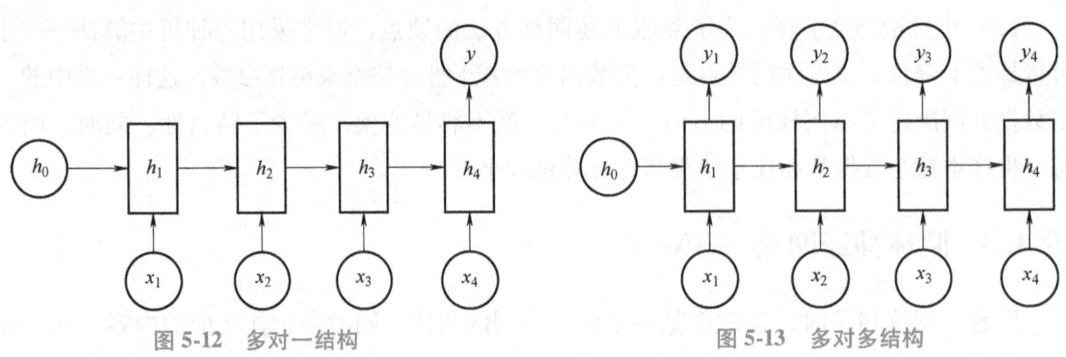

图 5-12　多对一结构　　图 5-13　多对多结构

下面将简单介绍循环网络结构在 NumPy 模块的实现过程：实质上，循环神经网络可以理解为一个 for 循环，它重复使用前一次循环迭代的计算结果。请参考随书资源包下列位置：\chapter 5\NumpyRnn. py，代码如下。

```
1  import numpy as np
2  timesteps = 100
3  input_features = 32
4  output_features = 64
5  inputs = np.random.random((timesteps, input_features))
6  state_t = np.zeros((output_features,))
7  W = np.random.random((output_features,input_features))
8  U = np.random.random((output_features,output_features))
9  b = np.random.random((output_features))
10 successive_outputs =[]
11 for input_t in inputs:
12     output_t = np.tanh(np.dot(W, input_t) + np.dot(U, state_t) +b)
13     successive_outputs.append(output_t)
14     state_t = output_t
15 final_output_sequence = np.stack(successive_outputs, axis=0)
```

- 第 1 行代码表示导入 NumPy 库并命名为 np。
- 第 2 行代码将 100 赋值给 timesteps，以输入序列的时间步数。
- 第 3 行代码将 32 赋值给 input_features，以输入特征空间的维度。
- 第 4 行代码将 64 赋值给 output_features，以输出特征空间的维度。
- 第 5 行代码产生随机噪声作为输入数据。
- 第 6 行代码调用 zeros( ) 函数产生全为零向量的初始状态。
- 第 7~9 行代码创建随机的权重矩阵。
- 第 10 行代码定义一个列表。
- 第 11 行代码定义一个 for 循环，重复使用上一时间步的计算结果。
- 第 12 行代码由输入和当前状态（前一个输出）计算得到当前输出并赋值给变量 output_t。
- 第 13 行代码输出 output_t 并保存到列表中。
- 第 14 行代码更新网络状态，用于下一个时间步的计算。
- 第 15 行代码将最终的输出赋给变量 final_output_sequence，即一个形状为（timesteps，out_features）的二维张量。

【提示】本实例的最终输出是（timesteps，output_features）二维张量，其中每个时间步都将循环输出 t 时刻的结果。输出张量中每个时间步 t 包含输入序列中时间步 0~t 的信息，即所有关于过去的信息。因此，在多数情况下，并不需要这个所有输出组成的序列，只需最后一个输出（循环结束时的 output_t）即可，原因是它已包含整个序列的信息。

5.1.4 长短时记忆网络（LSTM）

长短时记忆网络（通常被称为 LSTM）由 Hochreiter 和 Schmidhuber（1997 年）提出，是一种特殊的循环神经网络结构，它能够学习长期依赖性，很多研究人员对该网络进行了改进和推广。由于长短时记忆网络（LSTM）在处理很多问题时都表现得非常出色，现在被广泛使用。长时间记住信息是长短时记忆网络的默认行为，而无须努力学习。所有递归神经网络都具有神经网络的链式重复模块，长短时记忆网络也具有这种类似的链式结构，但它的重复模块具有不同的结构，其不再是一个单独的神经网络层，而是四个，并且以非常特殊的方式进行交互，其网络结构如图 5-14 所示。

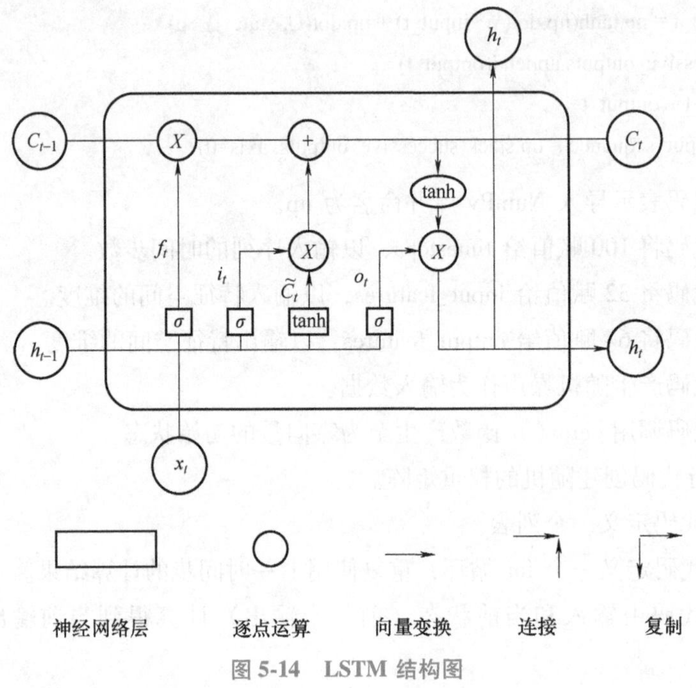

图 5-14 LSTM 结构图

在图 5-14 中，每一条黑线表示传输了一个完整的向量，即从上一节点的输出到其他节点的输入。圆圈表示逐点运算，如矢量加法；中间的方框表示学习的神经网络层；合在一起的线表示向量的连接；分开的线表示其内容正在被复制，并且副本将被传到不同的位置。LSTM 结构的核心思想是引入细胞状态的连接，如图 5-15 所示。该细胞状态用来存放被记忆的信息，且贯穿整个链条，只有一些次要的线性交互信息以不变的方式流过。

长短时记忆网络（LSTM）可以通过所谓“门”的精细结构向细胞状态添加或移除信息。如遗忘门：决定什么时刻需要把以前的状态遗忘；输入门：决定什么时候需要加入新的状态；输出门：决定什么时刻需要把状态和输入放在一起输出。从字面意思上看，简单的循环神经网络（RNN）只是把上一时刻的状态当成该时刻的输入一起输出。而长短时记忆网

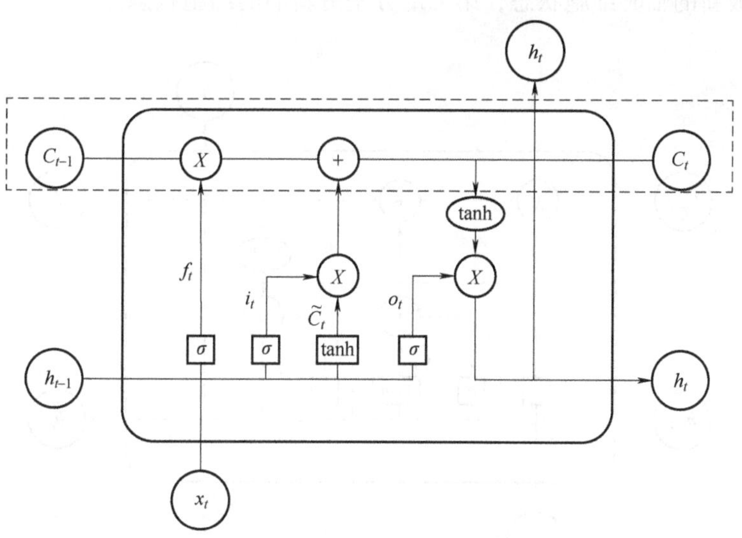

图 5-15　细胞状态图

络在状态的更新和状态是否参与输入都做了灵活的选择，具体选择什么，则一起交给神经网络的训练机制来处理。这三个门的结构和作用如下。

（1）遗忘门　决定将从细胞状态中丢弃哪些信息，其结构如图 5-16 所示。

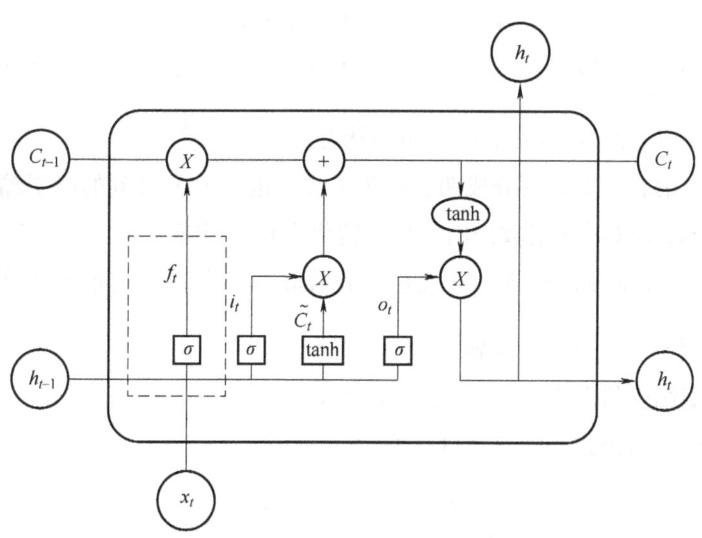

图 5-16　LSTM 遗忘门结构图

遗忘门的计算公式如式（5-8）所示

$$f_t = \sigma(w_f[h_{t-1}, x_t] + b_f) \tag{5-8}$$

式中，w_f表示网络权重；b_f 表示偏置；h_{t-1}表示上一时刻的输出；x_t 表示该时刻的输入；$\sigma()$ 表示激活函数。

（2）输入门　决定保存细胞状态的哪些新信息，如图 5-17 所示。可以分成两部分，

第一部分是生成新的临时细胞状态，第二部分是更新旧的细胞状态。

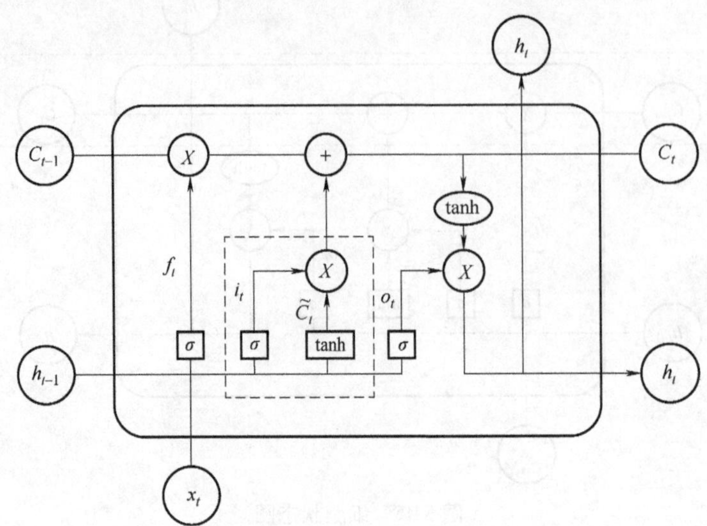

图 5-17　输入门结构图

生成新的临时细胞状态的计算过程如式（5-9）和式（5-10）所示

$$i_t = \sigma(w_i[h_{t-1}, x_t] + b_i) \tag{5-9}$$

$$\widetilde{C}_t = \tanh(w_c[h_{t-1}, x_t] + b_c) \tag{5-10}$$

式中，h_{t-1}表示 t-1 时刻的隐层输出；x_t表示 t 时刻的输入；w_i、w_c表示网络权重；b_i、b_c表示偏置；i_t表示输入门限；$\widetilde{C}_t$表示临时细胞的状态。

生成新的临时细胞状态又可分成两步：第 1 步，读取 t-1 时刻的隐层输出 h_{t-1}和 t 时刻的输入 x_t，经过 Sigmoid 激活函数作用，将值转化为 0~1 之间，即 i_t；第 2 步，读取 t-1 时刻的隐层输出 h_{t-1}和 t 时刻的输入 x_t，经过 tan$h$ 激活函数作用，将值转化到-1~1 之间，接着 i_t和 $\widetilde{C}_t$相乘就得到 t 时刻的最终输入信息。

另一部分是旧细胞状态 C_{t-1}的更新，如图 5-18 所示。

旧细胞状态的更新公式如式（5-11）所示

$$C_t = f_t * C_{t-1} + i_t * \widetilde{C}_t \tag{5-11}$$

式中，$f_t * C_{t-1}$表示有选择地遗忘过去的信息；$i_t * \widetilde{C}_t$表示有选择地保留新的信息；C_t表示更新后的新细胞状态。

（3）输出门　决定细胞状态中需要输出哪些信息，其结构如图 5-19 所示。

输出门的计算公式如式（5-12）和式（5-13）所示

$$o_t = \sigma(w_o[h_{t-1}, x_t] + b_o) \tag{5-12}$$

$$h_t = o_t * \tanh(C_t) \tag{5-13}$$

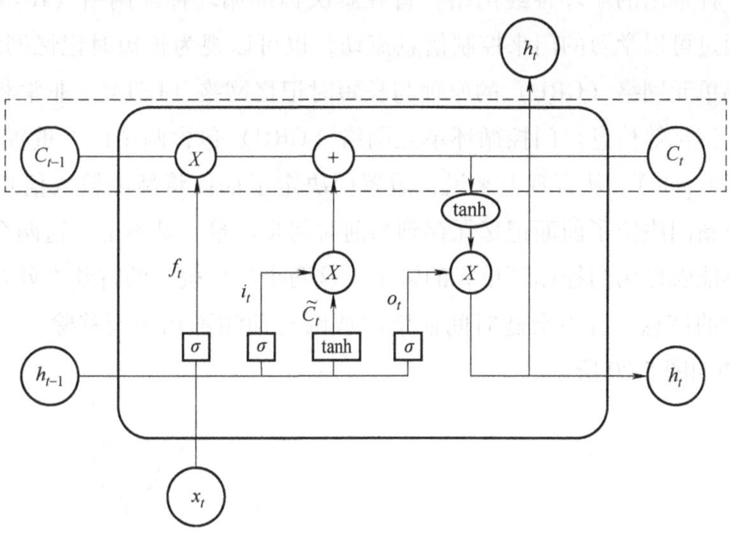

图 5-18　细胞状态更新图

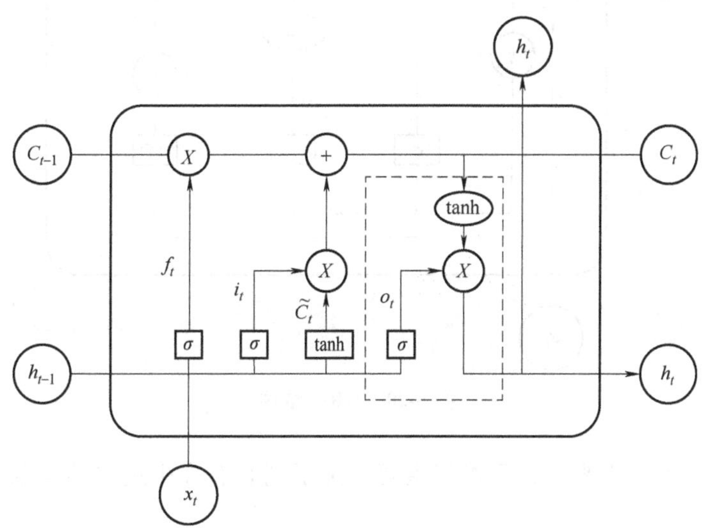

图 5-19　输出门结构图

式中，w_o表示网络权重系数；b_o表示偏置；h_{t-1}表示 t 时刻的隐层输出；x_t表示 t 时刻的输入；o_t为输出门限；h_t表示 t 时刻的隐层输出；C_t表示 t 时刻的细胞状态。

输出门首先读取 $t-1$ 时刻的隐层输出 h_{t-1}和 t 时刻的输入 x_t，经过 Sigmoid 函数作用将值转化为 0~1 之间，即输出门限 o_t；接着，细胞状态 C_t经过 tan$h$ 函数作用，将值转化为-1~1之间，并将其乘以输出门限 o_t得到最终选择输出的那部分信息，即 t 时刻的隐层输出 h_t。

5.1.5 门控循环单元网络（GRU）

门控循环单元网络（GRU）的提出是为了更好地捕捉时间序列中时间步距离较大的依

赖关系。它是一种常用的循环神经网络，旨在解决标准循环神经网络（RNN）中出现的梯度消失问题，通过可以学习的门来控制信息流动，也可以视为长短时记忆网络（LSTM）的变体。门控循环单元网络（GRU）的原理与长短时记忆网络（LSTM）非常相似，即用门控机制控制输入、记忆等信息。门控循环单元网络（GRU）包含两个门：重置门（reset gate）和更新门（update gate）。从直观上来说，重置门决定了如何将新的输入信息与前面的记忆信息相结合，更新门决定了前面记忆保存到当前时间步的量。基本上，这两个门控向量决定了哪些信息最终能够作为门控循环单元的输出。这两个门控机制的特殊之处在于；它们能够保存长期序列中的信息，且不会随时间而清除或因与预测不相关而移除。门控循环单元网络（GRU）结构如图 5-20 所示。

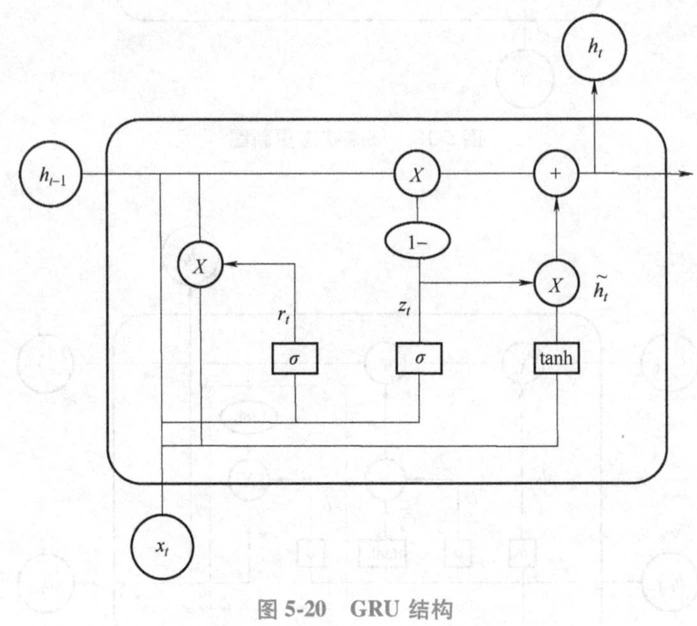

图 5-20　GRU 结构

（1）重置门　本质上来说，重置门主要决定了到底有多少过去的信息需要遗忘，其结构如图 5-21 所示。

重置门的计算过程如式（5-14）所示

$$r_t=\sigma(w_r[h_{t-1},x_t]+b_r) \tag{5-14}$$

式中，x_t表示 t 时刻的输入；h_{t-1}表示 $t-1$ 时刻的隐层输出；w_r表示网络权重；b_r表示偏置；r_t表示重置门的输出。

重置门会读取 t 时刻的输入 x_t和 $t-1$ 时刻的输出 h_{t-1}，首先经过一个线性变换，再经过 Sigmoid 激活函数作用，将值转化为 0~1 之间，即 r_t。

（2）更新门　更新门决定到底要将多少过去的信息传递到未来，或决定前一时间步和当前时间步的信息有多少需要继续传递。该功能十分强大的原因是模型能够决定是否复制过去所有的信息以减少梯度消失的风险，其结构如图 5-22 所示。

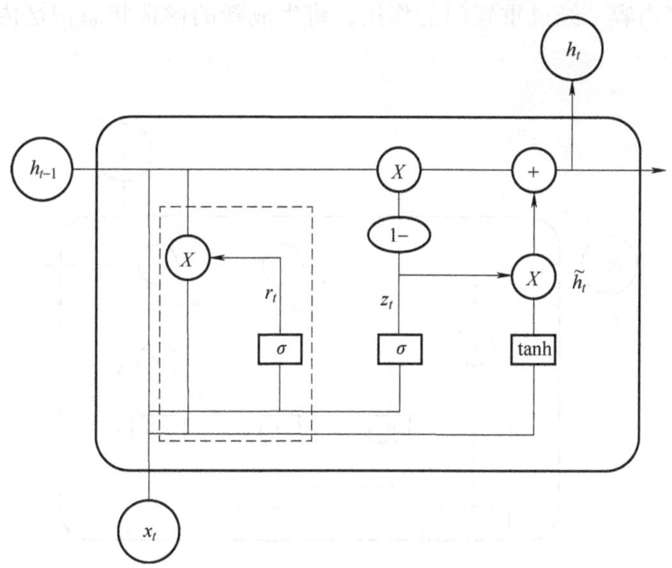

图 5-21　重置门结构图

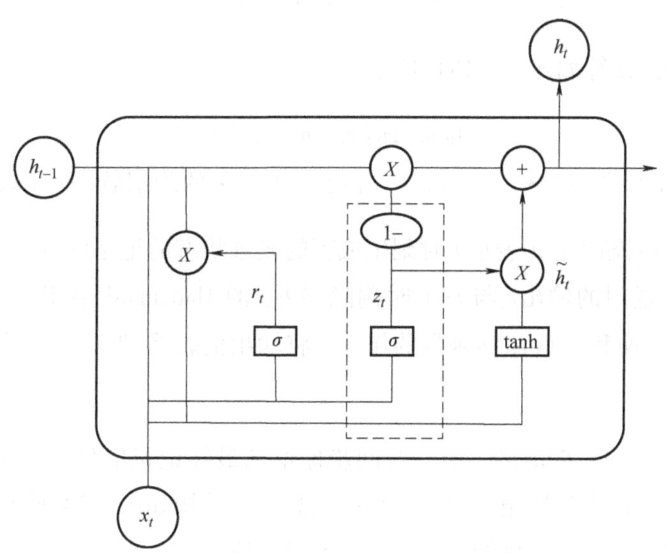

图 5-22　更新门结构图

更新门的计算公式如式（5-15）所示

$$z_t=\sigma(w_z[h_{t-1},x_t]+b_z) \tag{5-15}$$

式中，h_{t-1}表示 $t-1$ 时刻的隐层状态；x_t表示 t 时刻的输入；w_z表示网络权重；b_z表示偏置系数；z_t表示 t 时刻更新门的输出。

除了线性变换的参数和用处不同之外，式（5-15）与重置门表达式相同。h_{t-1}和x_t首先经过线性变换，然后经过 Sigmoid 激活函数作用后输出激活值z_t。

（3）当前记忆内容　经过重置门的作用，将生成新的候选状态记忆内容 $\tilde{h}_t$，如图 5-23 所示。

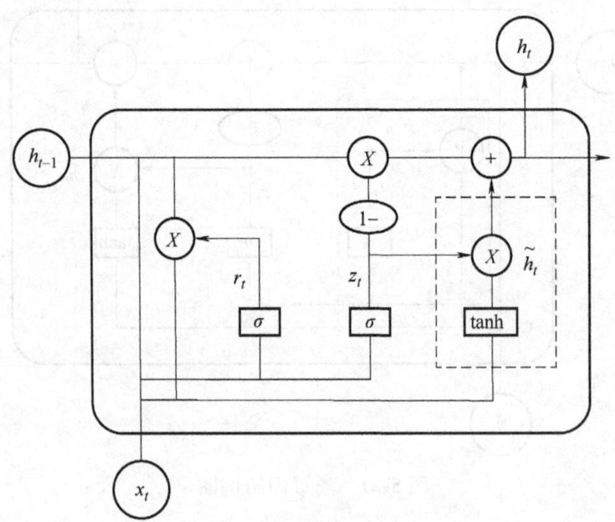

图 5-23　当前记忆内容结构图

当前记忆内容的计算如式（5-16）所示

$$\tilde{h}_t = \tanh(w_h[r_t * h_{t-1}, x_t] + b_h) \tag{5-16}$$

式中，w_h 表示网络权重；b_h 表示偏置；h_{t-1}表示 $t-1$ 时刻的隐层状态；x_t表示 t 时刻的输入；r_t表示 t 时刻重置门的输出；$\tilde{h}_t$表示 t 时刻生成新的候选状态的记忆内容。实现过程如下：

首先，计算重置门的输出r_t与 $t-1$ 时刻隐层 h_{t-1} 的 Hadamard 乘积，再与 t 时刻的输入 x_t一起，经过线性变换和 tanh 激活函数的作用，将输出值转换到−1～1 之间，从而得到当前的记忆内容 $\tilde{h}_t$。

（4）当前时间步的最终记忆　前一时间步保留到最终记忆的信息加上当前记忆保留至最终记忆的信息等于最终门控循环单元的输出信息，其结构如图 5-24 所示。

当前时间步的最终记忆信息的计算如式（5-17）所示

$$h_t = (1 - z_t) * h_{t-1} + z_t * \tilde{h}_t \tag{5-17}$$

式中，z_t表示 t 时刻重置门的输出；h_{t-1}表示 $t-1$ 时刻的隐层状态；$\tilde{h}_t$表示 t 时刻生成新的候选状态的记忆内容；h_t表示 t 时刻隐藏层的输出，即形成的最终记忆信息。

更新门决定了当前记忆内容 $\tilde{h}_t$与前一时间步 h_{t-1} 中需要收集的信息内容。z_t为更新门的激活结果，它同样以门控的形式控制了信息的流入。$1-z_t$与 h_{t-1}的 Hadamard 乘积表示前一时间步保留到最终记忆的信息，z_t与 $\tilde{h}_t$的 Hadamard 乘积表示当前记忆保留至最终记忆的信息，

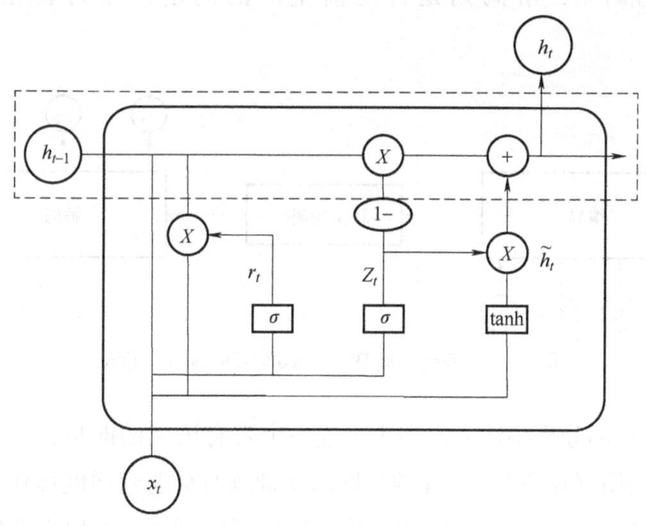

图 5-24　最终记忆结构图

等于最终门控循环单元的输出信息。

重置门有助于捕捉时间序列里短期的依赖关系，更新门则有助于捕捉时间序列里长期的依赖关系。由于这些门控制单元的加入，门控制循环神经网络才可以更好地捕捉到时间序列中时间步距离较大的依赖关系。门控循环单元不会随时间清除以前的信息，它会保留相关的信息并传递到下一个单元，由于它利用了全部信息，因此避免了梯度消失问题。

5.1.6 注意力机制（AM）

视觉注意力机制是人类视觉所特有的大脑信号处理机制。人类视觉通过快速扫描全局图像，获得需要重点关注的目标区域，也就是通常所说的注意力焦点，然后对该区域投入更多注意力资源，以获取更多所需要关注目标的细节信息，而抑制其他无用信息。这是人类利用有限的注意力资源从大量信息中快速筛选出高价值信息的手段，是人类在长期进化中形成的一种生存机制，人类视觉注意力机制极大地提高了视觉信息处理的效率与准确性。

深度学习中的注意力机制本质上与人类的选择性视觉注意力机制类似，核心目标也是从众多信息中选出对当前任务目标更关键的信息。要想了解深度学习中的注意力机制模型，首先需要掌握编码—解码（Encoder-Decoder）框架，这是因为目前大多数注意力机制模型都依赖于该框架。当然，注意力模型可以看作是一种通用的思想，本身并不依赖于特定框架。

编码—解码（Encoder-Decoder）框架可以看作是一种深度学习领域的研究模式，应用场景异常广泛。编码和解码部分可以是任意的文字、语音、图像和视频数据，基于该框架可以设计出各种各样的应用算法。编码—解码（Encoder-Decoder）框架最显著的特征是它是一个端到端（End-to-End）学习的算法，通常应用于机器翻译。所谓编码，就是将输入序列转化成一个固定长度的向量；解码则是将之前生成的固定向量再转化成输出序列，如图 5-25 所示。

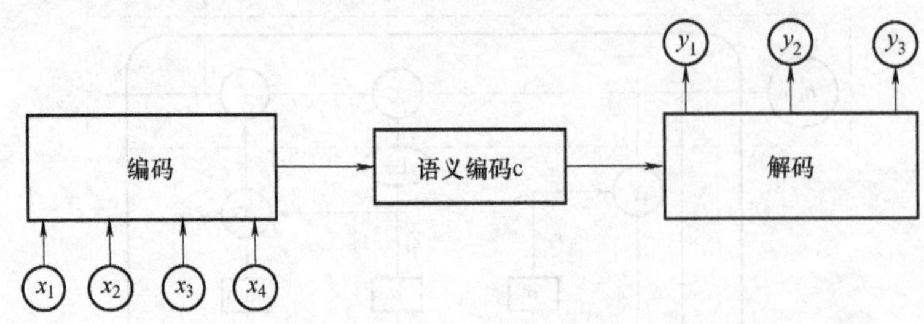

图 5-25 编码—解码（Encoder-Decoder）框架

编码（Encoder）部分是将输入序列表示成一个带有语义的向量，使用最广泛的编码表示技术是循环神经网络（RNN）。循环神经网络在训练时会遇到梯度爆炸（gradient explode）或者梯度消失（gradient vanishing）问题，从而导致无法训练，所以在实际中经常使用经过改良的长短时记忆网络（LSTM）或者门控循环单元网络（GRU）对输入序列进行表示，再复杂的话可以用双向循环神经网络（BiRNN）、双向长短时记忆网络（BiLSTM）、双向门控循环单元网络（BiGRU）和多层循环神经网络等模型来表示，输入序列最终表示为最后一个词的隐层状态向量（hidden state vector）。

编码（Encoder）过程直接使用循环神经网络（RNN）进行语义向量生成，其计算过程如式（5-18）所示

$$h_t=f(x_t,h_{t-1}) \quad \boldsymbol{c}=\varnothing(h_1,h_2\cdots h_t) \tag{5-18}$$

式中，$f()$ 表示非线性激活函数；h_{t-1} 表示上一个隐节点的输出；x_t 表示当前时刻的输入。向量 $\boldsymbol{c}$ 通常表示循环神经网络（RNN）的最后一个隐节点（h，Hidden state），或者是多个隐节点的加权和。

解码（Decoder）部分以编码（Encode）生成的隐层状态向量作为输入，解码出目标文本序列，本质上是一个语言模型，最常见的是循环神经网络语言模型［Recurrent Neural Network Language Model（RNNLM）］，只要涉及循环神经网络（RNN）就存在训练问题，也就需要用长短时记忆网络（LSTM）、门控循环单元网络（GRU）和一些高级的模型来代替。计算过程如式（5-19）和式（5-20）所示。

$$h_t=(h_{t-1},y_{t-1},\boldsymbol{c}) \tag{5-19}$$

$$p(y_t \mid y_{t-1},\cdots,y_1,\boldsymbol{c})=g(h_t,y_{t-1},\boldsymbol{c}) \tag{5-20}$$

式中，h_{t-1}表示 t-1 时刻的隐层状态；h_t表示 t 时刻的隐层状态；y_{t-1}表示 t-1 时刻的输出；y_t表示 t 时刻的输出；$\boldsymbol{c}$ 表示语义向量。该模型的解码（Decoder）过程则使用另一个循环神经网络（RNN），并通过当前的隐层状态 h_t来预测当前输出符号 y_t，且 h_t和 y_t都与其前一个隐状层态和输出有关。

编码—解码（Encoder-Decoder）基础模型非常经典，但也有局限性，其最大的局限性在

于编码和解码之间的唯一联系是一个固定长度的语义向量 $\boldsymbol{c}$。也就是说，编码器要将整个序列的信息压缩进一个固定长度的向量中。这会存在两个弊端：一是语义向量无法完全表示整个序列的信息；二是先输入内容携带的信息会被后输入的信息稀释掉，或者说被覆盖，输入序列越长，该现象越严重。使解码开始时就缺乏输入序列的足够信息，解码的准确度自然降低。

为了弥补上述基本编码—解码（Encoder-Decoder）模型的局限性，近几年自然语言处理（NLP）领域提出了注意力机制模型（Attention Model）。典型的应用场景就是机器翻译，让生成词不仅只关注全局的语义编码向量 $\boldsymbol{c}$，而且增加了“注意力范围”，表示接下来输出词时要重点关注输入序列中的哪些部分，并根据关注区域产生下一个输出，如图 5-26 所示。

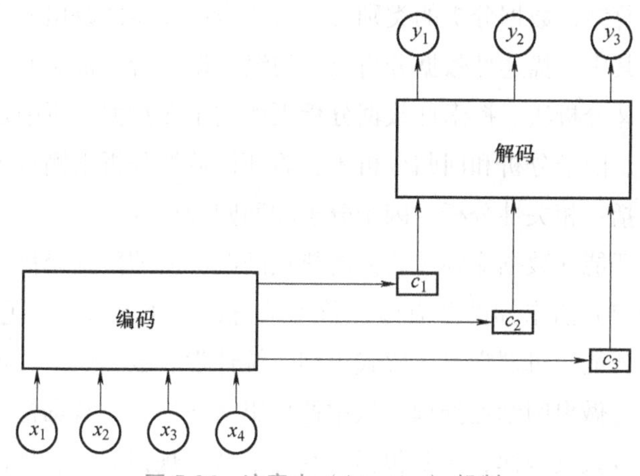

图 5-26　注意力（Attention）机制

其计算公式如式（5-21）所示

$$c_i = \sum_{i=1}^{n} \alpha_{ij} h_j \tag{5-21}$$

式中，c_i 对应输入序列 x 不同单词的概率分布；n 为输入序列的长度；h_j 表示 j 时刻的隐层状态。而权重采用式（5-22）计算

$$\alpha_{ij} = \frac{\exp(e_{ij})}{\sum_{j=1}^{n} \exp(e_{ij})} \tag{5-22}$$

其中：

$$e_{ij} = \alpha(s_{i-1}, h_j) \tag{5-23}$$

式中，α_{ij} 表示计算的权重；s_{i-1} 是解码（Decoder）过程前一个隐状态的输出；h_j 表示编码（Encoder）过程当前第 j 个隐层状态。

与编码—解码（Encoder-Decoder）模型相比，注意力（Attention）模型最大的不同在于不再要求编码器将所有输入信息都编码进一个固定长度的向量之中；相反，编码器需要将输入编码成一个向量序列，解码时每一步都会选择性地从向量序列中挑选一个子集做进一步处

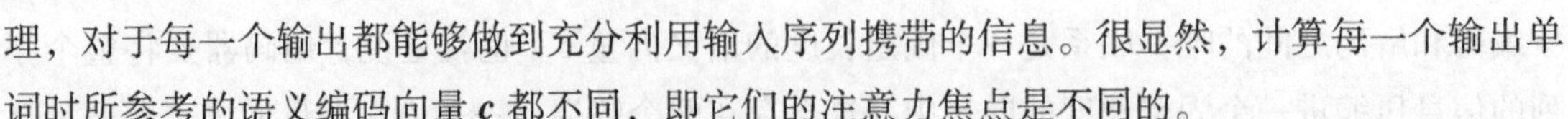

理，对于每一个输出都能够做到充分利用输入序列携带的信息。很显然，计算每一个输出单词时所参考的语义编码向量 c 都不同，即它们的注意力焦点是不同的。

5.2 数据分析与数据挖掘技术

5.2.1 数据分析与数据挖掘

数据分析是用适当的统计分析方法将收集的大量数据进行分析，加以汇总和理解，以寻求最大化开发数据的功能，并充分发挥数据的作用。为了提取有用信息和形成结论而对数据加以详细研究和概括总结，数据分析的类别可分为 3 类：描述性数据分析、探索性数据分析和验证性数据分析。其中，描述性数据分析属于初级数据分析，常见的方法包括：对比分析法、平均分析法和交叉分析法。探索性数据分析更侧重于在数据分析中发现新特征，常见的方法包括：相关分析、因子分析和回归分析等。验证性数据分析则侧重于检验已有假设的真伪证明，常见方法包括：相关性分析、因子分子和回归分析等。

数据挖掘是人工智能和数据库领域研究的热点问题。所谓数据挖掘是指从数据库的大量数据中揭示出隐含的、先前未知的并有潜在价值信息的非平凡过程。它是一种决策支持过程，它主要基于人工智能、机器学习、模式识别、统计学、数据库、可视化技术等，能够高度自动化地分析数据，做出归纳性推理，从中挖掘出潜在模式。数据挖掘是通过分析每个数据，并从大量数据中寻找其规律，主要包括：数据准备、规律寻找和规律表示 3 步。数据准备指的是从相关数据源中选取所需数据并整合成用于数据挖掘的数据集；规律寻找则是用某种方法将数据集所包含的规律找出来；规律表示则是尽可能以简单，便于理解的方式将找出的规律进行表示。数据挖掘的任务包括关联分析、聚类分析、分类分析、异常分析、特异群组分析和演变分析等。采取的流程如下：①定义目标；②获取数据；③数据探索；④数据处理（数据清洗、数据集成、数据变换）；⑤完结建模（分类、聚类、关联、预测）；⑥模型评价与发布。

数据分析则更多采用统计学知识，对源数据进行描述性和探索性分析，从结果中发现价值信息来评估和修正现状。数据挖掘不仅要用到统计学知识，还需要用到机器学习的相关知识，数据挖掘的层次更深，其主要目的是发现未知规律和潜在价值。数据分析与数据挖掘的比较，简述如下：

1）从侧重点上来说，数据分析更多依赖于业务知识，数据挖掘更多侧重于技术实现。

2）从数据量上来说，数据挖掘往往需要更大的数据量，数据量越大，技术要求就越高。

3）从技术上来说，数据挖掘对于技术要求更高，需要具备比较强的编程能力、数学能力和机器学习能力。

4）从结果上来说，数据分析更侧重结果呈现，需要结合业务知识进行解读；数据挖掘的结果则是一个模型，通过该模型来分析数据规律，实现对未来的预测。例如，判断用户的特点及不同用户适合何种形式的营销活动等。显然，数据挖掘比数据分析层次更深。

关于数据分析与数据挖掘技术的比较，详见表 5-1。

表 5-1　关于数据分析与数据挖掘技术的比较

项目	数据分析	数据挖掘
定义	描述和探索性分析，评估现状和修正不足	技术性“采矿”过程，发现未知模式和规律
侧重点	实际业务知识	挖掘技术落地
技能	统计学、数据库、Excel、可视化等	数学能力、编程技术
结果	需结合业务知识解读统计结果	生成模型或规则

高效的数据分析与数据挖掘，离不开有利的工具，建议读者选择下列工具之一：

1）Pyhton 语言是由荷兰人 Guido van Rossum 于 1989 年提出，并在 1991 年首次公开发行。它是一款简单易学的编程类工具，同时，其编写的代码具有简洁性、易读性和易维护性等优点，因此受到了广大用户的青睐。读者可借助于 pandas、statsmodels、scipy 等模块用于数据处理和统计分析；matplotlib、seaborn、bokeh 等模块能够实现数据的可视化功能；sklearn、PyML、keras、tensorflow 等模块则可实现数据挖掘、深度学习等功能。

2）R 语言是由奥克兰大学统计系的 Robert 和 Ross 共同开发，并在 1993 年首次亮相。R 语言具备灵活的数据操作、高效的向量化运算、优秀的数据可视化等优点，它是一款优秀的数据挖掘工具，用户可以借助强大的第三方扩展包，以实现各种数据挖掘算法，从而受到用户的广泛好评。

3）Weka 由新西兰怀卡托大学计算机系 Ian Written 博士于 1992 年底开始开发，并在 1996 年公开发布 Weka 2.1 版本。它是一款公开的数据挖掘平台，包含数据预处理、数据可视化等功能，以及各种常用的回归、分类、聚类、关联规则等算法。对于不擅长编程的用户，可以通过 Weka 的图形化界面完成数据分析或挖掘工作。

4）SAS 是由美国北卡罗来纳州大学开发的统计分析软件，于 1976 年成立 SAS 软件研究所，经过多年的完善和发展，最终在国际上被誉为统计分析的标准软件，广泛应用于各个领域。

5）SPSS 是世界上最早的统计分析软件，最初由斯坦福大学的三个研究生在 1968 年研发成功，并成立了 SPSS 公司，1975 年成立了 SPSS 芝加哥总部。用户通过 SPSS 的界面能够实现数据的统计分析和建模、数据可视化及报表输出，简单的操作受到了众多用户的喜爱。

上述是较为常用的 5 款数据分析与挖掘工具，其中 Python 语言、R 语言和 Weka 都属于开源工具，无须支付任何费用就可以从官网下载安装。本书将基于开源 Python 工具介绍有关数据分析和数据挖掘方面的应用和实践。

5.2.2 数据的特征分析与预处理

1. 数据的特征分析

常用的深度学习预测算法包括：循环神经网络（RNN）、长短时记忆网络（LSTM）、门控循环单元网络（GRU），它们在各种预测方面有很多的应用，如使用单输入特征预测单输出特征，多输入特征预测单输出特征等，而输入特征的选取对模型训练的好坏至关重要。输入特征的选取一般需要进行相关性分析，按照与输出特征的相关程度来确定。

相关分析是指对两个或多个具备相关性的变量元素进行分析，从而衡量两个因素的相关密切程度，相关性的元素之间需要存在一定的联系或者概率才可以进行相关性分析。相关系数衡量了两个变量的统一程度，范围是-1~1，‘1’代表完全正相关，‘-1’则代表完全负相关。比较常用的是皮尔逊（Pearson）相关系数，一般用于分析两个连续变量之间的线性关系，计算公式如式（5-24）所示。

$$r_{x,y}=\frac{\sum_{i=1}^{n}(x_i-\overline{x})(y_i-\overline{y})}{\sqrt{\sum_{i=1}^{n}(x_i-\overline{x})^2}\sqrt{\sum_{i=1}^{n}(y_i-\overline{y})^2}} \tag{5-24}$$

式中，$r_{x,y}$表示 x，y 的相关系数；x_i表示特征 x 中每个元素的值；y_i表示特征 y 中每个元素的值。

相关性评价的参考标准：

$|r|\leqslant 0.3$ 不存在线性相关性；

$0.3<|r|\leqslant 0.5$ 低度线性关系；

$0.5<|r|\leqslant 0.8$ 显著线性关系；

$|r|>0.8$ 高度线性关系。

2. 数据预处理

数据预处理的主要步骤包括：数据清洗、数据集成、数据归约和数据变换。本节将从这四个方面详细地介绍数据处理的具体方法。

（1）数据清洗　数据清洗（data cleaning）的主要思想是通过填补缺失值、光滑噪声数据或删除离群点，并解决数据的不一致性来“清洗”数据。如果数据是“脏乱”的，那么基于这些数据挖掘的结果是不可靠的。

1）缺失值的处理。

在现实获取信息和数据的过程中，会存在各种原因导致数据丢失和空缺。针对这些缺失值，主要是基于变量的分布特性和变量的重要性采用不同的方法，分为以下几种：①删除变量：若变量的缺失率较高，覆盖率较低，且重要性较低，可以直接将变量删除；②定值填充：工程中通常用-9999 替代；③统计量填充：若缺失率较低且重要性较低，则根据数据分布的情况进行填充。如果数据符合均匀分布，则用该变量的均值填补缺失；如果数据存在倾斜分布的情况，则采用中位数填补；④插值法填充：包括随机插值、多重差补法、拉格朗日插值、牛顿插值等，详细介绍请读者参考相关数学文献。

2）离群点处理。

异常值是数据分布的常态，处于特定分布区域或范围之外的数据通常定义为异常或噪声。主要包括以下两种检测离群点方法：①简单统计分析：根据箱线图、各分位点判断是否存在异常；②$3\sigma$ 原则：如果数据为正态分布，偏离均值的 3σ 之外的点为偏离点；③基于绝对离差中位数（MAD）：这是一种稳健对抗离群数据的距离值方法。采用计算各观测值与平均值的距离总和的方法，放大了离群值的影响；④基于距离：通过定义对象之间的临近性度量，根据距离判断异常对象是否远离其他对象，缺点是计算复杂度较高，不适用于大数据集和存在不同密度区域的数据集。

3）噪声处理。

噪声是变量的随机误差和方差，是观测点和真实点之间的误差，它的存在可能会影响数据的分析结果。通常的处理办法包括：①对数据进行分箱操作（等频或等宽分箱），然后用每个箱的平均数、中位数或者边界值代替箱中所有的数，起到平滑数据的作用；②建立该变量和预测变量的回归模型，根据回归系数和预测变量，反解出自变量的近似值。

（2）数据集成　数据分析任务多半涉及数据集成。数据集成的主要目的是合并来自多个数据存储中的数据，解决多重数据存储或合并时所产生的数据不一致、数据重复或数据冗余问题，有助于提高后续数据分析的准确性。

1）冗余问题。

冗余是数据集成期间可能遇到的一个重要问题。某属性如果可以由另一个或另外一组属性导出，则该属性可能是冗余的。属性的冗余可能造成数据量过大、数据分析时间过长、结果不稳定等问题，因此如何判断冗余属性也是数据集成的一个重要步骤。通常采用相关性分析方法来检测冗余。

2）数据重复。

重复是指对于同一数据集，存在两个或多个相同的数据对象，或者相似度大于阈值的数据对象。不同数据源在统一合并时应保持规范化并去重。

（3）数据归约　数据归约有助于得到简化的数据集，它不仅使数据量少得多，而且仍能相对地保持数据的完整性，对其进行数据分析能够产生与原数据集上分析几乎相同的结果。数据归约技术包括维归约、数量归约和数据压缩三种。

维归约减少样本空间所包含的属性个数，其方法包括小波变换、主成分分析和属性子集选择，前面两种方法是把原数据变换或投影到维数较小的样本空间中，而后者则是通过相关性等方法分析后，检测样本中不相关、弱相关或冗余的属性或维，然后予以删除。

数量归约则是用替代的、较少的数据集表示形式替换原数据集，包括参数法或非参数法。参数法就是为数据集拟合一个描述模型来估计数据，只需要存放模型参数，而不是实际的数据集。

数据压缩使用不同的变换方法得到原始数据的压缩形式。如果原数据能够从压缩后的数据重构，而不损失信息，则该数据压缩技术称为无损压缩。如果只能近似重构或不完全恢复原数据，则该数据压缩技术称为有损压缩。有损压缩广泛应用于语音、图像和视频数据的压缩中。

(4) 数据变换　数据变换包括对数据进行规范化，离散化处理，达到适用于分析与挖掘的目的。

1) 规范化处理。

数据规范化有时也称为数据标准化。数据中不同特征的量纲可能不一致，数值间的差别可能很大，如果不处理可能会影响数据分析结果。因此，需要对数据按照一定比例进行缩放，使之落在一个特定区域，便于综合分析。常用的数据规范化处理方法有两种：①最大—最小规范化：该方法将数据映射到-1~1之间；②Z-Score标准化：该方法处理后的数据均值为0，方差为1。

2) 离散化处理。

数据离散化是指将连续的数据分段，使其变为一段段离散化的区间。数据离散化的主要原因有以下几点：算法输入数据的需要；比如决策树、朴素贝叶斯等算法，都是基于离散型的数据展开的。如果要使用该类算法，必须将数据进行离散化处理，以消除极端数据的影响。离散化的特征相对于连续型特征更易理解，可以有效地克服数据中隐藏的缺陷，使模型结果更加稳定。常用的方法有以下两种：①等频法：使每个箱中的样本数量相等；②等距离法：使属性的箱宽相等。

5.2.3 数据挖掘常用算法

数据挖掘也称数据库中的知识发现，是目前人工智能和数据库领域研究的热点问题。所谓数据挖掘，是指从数据库的大量数据中揭示出隐含的、先前未知的并有潜在价值信息的过程。利用数据挖掘进行数据分析的方法主要包括：分类与回归、聚类、关联规则等，它们分别从不同的角度对数据进行挖掘。

1. 分类与回归分析

(1) 分类　分类是找出数据库中一组数据对象的共同特点并按照分类模式，将其划分为不同类，其目的是通过分类模型，将数据库中的数据项映射到某个给定的类别。该过程包括两步①创建模型：通过对训练数据集的学习来建立分类模型；②使用模型：使用分类模型对测试数据和新的数据进行分类。通常分类模型是以分类规则、决策树或数学表达式的形式给出，图5-27所示就是一个简单的三分类问题。

决策树方法在分类等领域有着广泛的应用。在20世纪70年代后期和80年代初期，机器学习研究者J. Ross Quinilan提出了ID3算法，决策树在机器学习、数据挖掘领域得到了极大的发展。Quinilan后来又提出了C4.5，成为新的监督学习算法。1984年，几位统计学家

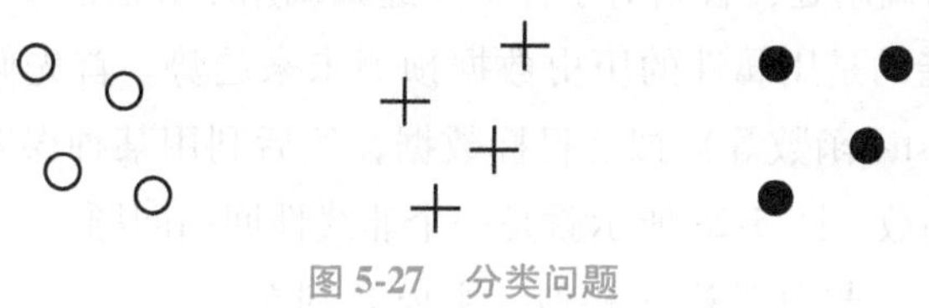

图 5-27　分类问题

提出了 CART 分类算法。ID3 和 CART 算法大约同时被提出，但都是采用类似的方法从训练样本中构建决策树。

决策树是树状结构，它的每个叶节点对应着一个分类，非叶节点对应某个属性上的划分，根据样本在该属性上的不同取值将其划分成若干个子集。对于非纯的叶节点，多数类的标号给出到达这个节点的样本所属的类。构造决策树的核心问题是在每一步如何选择适当的属性对样本做拆分。对一个分类问题，从已知类标记的训练样本中学习并构造出决策树是一个自上而下、分而治之的过程。常用的决策树算法分类见表 5-2。

表 5-2　决策树算法分类

决策树算法	算法描述
ID3 算法	ID3 算法核心在决策树的各级节点上，使用信息增益作为属性的选择标准，来帮助确定每个节点应采用的合适属性。
C4. 5 算法	C4. 5 决策树生成的算法相对于 ID3 算法做了重要改进，并使用信息增益来选择节点属性。该算法既能够处理离散的描述属性，也可以处理连续的描述属性。
C5. 0 算法	C5. 0 是 C4. 0 算法的修订版，适用于处理大数据，采用 Boosting 方式提高模型的准确率。
CART 算法	CART 决策树是一种十分有效的非参数分类和回归方法，通过构建树、修剪树、评估树来构建一个二叉树。

1）ID3 算法简介。

ID3 算法基于信息熵来选择最佳测试属性，它选择当前样本集中具有最大信息增益值的属性作为测试属性。样本集的划分则依据测试属性的取值进行，测试属性有多少不同取值就将样本集划分为多少子样本集，同时决策树上相当于该样本集的节点长出新的叶子节点。ID3 算法根据信息论理论，采用划分后样本集的不确定性作为衡量划分好坏的标准，用信息增益值度量不确定性：信息增益值越大，则不确定性越小。因此，ID3 算法在每个非叶子节点上选择信息增益最大的属性作为测试属性，这样可以得到当前情况下的最纯拆分，从而得到较小的决策树。

2）ID3 算法的实现步骤。

① 对当前样本集合，计算所有属性的信息增益；

② 选择信息增益最大的属性作为测试属性，把测试属性取值相同的样本划为同一个子样本集；

③ 如果子样本集的类别属性只含有单个属性，则分支为叶子节点，判断其属性值并标

轮胎设计研发智能化技术

上相应的符号之后返回调用处；否则对子样本集递归调用本算法。

（2）回归　回归指的是用属性的历史数据预测未来趋势。首先假设一些已知类型的函数（如线性函数、Logistic 函数等）拟合目标数据，然后利用某种误差分析确定一个与目标数据拟合程度最好的函数，图 5-28 所示就是一个非线性回归问题。

回归模式的函数定义与分类模式相似，主要差别在于分类模式采用离散预测值，而回归模式采用连续的预测值。此时分类和回归都属于预测问题，但在数据挖掘业界普遍认为，用预测法预测类标号为分类，预测连续值为预测。对于许多问题，都可以用线性回归解决，而非线性问题可以通过对变量进行变换，从而转换为线性问题来解决。

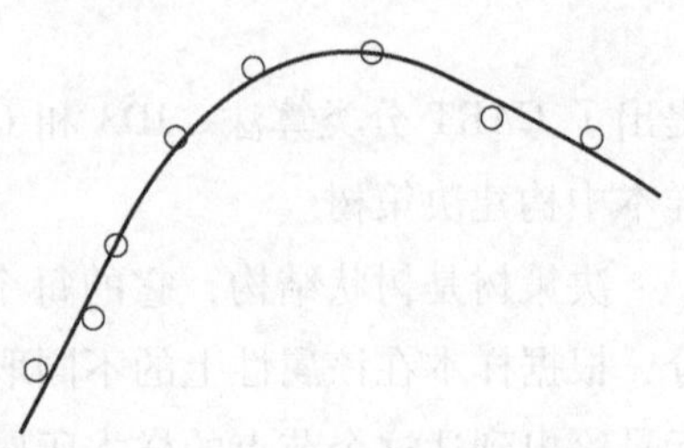

图 5-28　非线性回归问题

下面通过实例说明使用 sklearn 快速实现线性回归模型的过程。将使用波士顿房价预测数据，通过线性回归模型来验证每个住宅的平均房间数与房价的某种线性关系。完整代码详见随书资源包下列位置：\chapter 5\Huigui. py。

1）导入相应模块。

代码如下：

```
1  import numpy as np
2  import matplotlib.pyplot as plt
3  from sklearn.datasets import load_boston
4  from sklearn.linear_model import LinearRegression
```

- 第 1 行代码导入 NumPy 库并重命名为 np，便于编写代码。
- 第 2 行代码导入 matplotlib 库的 pyplot 模块并重命名为 plt。
- 第 3 行代码导入 sklearn 库 datasets 模块下的 load_boston( ) 函数，用于导入数据集。
- 第 4 行代码导入 sklearn 库 linear_model 模块下的 LinearRegression( ) 函数。

2）搭建并训练模型。

代码如下：

```
1  boston = load_boston()
2  print(boston.feature_names)
3  x = boston.data[:, np.newaxis, 5]
4  y = boston.target
5  lm = LinearRegression()
6  lm.fit(x, y)
7  print("方程的确定性系数(R^2):%.2f" % lm.score(x, y))
```

- 第 1 行代码调用 load_boston( ) 函数导入数据集并赋给变量 boston。
- 第 2 行代码的功能是输出数据集的特征名。

- 第 3、4 行代码将数据集的对应部分赋给变量 x，y。
- 第 5 行代码声明一个线性回归模型对象。
- 第 6 行代码调用 fit( ) 函数训练模型。
- 第 7 行代码输出方程的确定性系数。

3）绘图。

代码如下：

```
1  plt.scatter(x, y, color='green')
2  plt.plot(x, lm.predict(x), color='blue', linewidth=3)
3  plt.xlabel('Average Number of Rooms per Dwelling (RM)')
4  plt.ylabel('Housing Price')
5  plt.title('2D Demo of Linear Regression')
6  plt.show()
```

- 第 1 行代码调用 scatter( ) 函数显示数据点。
- 第 2 行代码调用 plot( ) 函数绘制回归直线。
- 第 3、4 行代码调用 xlabel( )，ylabel( ) 函数设置 x，y 轴标签。
- 第 5 行代码调用 title( ) 函数设置图像标题。
- 第 6 行代码调用 show( ) 函数显示图像。

4）结果分析。

运行程序后，输出的确定性系数为 0.48，可以得出房价与每个住宅的平均房间数具有正比的关系，绘制的线性回归图如图 5-29 所示。

2. 聚类分析

聚类，顾名思义就是按照相似性和差异性，把一组对象划分成若干类，并且每个类中对象之间的相似度较高，不同类中对象之间相似度较低或差异明显。与分类不同的是，聚类不依靠给定的类别划分对象。常用的聚类分析方法包括基于划分的方法、基于层次的方法、基于密度的方法、基于概率模型的方法等，下面分别详细介绍。

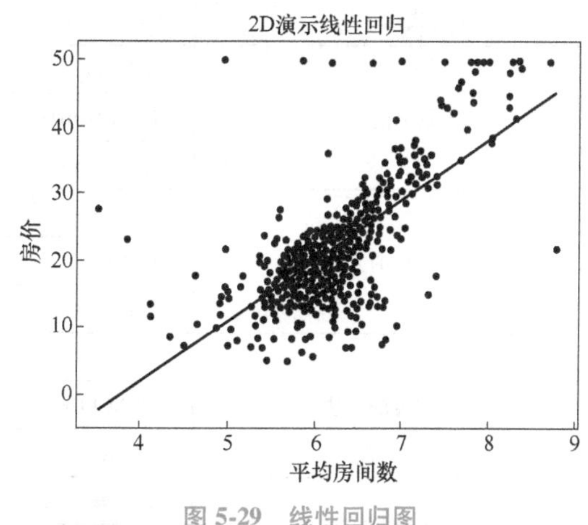

图 5-29 线性回归图

（1）基于划分的方法　基于划分的方法也叫基于距离的方法或基于相似度的方法。简单来说，其原理就是有一堆散点需要聚类，希望的聚类效果就是“类内的点都足够近，类间的点都足够远”。首先实际操作时，要确定这堆散点最后聚成几类，然后挑选几个点作为初始中心点，再依据预先定好的算法对数据点做迭代重置，直到最后达到“类内的点都足够近，类间的点都足够远”的目标。

（2）基于层次的方法　基于层次的方法是将数据集样本对象排列成树状结构，称为聚类树。在指定的层次上切割数据集样本，切割后的聚类分组就是聚类算法的结果。该方法首先计算样本之间的距离，将距离最近的点合并到同一类；然后再计算类与类之间的距离，将距离最近的类合并为一个大类，通过不停地合并，直到合成一个类为止。

根据层次分解的顺序层次聚类算法分为：自下向上和自上向下，即凝聚的层次聚类算法和分裂的层次聚类算法。自下而上法是将每个个体看作一个类，然后寻找同类，最后形成一个“类”。自上而下法与自下而上的方法则相反。这两种方法没有孰优孰劣之分，只是在实际应用时要根据数据特点及想要的“类”的个数，来考虑是自上而下法更快还是自下而上法更快。

（3）基于密度的方法　基于密度的聚类是一种非常直观的聚类方法，即把相邻的密度高的区域连成一片形成簇。该方法可以找到各种大小、各种形状的簇，并且具有一定的抗噪声特性。在日常应用中，可以用不同的索引方法或用基于网格的方法来加速密度估计，提高聚类速度。

（4）基于概率模型的方法　该方法主要基于概率模型的方法和基于神经网络模型的方法，尤其以基于概率模型的方法居多。这里的概率模型主要指概率生成模型，同一“类”的数据属于同一种概率分布。这种方法的优点是对“类”的划分不那么苛刻，而是以概率的形式表现，每一类的特征也可以用参数来表达。但缺点是执行效率低，特别是分布数量很多并且数据量很少的时候。

常用的聚类算法见表 5-3。

表 5-3　常用的聚类算法

类别	主要算法	
基于划分的方法	K-Means	（K-平均值）
	K-MEDOIDS	（K-中心点）
	CLARANS	（基于选择的方法）
基于层次的方法	BIRCH	（平衡迭代归约和聚类）
	CURE	（代表点聚类）
	CHAMELEON	（动态模型）
基于密度的方法	DBSCAN	（基于高密度连接区域）
	DENCLUE	（密度分布函数）
	OPTICS	（对象排序识别）
基于概率模型的方法	统计学方法	
	神经网络方法	

由于聚类的算法较多，本章只选择 K-Means 算法进行介绍，其他算法读者可查找相关资料学习。

1）K-Means 算法概述。

K-Means 算法的基本思想很简单，需要事先确定常数 K，即聚类类别数，步骤如下：首先随机选定初始点作为质心，通过计算每个样本与质心之间的相似度，将样本点归到最相似的类中；接着重新计算每个类的质心（即为类中心），重复该过程，直至质心位置不再改变；最终确定每个样本所属的类别及每个类的质心。由于每次都要计算所有的样本与每个质心之间的相似度，因此，在大规模的数据集上，K-Means 算法的收敛速度比较慢。

2）K-Means 算法流程。

K-Means 算法是一种基于样本间相似性度量的间接聚类方法，属于无监督学习方法。该算法以 K 为参数，把 n 个对象分为 K 个簇，以使簇内具有较高的相似度，而且簇间的相似度较低。相似度的计算根据每个簇中对象的平均值来进行，该算法首先随机选择 K 个对象，每个对象代表一个聚类的质心。对于其余的每个对象，根据该对象与各聚类质心之间的距离，把它分配到与之最相似的聚类中，然后计算每个聚类的新质心。重复上述过程，直到准则函数收敛。K-Means 算法是一种较典型的逐点修改迭代的动态聚类算法，其要点是以误差平方和为准则函数，逐点修改类中心。某个样本按某一原则归属于某一组类后，就要重新计算该组类的均值，并且以新的均值作为凝聚中心点进行下一次元素聚类，然后逐批修改类中心。当全部样本按某一组的类中心分类之后，再计算修改各类的均值，作为下一次分类的凝聚中心点。过程如下：

① 初始化常数 K，随机选取初始点为质心；

② 重复计算以下过程，直到质心不再改变；

a. 计算样本与每个质心之间的相似度，将样本归类到最相似的类中；

b. 重新计算质心；

c. 输出最终的质心及每个类。

3）Python 实现。

本实例将选择 scikit-learn 中的 K-Means 算法进行聚类演示。完整代码详见随书资源包下列位置：\chapter 5\Kmeans. py。

① 导入相应模块。

代码如下：

```
1  import numpy as np
2  import matplotlib.pyplot as plt
3  from sklearn.cluster import KMeans
4  from sklearn.datasets import make_blobs
```

- 第 1 行代码导入 NumPy 模块并重命名为 np，便于编写代码。
- 第 2 行代码导入 Matplotlib 库的 pyplot 模块并重命名为 plt。
- 第 3 行代码导入 sklearn 库 cluster 模块的 KMeans( ) 函数。
- 第 4 行代码导入 sklearn 库 datasets 模块的 make_blobs( ) 函数，为聚类产生数据集。

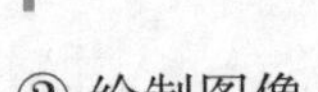

② 绘制图像。

代码如下：

```
1    plt.figure(figsize=(12, 12))
2    n_samples = 1500
3    random_state = 170
4    X, y = make_blobs(n_samples=n_samples, random_state=random_state)
5    y_pred = KMeans(n_clusters=2, random_state=random_state).fit_predict(X)
6    plt.subplot(221)
7    plt.scatter(X[y_pred==0][:, 0], X[y_pred==0][:, 1], marker='x', color='b')
8    plt.scatter(X[y_pred==1][:, 0], X[y_pred==1][:, 1], marker='+', color='r')
9    plt.title("Incorrect Number of Blobs")
10   y_pred = KMeans(n_clusters=3, random_state=random_state).fit_predict(X)
11   plt.subplot(222)
12   plt.scatter(X[y_pred==0][:, 0], X[y_pred==0][:, 1], marker='x', color='b')
13   plt.scatter(X[y_pred==1][:, 0], X[y_pred==1][:, 1], marker='+', color='r')
14   plt.scatter(X[y_pred==2][:, 0], X[y_pred==2][:, 1], marker='1', color='m')
15   plt.title("Correct Number of Blobs")
16   X_varied, y_varied = make_blobs(n_samples=n_samples, cluster_std=[1.0, 2.5, 0.5],
     random_state=random_state)
17   y_pred = KMeans(n_clusters=3, random_state=random_state).fit_predict(X_varied)
18   plt.subplot(223)
19   plt.scatter(X_varied[y_pred==0][:, 0], X_varied[y_pred==0][:, 1], marker='x', color='b')
20   plt.scatter(X_varied[y_pred==1][:, 0], X_varied[y_pred==1][:, 1], marker='+', color='r')
21   plt.scatter(X_varied[y_pred==2][:, 0], X_varied[y_pred==2][:, 1], marker='1', color='m')
22   plt.title("Unequal Variance")
23   X_filtered = np.vstack((X[y == 0][:500], X[y == 1][:100], X[y == 2][:10]))
24   y_pred = KMeans(n_clusters=3, random_state=random_state).fit_predict(X_filtered)
25   plt.subplot(224)
26   plt.scatter(X_filtered[y_pred==0][:, 0], X_filtered[y_pred==0][:, 1], marker='x', color='b')
27   plt.scatter(X_filtered[y_pred==1][:, 0], X_filtered[y_pred==1][:, 1], marker='+', color='r')
28   plt.scatter(X_filtered[y_pred==2][:, 0], X_filtered[y_pred==2][:, 1], marker='1', color='m')
29   plt.title("Unevenly Sized Blobs")
30   plt.show()
```

- 第 1 行代码调用 figure( ) 函数生成一幅图像，大小为 12×12。
- 第 2 行代码定义数据样本点个数为 1500。
- 第 3 行代码定义随机因子为 170。
- 第 4 行代码调用 make_blobs( ) 函数，获取数据集。
- 第 5~9 行代码绘制第 1 个子图，展示聚类数量不正确时的效果。

- 第 10~15 行代码绘制第 2 个子图，展示聚类数量正确时的效果。
- 第 16~22 行代码绘制第 3 个子图，展示类间的方差存在差异的效果。
- 第 23~29 行代码绘制第 4 个子图，展示类的规模差异较大的效果。
- 第 30 行代码调用 show( ) 函数显示图像。

③ 绘制结果。

K-Means 算法的效果如图 5-30 所示。

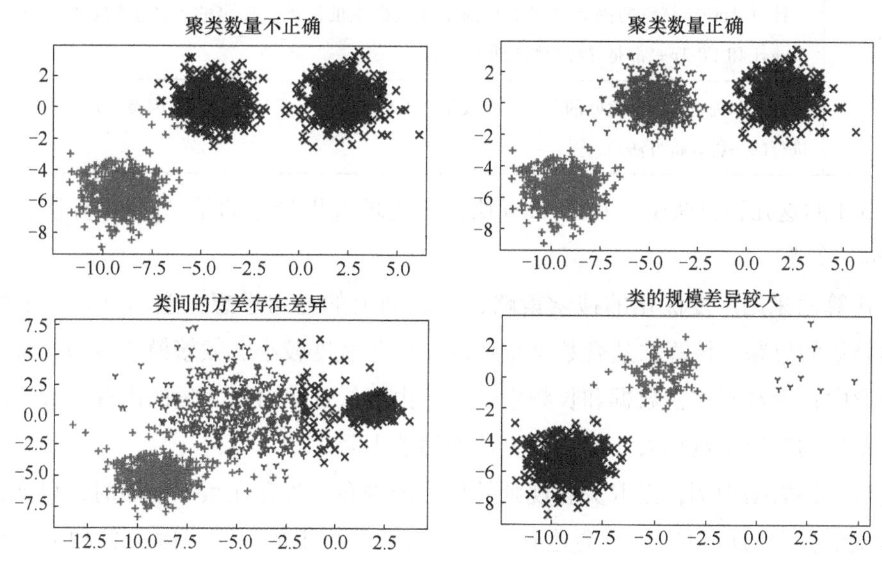

图 5-30　K-Means 算法的效果

本实例中样本 X 的格式可以是二维列表或 NumPy 数组，每行代表一个样本，每列代表一个特征，本例的样本数据是二维的，即每个样本都有两个特征。输出值 y_pred 是每个样本的预测分类。分析图 5-30 可知，聚类数量的选取尤为重要，选取错误的聚类数量将使聚类结果不理想。当 K-Means 算法处理类间方差差异大和类的规模差异大的样本时，都有很好的表现，可见 K-Means 算法具有一定的抗干扰能力。

3. 关联规则分析

关联规则反映了不同事物之间的关联性，其关系通常表现为一对一或一对多，关联规则分析是从事物数据库、关系数据库和其他信息存储库中的大量数据的项集之间发现有趣的、频繁出现的模式、关联和相关性。更确切地说，发现对象之间的隐含关系及相互影响，确定是否存在一（多）件事情的发生，引起另一（多）事情的反应等。通过这种关联分析，能够更好地发现这些现象的本质，更好地掌握事情的动态发展趋势。关联规则分析也是数据挖掘中最活跃的研究方法之一，目的是在一个数据集中找出各项之间的关联关系，而这种关系并没有在数据中直接表现出来。

目前，常用的关联规则分析算法见表 5-4。

表 5-4　常用的关联规则分析算法

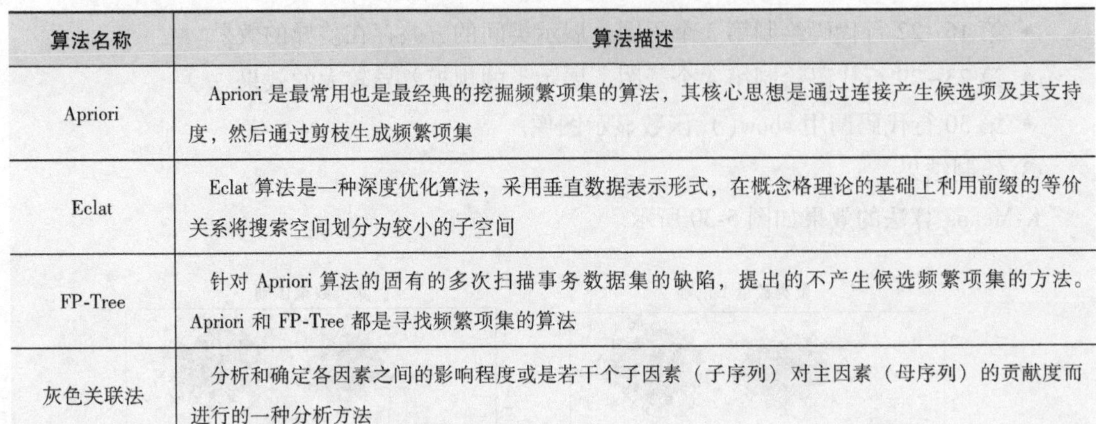

算法名称	算法描述
Apriori	Apriori 是最常用也是最经典的挖掘频繁项集的算法，其核心思想是通过连接产生候选项及其支持度，然后通过剪枝生成频繁项集
Eclat	Eclat 算法是一种深度优化算法，采用垂直数据表示形式，在概念格理论的基础上利用前缀的等价关系将搜索空间划分为较小的子空间
FP-Tree	针对 Apriori 算法的固有的多次扫描事务数据集的缺陷，提出的不产生候选频繁项集的方法。Apriori 和 FP-Tree 都是寻找频繁项集的算法
灰色关联法	分析和确定各因素之间的影响程度或是若干个子因素（子序列）对主因素（母序列）的贡献度而进行的一种分析方法

在表 5-4 的这几种算法中，在 Python 语言中实现效果最好的是 Apriori 算法，本节主要介绍 Apriori 算法。

Apriori 算法采用广度优化的搜索策略，自底向上的遍历思想，遵循首先产生候选集进而获得频繁集的思路。该算法适合数据集稀疏、事务宽度较小、频繁模式较短、最小支持度较高的环境中；而对于稠密数据和长频繁模式，由于候选集占据大量的内存，计算成本急剧增加，数据集的遍历次数加大，导致该算法的性能下降。

以超市销售数据为例，提取关联规则的最大困难在于当存在很多商品时，可能的商品的组合（规则的前项与后项）数目会达到一种令人望而却步的程度。因而各种关联规则分析算法分别从不同方面着手减小可能搜索空间的大小及减小扫描数据的次数。Apriori 是最经典的挖掘频繁项集的算法，它第一次实现了在大数据集上可行的关联规则提取，其核心思想是通过连接产生候选项与其支持度，通过剪枝生成频繁项集。

（1）关联规则的一般形式　项集 A、B 同时发生的概率称为关联规则的支持度（也称相对支持度），如式（5-25）所示

$$\mathrm{Support}(A \Rightarrow B) = P(A \cap B) \tag{5-25}$$

如果项集 A 发生，则项集 B 发生的概率称为关联规则的置信度，如式（5-26）所示

$$\mathrm{Confidence}(A \Rightarrow B) = P(B \mid A) \tag{5-26}$$

（2）最小支持度和最小置信度　最小支持度是由用户或专家定义的衡量支持度的一个阈值，表示项目集在统计意义上的最低重要性。最小置信度是由用户或专家定义的衡量置信度的一个阈值，表示关联规则的最低可靠性。同时满足最小支持度阈值和最小置信度阈值的规则称为强规则。

（3）项集　项集是项的集合。包含 k 个项的项集称为 k 项集。项集的出现频率是所有包含项集的事务计数，又称绝对支持度或支持度计数。如果项集 I 的相对支持度满足预定义的最小支持度阈值，则 I 是频繁项集。

（4）支持度计数　项集 A 的支持度计数是事务数据集中包含项集 A 的事务个数，简称

第5章 深度学习算法与轮胎性能预测

为项集的频率或计数。已知项集的支持度计数，则规则 $A \Rightarrow B$ 的支持度和置信度很容易从所有事务计数、项集 A 和项集 $A \cup B$ 的支持度计数推出，如式（5-27）和式（5-28）所示

$$\text{Support}(A \Rightarrow B) = \frac{A,B\text{ 同时发生的事务个数}}{\text{所有事务个数}} = \frac{\text{Support-count}(A \cap B)}{\text{Total-count}(A)} \tag{5-27}$$

$$\text{Confidence}(A \Rightarrow B) = P(B \mid A) = \frac{\text{Support}(A \cap B)}{\text{Support}(A)} = \frac{\text{Support-count}(A \cap B)}{\text{Support-count}(A)} \tag{5-28}$$

也就是说，一旦得到所有事务的个数，以及 A、B 和 $A \cup B$ 的支持度计数，就可以导出对应的关联规则 $A \Rightarrow B$ 和 $B \Rightarrow A$，并可以检查该规则是否是强规则。

5.2.4 数据特征分析实例

本节将选用一个数据特征分析的实例，教给读者使用 Python 语言快速计算不同参数之间的相关系数。完整代码详见随书资源包下列位置：\chapter 5\Xiangguanxing. py，所需数据见随书资源包下列位置：\chapter 5\xiangguanxingshuju. xlsx。

1. 导入模块

代码如下：

```
1  import pandas as pd
2  import numpy as np
3  from sklearn.preprocessing import MinMaxScaler
```

- 第 1 行代码导入 pandas 库并重命名为 pd，将用来读取 Excel 数据。
- 第 2 行代码导入 NumPy 库并重命名为 np，将用来计算相关系数。
- 第 3 行代码导入 sklearn 库 preprocessing 模块的 MinMaxScaler( ) 函数，实现对数据的归一化处理。

2. 归一化处理

代码如下：

```
1  data = pd.read_excel("xiangguanxingshuju.xlsx")
2  m = MinMaxScaler()
3  data = m.fit_transform(data)
4  print(data)
```

- 第 1 行代码读取 Excel 数据并赋给变量 data。
- 第 2、3 行代码实例化 MinMaxScaler( )，并调用 fit_transform( ) 函数对数据进行归一化处理。
- 第 4 行代码输出归一化后的数据。

3. 计算相关系数

代码如下：

```
1 pd.set_option('display.max_columns', None)
2 pd.set_option('display.max_rows', None)
3 result = np.corrcoef(data)
4 print(result)
```

- 第 1、2 行代码调用 Pandas 库的 set_option( ) 函数来完整显示输出数据。
- 第 3 行代码调用 NumPy 库的 corrcoef( ) 函数计算归一化后数据的相关系数。
- 第 4 行代码输出相关系数。

5.3 轮胎性能预测案例分析

本节将分别选取两个不同算法介绍轮胎性能预测的实例，让读者学会数据处理、模型搭建、训练模型、优化模型和调用模型的全过程，加深对预测算法的理解并能够参考实例搭建和训练模型。

5.3.1 GRU 算法

为了便于使用 GRU 预测算法，随书提供了一份构造的虚拟数据集（Excel 表格）用于训练模型，详见随书资源包下列位置：\chapter 5\xingneng. xlsx，在使用数据集训练模型之前，还需对数据进行以下处理。

1. 数据归一化

由于不同的评价指标具有不同的量纲和单位，从而影响模型的训练效果，为了消除不同指标之间由于量纲不同带来的不利影响，需要首先进行数据归一化处理，使数据指标之间具有可比性。原始数据经过归一化处理后，各指标处于同一数量级，适合进行综合对比评价。归一化不仅可以加快梯度下降提高求最优解的速度，还能够提高预测精度。由于本实例中数据集性能列和参数列的单位也不相同，也需对其进行归一化处理，具体实现步骤如下：

（1）导入相应模块

```
1 import pandas as pd
2 import numpy as np
```

- 第 1 行代码导入 pandas 模块并重命名为 pd ，便于编写代码。
- 第 2 行代码导入 NumPy 模块并命名为 np。

（2）读取数据做归一化处理

```
def NormalizeMult(data):
    data = np.array(data)
    normalize = np.arange(2*data.shape[1],dtype='float64')
```

```
4      normalize = normalize.reshape(data.shape[1],2)
5      for i in range(0,data.shape[1]):
6          list = data[:,i]
7          listlow,listhigh =  np.percentile(list, [0, 100])
8          normalize[i,0] = listlow
9          normalize[i,1] = listhigh
10         delta = listhigh - listlow
11         if delta != 0:
12             for j in range(0,data.shape[0]):
13                 data[j,i] = (data[j,i] - listlow)/delta
14     return  data,normalize
15 data = pd.read_excel("xingneng.xlsx")
16 print(data)
17 data = data.iloc[:,1:]
18 print(data)
19 print(data.shape)
20 data,normalize = NormalizeMult(data)
21 print(data)
22 print(normalize)
23 datax = data[:,1:]
24 print(datax)
25 datay = data[:,0].reshape(len(data),1)
26 print(datay)
```

- 第 1～14 行代码定义了归一化函数，主要功能是找到每列的最大、最小值并对每个数据进行归一化处理。
- 第 15 行代码调用 Pandas 库的 read_excel( ) 函数读取整个数据集。
- 第 16 行代码输出读取的数据集，运行后可以看到读取的数据并不包含表头，但包含用不到的第 1 列。
- 第 17 行代码调用 iloc( ) 函数完成数据切片，［:，1:］逗号之前表示选取所有行，逗号之后表示选取第 2 列到最后一列。
- 第 18 行代码输出切片后的数据。
- 第 19 行代码输出数据形状。
- 第 20 行代码调用自定义归一化函数 NormalizeMult( ) 将切片数据归一化，并将返回参数传递给变量 data 和 normalize。其中，变量 data 表示归一化后的数据，变量 normalize 则是每列的最大、最小值，方便后面使用。
- 第 21、22 行代码分别输出归一化的数据和每列的最大、最小值。
- 第 23 行代码表示截取第 2 列之后的参数并赋值给 datax。

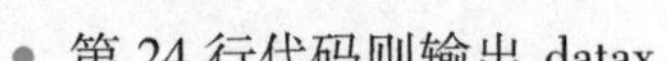

- 第 24 行代码则输出 datax。
- 第 25 行代码截取第 1 列数据，即性能值，并赋值给 datay。
- 第 26 行代码输出 datay。

2. 数据格式转换

由于使用 GRU 算法搭建网络模型并作为输入层，故需对数据格式进行转换，使其符合 GRU 算法的输入格式要求。

数据格式转换代码如下：

```
1  def create_dataset(dataset, look_back):
2      dataX, dataY = [], []
3      for i in range(len(dataset)-look_back-1):
4          a = dataset[i:(i+look_back), :]
5          dataX.append(a)
6          b = dataset[(i+look_back), :]
7          dataY.append(b)
8      TrainX = np.array(dataX)
9      TrainY = np.array(dataY)
10     return TrainX, TrainY
11 time_step = 1
12 X, _ = create_dataset(datax, time_step)
13 _, Y = create_dataset(datay, time_step)
14 print(X.shape)
15 print(Y.shape)
```

- 第 1~10 行代码定义了数据格式转换函数 create_dataset( )，其目的是将归一化后的数据转换为 GRU 输入格式，即（seq_len，batch_size，input_dim）。
- 第 12 行代码调用自定义函数将参数特征输入格式转换为 GRU 输入格式。
- 第 13 行代码调用自定义函数转换性能特征格式。
- 第 14 行代码输出转换后的参数特征数据的形状。
- 第 15 行代码输出转换后的性能特征数据的形状。

3. 划分数据

训练过程中需要将数据集划分为训练集和测试集，由于模型在构建过程中也需要检验模型配置，以判断训练程度是过拟合还是欠拟合，通常会将训练数据划分为两部分，一部分用于训练，称为训练集，另一部分用于检验，也称测试集或验证集。

训练集用于训练已得到的神经网络模型，然后用验证集验证模型的有效性，来挑选最优模型及参数。验证集可以重复使用，主要用来辅助构建模型。当模型通过验证集之后，再使用测试集测试模型的最终效果，评估模型的准确率及误差等。

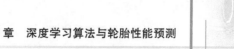

验证集的划分将在搭建网络模型部分中介绍，训练集和测试集的划分代码如下：

```
1  from sklearn.model_selection import train_test_split
2  test_size = 0.2
3  train_x, test_x, train_y, test_y = train_test_split(X, Y, test_size = test_size)
```

- 第 1 行代码从 sklearn 库导入 train_test_split( ) 函数，用来分割数据。
- 第 2 行代码设置测试集比例为 0.2，并赋值给变量 test_size。
- 第 3 行代码调用 train_test_split( ) 函数，将数据集参数 X 和性能 Y 划分为 train_x，test_x，train_y，test_y。其中，参数 test_size 表示划分的比例。

> **【提示】** 当实际操作时，读者不能使用测试集数据进行训练，原因是随着训练的不断进行，网络会慢慢过拟合测试集。

4. 搭建网络模型

搭建网络模型时需要调用 TensorFlow 框架 Keras 神经网络的相关模块，通过 add( ) 函数来叠加层。本节演示的实例基于 GRU 网络搭建，代码如下：

（1）导入相应模块

```
1  from tensorflow.keras.models import Sequential
2  from tensorflow.keras.layers import LSTM,GRU,Dense,Activation,Dropout
```

- 第 1 行代码导入 Sequential 序列模型。
- 第 2 行代码导入搭建网络模型的使用层。

（2）搭建网络模型

```
1   m = Sequential()
2   m.add(GRU(32, input_shape=(train_x.shape[1], train_x.shape[2]),return_sequences=True))
3   m.add(Activation('relu'))
4   m.add(Dropout(0.5))
5   m.add(GRU(64))
6   m.add(Activation('relu'))
7   m.add(Dropout(0.5))
8   m.add(Dense(1))
9   m.add(Activation('relu'))
10  m.summary()
```

- 第 1 行代码创建一个序列模型并赋值给变量 m。
- 第 2 行代码调用 add( ) 函数将 GRU 层添加到模型中，并设置单元数为 32。
- 第 3 行代码向模型中添加激活层，调用 relu( ) 激活函数加入非线性因素，以提高模型的表达能力。

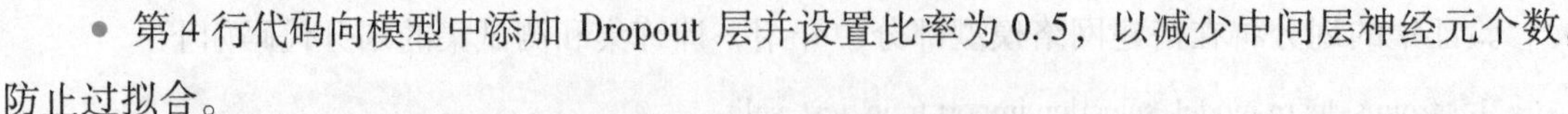

轮胎设计研发智能化技术

• 第 4 行代码向模型中添加 Dropout 层并设置比率为 0.5，以减少中间层神经元个数，防止过拟合。

• 第 5 行代码向模型中添加第 2 层 GRU 层并设置单元数为 64。

• 第 6 行代码同第 3 行代码功能相同，此处不再赘述。

• 第 7 行代码同第 4 行代码作用相同，此处不再赘述。

• 第 8 行代码向模型中添加全连接层并设置单元数为 1。

• 第 9 行代码同第 3 行和第 6 行代码功能相同，添加激活层以增强模型的表达能力。

• 第 10 行代码调用 summary( ) 函数输出模型各层的参数。

（3）训练模型　训练模型之前还需要配置学习过程，调用 compile( ) 函数即可完成。配置学习过程时主要设置两个参数：优化器（optimizer）和损失函数（loss）。损失函数会计算预测值与真实值之间的差值，即损失值。优化器（optimizer）则会对所构造的网络模型进行参数优化，通常情况下，优化的最终目的是使损失值趋向最小。

学习过程配置完毕，需要调用 fit( ) 函数训练模型，详细代码如下：

```
1  m.compile(loss='mse', optimizer='adam')
2  History = m.fit(train_x, train_y, epochs=500, batch_size=32, validation_split=0.2,
       shuffle=True)
3  m.save('GRU.h5')
```

• 第 1 行代码调用 compile( ) 函数配置模型学习过程的参数，本实例选择 mse 损失函数和 adam( ) 优化器。

• 第 2 行代码调用 fit( ) 函数训练模型。其中，参数 train_x 和 train_y 为训练模型的输入数据，epochs 为训练模型的迭代次数，batch_size 为每次梯度更新的样本数，validation_split 用作验证集训练数据的比例，模型将分出部分不参与训练的验证数据，并将在每一轮结束时评估这些验证数据的误差和相关模型指标。shuffle 设置为 True 表示在模型训练之前的混洗数据，有利于提高模型的性能指标。

• 第 3 行代码调用 save( ) 函数来保存模型，并命名为 GRU.h5。

5. 训练结果

读者需要设置相关的性能评价指标来评价模型训练的好坏，具体步骤如下。

（1）导入相应模块

```
1  from sklearn.metrics import mean_squared_error, mean_absolute_error, r2_score
2  import matplotlib.pyplot as plt
```

• 第 1 行代码表示从 sklearn 库导入常用的模型性能评价指标：mean_squared_error（均方误差）；mean_absolute_error（平均绝对误差）；r2_score（得分函数，也称拟合度）。

• 第 2 行代码的功能是导入 matplotlib 库的 pyplot 模块并重命名为 plt。

（2）训练结果

```
1   testPredict = m.predict(test_x)
2   plt.figure(1)
3   plt.plot(test_Y, label='true')
4   plt.plot(testPredict, label='prediction')
5   loss = History.history['loss']
6   val_loss = History.history['val_loss']
7   plt.figure(2)
8   plt.plot(loss, label='loss')
9   plt.plot(val_loss, label='val_loss')
10  plt.legend()
11  plt.show()
12  print('Test MAE: %.4f' % mean_absolute_error(test_Y, testPredict))
13  print('Test R^2: %.4f' % r2_score(test_Y, testPredict))
14  print('Test MSE: %.4f' % mean_squared_error(test_Y, testPredict))
```

- 第 1 行代码调用 predict( ) 函数使用测试集真实参数 test_x 来预测性能，并赋值给 testPredict。
- 第 2 行代码调用 figure( ) 函数创建图形，编号为 1，用来绘制真实性能与预测性能的关系。
- 第 3 行代码的功能是绘制测试集的真实性能值，并设置标签 label 为 true。
- 第 4 行代码的功能是绘制预测的性能值，并设置标签 label 为 prediction。
- 第 5 行代码的功能是获取训练损失值并赋值给 loss。其中，History. history 属性是连续 epoch 训练损失值及验证集损失的记录。
- 第 6 行代码的功能是获取验证集损失的记录，并赋值给 val_loss。
- 第 7 行代码调用 figure( ) 函数创建一个编号为 2 的图形，用来绘制损失图像。
- 第 8 行代码的功能是绘制训练损失值 loss，并设置标签 label 为 loss。
- 第 9 行代码的功能是绘制验证集损失值 val_loss，并设置标签 label 为 val_loss。
- 第 10 行代码调用 legend( ) 函数创建图例，并显示 label 值。
- 第 11 行代码调用 show( ) 函数，显示绘制的图像。
- 第 12 行代码的功能是输出真实性能与预测性能的平均绝对误差，并保留 4 位小数。
- 第 13 行代码的功能是输出真实性能与预测性能的拟合程度，并保留 4 位小数。
- 第 14 行代码的功能是输出真实性能与预测性能的均方误差，并保留 4 位小数。

请读者运行程序，并根据第 12～14 行代码输出的结果查看模型训练的好坏，也可依据真实数值与预测数值之间的关系图（见图 5-31）和损失值（见图 5-32）来评价模型。

运行程序后，GRU 模型评价指标见表 5-5。

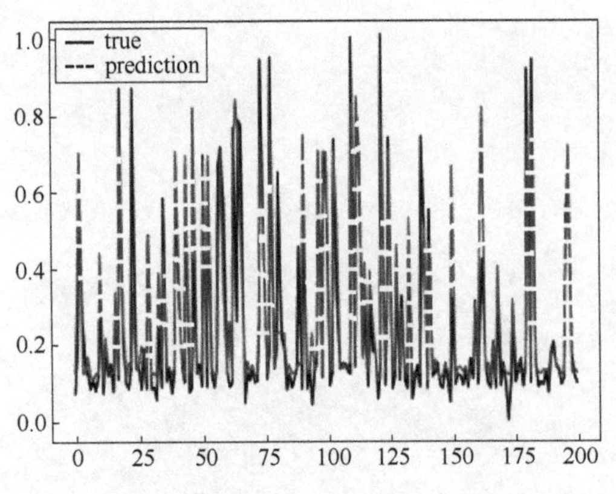

图 5-31　真实数值与预测数值之间关系图

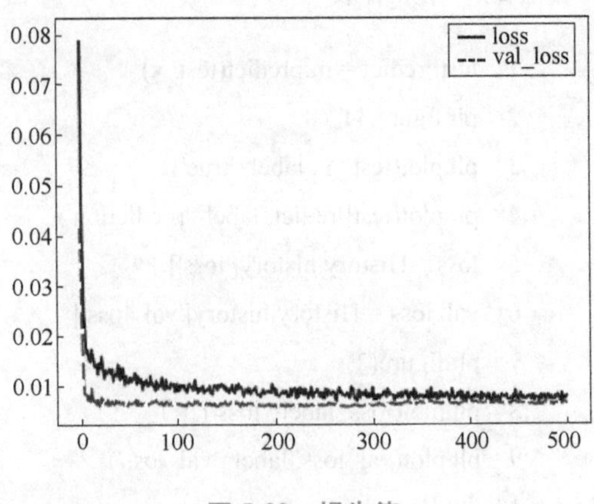

图 5-32　损失值

由于每次训练测试数据和训练数据顺序都是随机选取的，因此，每次训练结果也并不相同。本模型在笔者计算机上的预测精度为 80%左右，读者可自行修改相关参数进行寻优，以训练精度更高的模型。

表 5-5　GRU 模型评价指标

评价指标	数值
平均绝对误差（MAE）	0.0570
拟合程度（R^2）	0.8589
均方误差（MSE）	0.0080

6. 优化模型

如果模型训练结果不够理想，则需调节参数来优化模型，调整参数时可根据损失图中 loss 和 val_loss 的走势来设置，直至训练模型达到理想的预测效果。

根据项目经验，本书总结的根据损失图调整模型参数的一般规律如下。

1）loss 值下降，val_loss 值也下降：如果训练网络正常，网络正常学习，可以尝试增大 epoch 的次数。

2）loss 值下降，val_loss 值稳定或上升：表明网络过拟合。如果数据集准确可靠，可以向网络“中间深度”位置添加 Dropout 层，或逐渐减少网络深度。

3）loss 值稳定，val_loss 值下降：表明数据集存在严重问题，建议重新选择。

4）loss 值快速稳定，val_loss 值也快速稳定：如果数据集规模很大，表明学习过程遇到瓶颈，需要减小学习率；另外，可以修改 batchsize 的数量。如果数据集规模很小，则表示训练稳定。

本实例完整的源代码，请查看随书资源包下列位置：\chapter 5\xingnengyuce. py。读者运行该程序后，请根据训练结果进行参数调节，也可尝试修改该网络模型并搭建自己的模型。

7. 调用模型

当训练完毕并保存好训练模型后，还需要调用该模型进行性能预测。随书资源包下列位置：\chapter 5\daiceshuju. xlsx，提供了一份待测数据（Excel 表格）用于预测。调用模型的完整源代码详见随书资源包下列位置：\chapter 5\diaoyongmoxing. py。

调用模型预测之前，也需要对数据进行处理，具体步骤如下。

（1）导入所需模块

```
1  import numpy as np
2  import pandas as pd
3  from tensorflow.keras.models import load_model
```

- 第 1 行代码表示导入 NumPy 模块并重命名为 np。
- 第 2 行代码表示导入 pandas 模块并重命名为 pd。
- 第 3 行代码表示从 tensorflow. keras 的 models 模块下导入 load_model( ) 函数，用于导入保存好的模型。

（2）归一化处理　在调用模型进行预测时，也需对输入数据进行归一化处理和数据格式转变。代码如下：

```
def NormalizeMult(data):
    data = np.array(data)
    normalize = np.arange(2*data.shape[1], dtype='float64')
    normalize = normalize.reshape(data.shape[1], 2)
    for i in range(0, data.shape[1]):
        list = data[:, i]
        listlow, listhigh = np.percentile(list, [0, 100])
        normalize[i, 0] = listlow
        normalize[i, 1] = listhigh
        delta = listhigh - listlow
        for j in range(0, data.shape[0]):
            if delta != 0:
                data[j, i] = (data[j, i] - listlow)/delta
            else:
                data[j, i] = float(0)
    return data, normalize
def FNormalizeMult(data,normalize):
    for i in range(0, data.shape[1]):
        listlow = normalize[i, 0]
        listhigh = normalize[i, 1]
```

```
21         delta = listhigh - listlow
22         for j in range(0, data.shape[0]):
23             if delta != 0:
24                 data[j, i] = data[j, i]*delta + listlow
25             else:
26                 data[j, i] = 0
27     return data
28 def GUIYIHUA(data,normalize):
29     for i in range(0, data.shape[1]):
30         listlow = normalize[i, 0]
31         listhigh = normalize[i, 1]
32         delta = listhigh - listlow
33         for j in range(0, data.shape[0]):
34             if delta != 0:
35                 data[j, i] = (data[j, i] - listlow) / delta
36             else:
37                 data[j, i] = 0
38     return data
39 xunlian_data = pd.read_excel("xingneng.xlsx")
40 xunlian_data = xunlian_data.iloc[:,1:]
41 data,normalize = NormalizeMult(xunlian_data)
42 normalize = np.array(normalize)
43 nor = normalize[1:, :]
44 data = pd.read_excel("daiceshuju.xlsx")
45 data = data.iloc[:,1:]
46 data = np.array(data)
47 datay = data[:,0].reshape(len(data),1)
48 datax = data[:,1:]
49 yuce_data = GUIYIHUA(datax,nor)
```

- 第 1~16 行代码定义了归一化函数，该函数与训练数据的归一化函数相同，此处主要用来获取训练数据每列的最大最小值。
- 第 17~27 行代码定义反归一化函数，用来对预测数据进行反归一化。
- 第 28~38 行代码定义归一化函数，该函数主要针对待测数据编写，主要原因是待测数据的归一化需要用到训练数据的最大和最小值。
- 第 39~43 行代码读取训练数据并获取训练数据参数列的最大和最小值。
- 第 44~49 行代码的功能是读取待测数据并截取参数列，使用训练数据对应参数列的最大和最小值，并进行归一化。

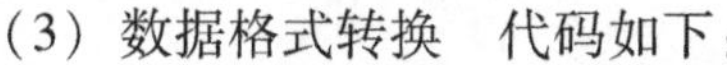

（3）数据格式转换　代码如下：

```
1  def create_dataset(dataset, look_back):
2      dataX, dataY = [], []
3      for i in range(len(dataset)):
4          a = dataset[i:(i+look_back),:]
5          dataX.append(a)
6          dataY.append(dataset[i ,:])
7      TrainX = np.array(dataX,dtype=float)
8      Train_Y = np.array(dataY,dtype=float)
9      return TrainX, Train_Y
10 time_step = 1
11 X, _ = create_dataset(yuce_data, time_step)
12 _, Y = create_dataset(datay, time_step)
```

- 第 1~9 行代码定义了转换数据格式函数 reate_dataset( )，与训练模型时对数据的格式转换函数相同。
- 第 11 行代码调用定义的准换数据函数，将输入参数进行转换并赋给 X。
- 第 12 行代码的功能也是将性能参数进行转换并赋给变量 Y。

（4）调用模型进行预测　代码如下：

```
1  model = load_model('GRU.h5')
2  prediction = model.predict(X)
3  prediction = FNormalizeMult(prediction, normalize)
4  print(prediction)
```

- 第 1 行代码调用 load_model( ) 函数加载保存好的模型并赋给变量 model。
- 第 2 行代码调用 predict( ) 函数预测数据并赋给变量 prediction。
- 第 3 行代码调用自定义反归一化函数对预测的数据进行反归一化。
- 第 4 行代码输出预测数据。

5.3.2 LSTM-Attention 算法

本节将介绍基于 LSTM-Attention 算法中 Keras 库的相关函数，来实现对轮胎性能的预测。随书资源包下列位置：\chapter 5\xingneng. xlsx 提供了一份虚拟的轮胎性能数据集（Excel 表格），用来训练模型。基于 LSTM-Attention 算法的轮胎性能预测的完整代码详见随书资源包下列位置：\chapter 5\LSTM-Attention. py，完整代码的训练与预测过程如下：导入相应模块、数据处理、搭建模型、训练模型、训练结果、优化模型和调用模型。

下面仅介绍主要的脚本命令：

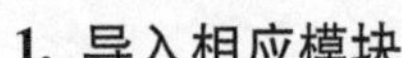

轮胎设计研发智能化技术

1. 导入相应模块

代码如下：

```
1  import pandas as pd
2  import numpy as np
3  from sklearn.model_selection import train_test_split
4  from sklearn.metrics import mean_squared_error, mean_absolute_error, r2_score
5  import matplotlib.pyplot as plt
6  from keras.layers import  LSTM, Multiply
7  from keras import Input,Model
8  from keras.layers.core import *
9  from keras import backend as K
10 from sklearn.preprocessing import MinMaxScaler
```

- 第 1 行代码导入 Pandas 库并重命名为 pd。
- 第 2 行代码导入 NumPy 库并重命名为 np。
- 第 3 行代码导入 sklearn 库 model_selection 模块的 train_test_split( ) 函数，用来分割数据。
- 第 4 行代码导入 sklearn 库 metrics 模块的 mean_squared_error、mean_absolute_error 和 r2_score( ) 函数，用来评价模型训练结果的好坏。
- 第 5 行代码导入 matplotlib 库的 pyplot 快速绘图模块并命名为 plt，用来绘制损失图、真实值与预测值之间的关系图。
- 第 6 行代码导入 Keras 库 layers 模块的 LSTM 和 Multiply( ) 函数，用来搭建网络层。
- 第 7 行代码导入 Keras 库的 Input 和 Model 模块。
- 第 8 行代码导入 Keras 核心层的所有函数。
- 第 9 行代码导入 Keras 库的 backed 模块并重命名为 K。
- 第 10 行代码导入 sklearn 库 prerocessing 模块的 MinMaxScaler( ) 函数，用来对数据预处理（归一化）。

2. 数据处理

代码如下：

```
def create_dataset(dataset, look_back):
    dataX, dataY = [], []
    for i in range(len(dataset)-look_back-1):
        a = dataset[i:(i+look_back), :]
        dataX.append(a)
        b = dataset[(i+look_back), :]
        dataY.append(b)
    TrainX = np.array(dataX)
```

```
9    TrainY = np.array(dataY)
10    return TrainX, TrainY
11  data = pd.read_excel("xingneng.xlsx")
12  print(data)
13  data = data.iloc[:,1:]
14  print(data)
15  print(data.shape)
16  n = MinMaxScaler()
17  data = n.fit_transform(data)
18  datax = data[:,1:]
19  print(datax)
20  datay = data[:,0].reshape(len(data),1)
21  print(datay)
22  time_step = 1
23  X, _ = create_dataset(datax, time_step)
24  _, Y = create_dataset(datay, time_step)
25  print(X.shape)
26  print(Y.shape)
27  test_size = 0.2
28  train_X, test_X, train_Y, test_Y = \
29          train_test_split(X, Y, test_size=test_size,shuffle=True)
```

- 第 1～10 行代码自定义数据格式转换函数，使待处理数据的格式符合 LSTM 层的输入要求。
- 第 11 行代码调用 Pandas 库的 read_excel( ) 函数读取整个数据集。
- 第 12 行代码输出读取的数据集，运行后可以看到读取的数据不包含表头，但包含第 1 列。
- 第 13 行代码调用 iloc( ) 函数截取数据，[: ,1 :] 逗号之前表示选取读取数据的所有行，逗号之后表示选取读取数据的第 2 列到最后 1 列。
- 第 14 行代码输出截取之后的数据，用来训练数据。
- 第 15 行代码输出数据形状。
- 第 16 行代码实例化 MinMaxScaler( ) 函数，赋予变量 n。
- 第 17 行代码调用 fit_transform( ) 函数对数据归一化并赋给变量 data。
- 第 18 行代码截取第 2 列之后的参数并赋值给 datax。
- 第 19 行代码输出 datax。
- 第 20 行代码截取第 1 列数据，即性能值并赋值给 datay。
- 第 21 行代码输出 datay。
- 第 22 行代码将 1 赋值给变量 time_step。

- 第 23 行代码调用自定义函数将参数特征输入格式转换为 LSTM 需要的输入格式。
- 第 24 行代码调用自定义函数转换性能特征格式。
- 第 25 行代码输出转换后参数特征数据的形状。
- 第 26 行代码输出转换后性能特征数据的形状。
- 第 27 行代码设置测试集比例为 0.2，并赋值给变量 test_size。
- 第 28 行代码调用 train_test_split( ) 函数，将数据集参数 X 和性能 Y 划分为 train_X，test_X，train_Y，test_Y。其中，参数 test_size 为划分比例，shuffle = True，即划分数据时先打乱数据，有利于提高模型的预测精度。

3. 搭建模型

代码如下：

```
1  def attention_3d_block_method2(inputs):
2      input_dim = int(inputs.shape[2])
3      a1 = Permute((2, 1))(inputs)
4      a1 = Dense(time_step, activation='softmax',name='attention_vec1')(a1)
5      a1 = Lambda(lambda x: K.mean(x, axis=1))(a1)
6      a1 = RepeatVector(input_dim)(a1)
7      a1 = Permute((2, 1), name='attention_vec')(a1)
8      a2 = Dense(input_dim, activation='softmax', name='attention_vec2')(inputs)
9      a2 = Lambda(lambda x: K.mean(x, axis=1))(a2)
10     a2 = RepeatVector(time_step)(a2)
11     a_probs = Multiply()([a1, a2])
12     output_attention_mul = Multiply()([inputs, a_probs])
13     return output_attention_mul
14 def model_attention_applied_after_lstm(X):
15     inputs = Input(shape=(X.shape[1], X.shape[2]))
16     lstm_out = LSTM(200, return_sequences=True)(inputs)
17     attention_mul = attention_3d_block_method2(lstm_out)
18     attention_mul = Flatten()(attention_mul)
19     output = Dense(1, activation='sigmoid')(attention_mul)
20     model = Model(inputs=[inputs], outputs=output)
21     return model
22 model = model_attention_applied_after_lstm(train_X)
23 model.summary()
24 model.save("LSTM-Attention.h5")
```

- 第 1~13 行代码定义了一个 Attention 层函数。
- 第 1 行代码定义函数 attention_3d_block_method2( ) 并传入参数 inputs，即经过 LSTM 层的输出。

- 第 2 行代码获取输入数据的第 2 个维度，即特征维度并赋予变量 input_dim。
- 第 3 行代码调用 Permute( ) 函数将数据格式进行转换，即将第 2 维和第 3 维对换。
- 第 4 行代码对时间步增加一个 Dense 全连接层，神经元数为 1，选用 softmax 激活函数。
- 第 5 行代码对数据进行切片操作。
- 第 6 行代码将输入重复 input_dim 次，保证维度特征的权重相同。
- 第 7 行代码将变量 a1 的第 2 维和第 3 维对换。
- 第 8 行代码对输入特征维度加全连接层。
- 第 9 行代码同第 5 行代码功能相同，此处不再赘述。
- 第 10 行代码同第 6 行代码功能相同，此处不再赘述。
- 第 11 行代码将两个 Attention 层权重系数相乘并赋给变量 output_attention_mul。
- 第 14~21 行代码定义整体网络模型结构。
- 第 22 行代码调用自定义模型函数。
- 第 23 行代码调用 summary( ) 函数显示模型的网络结构。
- 第 24 行代码调用 save( ) 函数保存模型。

4. 训练模型

代码如下：

```
1  model.compile(loss="mean_squared_error", optimizer="adam")
2  history = model.fit(train_X, train_Y, epochs=500, batch_size=32, validation_split=0.2)
```

- 第 1 行代码调用 compile( ) 函数配置模型损失函数和优化器。
- 第 2 行代码调用 fit( ) 函数训练模型，train_X 和 train_Y 分别为训练数据的参数列和性能列并作为输入，训练次数 epochs 设置为 500，batch_size 为每次梯度更新的样本数，validation_split 为用作验证集的训练数据的比例，模型将分出一部分不会参与训练的验证数据，并将在每一轮结束时评估验证数据的误差和其他模型指标。

5. 训练结果

代码如下：

```
loss = History.history['loss']
val_loss = History.history['val_loss']
testPredict = model.predict(test_X)
print(testPredict)
plt.figure(1)
plt.plot(test_Y, label='true')
plt.plot(testPredict, label='prediction')
plt.legend()
plt.figure(2)
```

轮胎设计研发智能化技术

```
10 plt.plot(loss, label='loss')
11 plt.plot(val_loss, label='val_loss')
12 plt.legend()
13 plt.show()
14 print('Test MAE: %.4f' % mean_absolute_error(test_Y, testPredict))
15 print('Test R^2: %.4f' % r2_score(test_Y, testPredict))
16 print('Test RMSE: %.4f' % mean_squared_error(test_Y, testPredict))
```

- 第 1、2 行代码调用 history( ) 函数获取训练过程中的损失值。
- 第 3 行代码调用 predict( ) 函数使用测试集的参数列 text_X 来预测性能列，并赋给变量 testPredict。
- 第 4 行代码输出预测的性能值。
- 第 5~7 行代码绘制真实值与预测值之间的关系图。
- 第 8 行代码调用 legend( ) 函数显示图像标签。
- 第 9~11 行代码绘制损失图。
- 第 12~13 行代码的功能是显示绘制的图标和图。
- 第 14~16 行代码输出训练模型的评价指标，即平均绝对误差、拟合值和均方误差。

真实值与预测值的关系图如图 5-33 所示，损失图如图 5-34 所示。

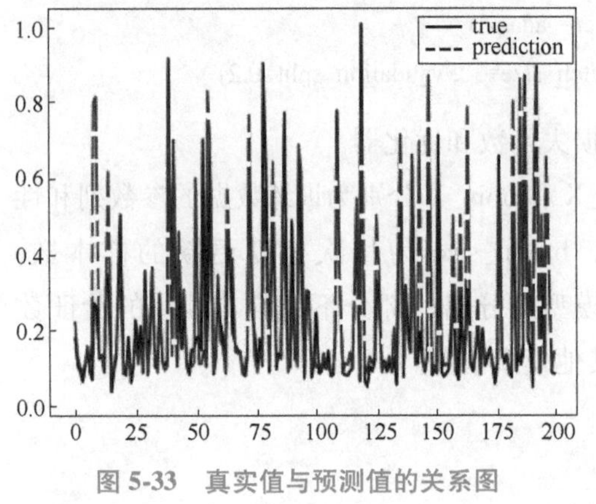

图 5-33　真实值与预测值的关系图

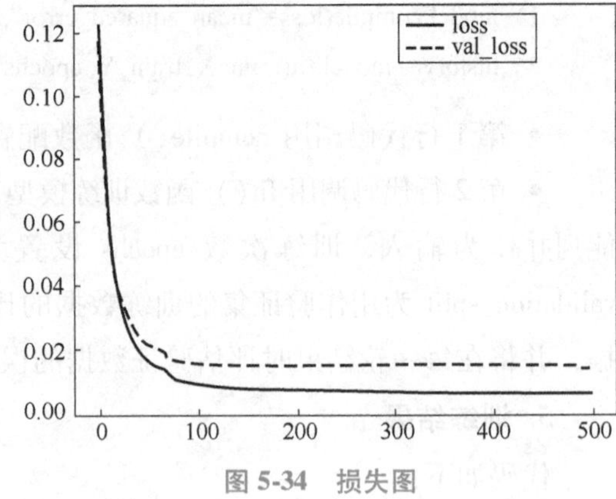

图 5-34　损失图

LSTM-Attention 模型评价指标见表 5-6。

表 5-6　LSTM-Attention 模型评价指标

评价指标	数值
平均绝对误差（MAE）	0.0570
拟合程度（R^2）	0.7840
均方误差（MSE）	0.0115

6. 优化模型

如果预测结果不理想，读者可以尝试修改参数继续优化模型，详见第 5 节“基于 GRU 算法的优化步骤”，此处不再赘述。

7. 调用模型

调用模型的方法与 GRU 算法的调用模型方法相同，只需将导入的扩展名为 .h5 的文件替换为训练的 LSTM-Attention 文件即可。

5.4 本章小结

本章主要介绍了下列内容：

第 5.1 节介绍了深度学习的发展历程和应用及常用的 4 种预测算法，让读者能够对深度学习和预测算法有深入的了解。

第 5.2 节介绍了数据分析与数据挖掘方面的基础知识，并对二者的异同进行了比较。

第 5.3 节通过轮胎性能预测实例的两种算法，详细介绍了数据处理、搭建网络模型、训练模型、优化模型和调用模型的完整过程，读者可以反复操作和调试，深刻理解后可以搭建自己的网络模型。

参考文献

[1] 迈克尔. 尼尔森. 深入浅出神经网络与深度学习［M］. 北京：人民邮电出版社，2020.
[2] 吴岸城. 神经网络与深度学习［M］. 北京：电子工业出版社，2016.
[3] 高敬鹏. 卷积神经网络技术与实践［M］. 北京：机械工业出版社，2020.
[4] 李铮，黄源. 人工智能导论［M］. 北京：人民邮电出版社，2021.
[5] 姚海鹏. 大数据与人工智能导论（第二版）［M］. 北京：人民邮电出版社，2020.

第6章

6

轮胎缺陷与损伤识别技术

本章内容：

轮胎是汽车不可或缺的重要部件，其质量优劣严重影响行车安全。但是，在轮胎生产与使用过程中，常常因为操作不当、机械故障、路况复杂等因素使其出现缺陷或损伤。为了避免由于轮胎故障导致的交通事故，通过专业的技术手段识别轮胎的缺陷或损伤，来预知潜在的危险并及时采取有效措施，能够大大减少车祸发生的数量。

本章将首先介绍常见的轮胎缺陷与损伤，并分析其产生机理与表现形式；然后介绍基于计算机视觉技术和深度学习算法的轮胎缺陷与损伤的识别技术及算法；最后，通过轮胎损伤识别与缺陷识别的两个案例，介绍其完整的识别流程。

6.1 轮胎缺陷与损伤简介

轮胎是各种车辆或机械的接地滚动圆环形弹性橡胶制品，通常安装在金属轮辋上，能够支承车身，缓冲外界冲击，实现与路面接触并保证车辆的行驶性。它们经常在复杂苛刻的条件下使用，行驶过程中还承受各种负荷及高低温作用，必须具备较好的承载性、牵引性、缓冲性、耐磨性，以及较小的滚动阻力与生热性。

子午线轮胎是全球轮胎行业的主要产品，截至 2021 年，全球轮胎的子午化率已达 90%。子午线轮胎结构较复杂（见图 6-1），通常由气密层、胎体帘布层、钢丝带束层和锦纶带束层等多种材料复合而成。

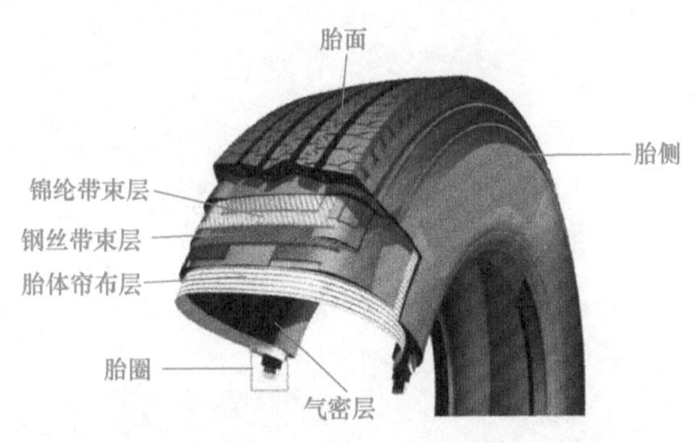

图 6-1 子午线轮胎结构

第6章　轮胎缺陷与损伤识别技术

在子午线轮胎生产制造过程中，由于工艺或操作误差等原因，通常会产生下列 3 种缺陷：异物缺陷、帘线类缺陷和气泡类缺陷，如图 6-2 所示。

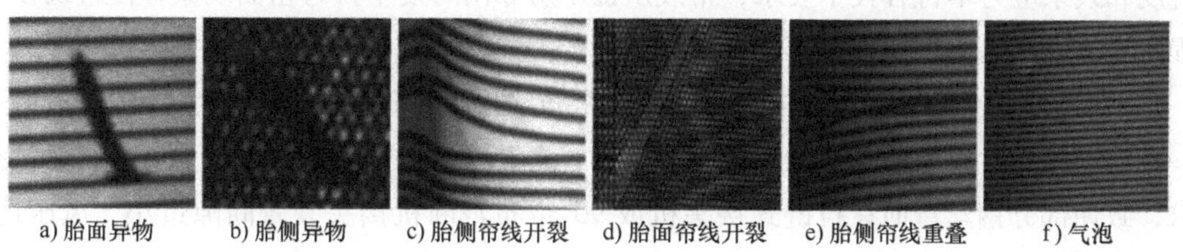

a) 胎面异物　b) 胎侧异物　c) 胎侧帘线开裂　d) 胎面帘线开裂　e) 胎侧帘线重叠　f) 气泡

图 6-2　子午线轮胎内部缺陷类型

（1）异物缺陷　在轮胎生产过程中，如果非轮胎材料不小心混入轮胎材料中，X 射线成像时由于混入外来物质而导致局部变厚，X 射线投射能力变弱，该区域灰度变暗。具有异物类缺陷的轮胎会严重影响车胎质量，车辆在行驶过程中容易出现车胎爆裂。

（2）帘线类缺陷　帘线类缺陷是轮胎生产过程中最主要的缺陷，根据其产生机理的不同可分为：胎体帘线密度不均、胎体帘线交叉、胎体帘线裂缝、胎体帘线弯曲，如图 6-3 所示。

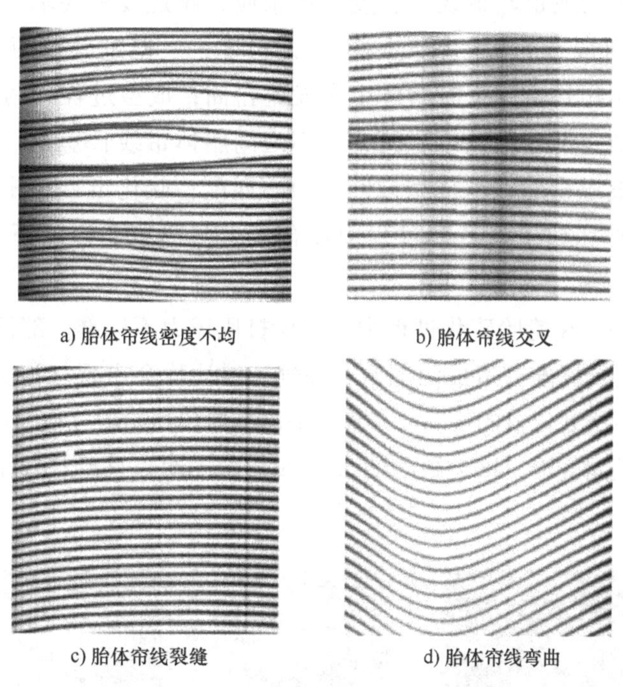

a) 胎体帘线密度不均　b) 胎体帘线交叉

c) 胎体帘线裂缝　d) 胎体帘线弯曲

图 6-3　常见帘线类缺陷

1）胎体帘线密度不均指的是胎体帘线过于密集或稀疏，分布不均。其产生机理包括但不限于：当钢丝帘布压延时，锭子制动器的风压不稳或压延机与其前后两个区段的帘线张力不恒定均一，导致个别张力较小的帘线从精密辊及压延机辊筒上跳线；精密辊使用时间过长，辊筒磨损严重；供胶温度过低或压延时辊筒间存胶量过大，造成附胶帘布密度不均；胶料塑性值不稳定、不均匀，挤稀辊筒上的帘线如果无法固定，则不能正常排列；钢丝帘线的平直度和残余应力不符合技术要求，帘线从锭子房导出时发生打弯扭曲现象，使帘线在压延过程中易跳动，造成帘线排列不均。

2）胎体帘线交叉表现为径向排列的胎体帘布间出现钢丝交叉，其产生机理包括但不限于：在帘布压延过程中，钢丝架上卷轴制动装置失灵或钢丝帘线平直度及残余应力超过技术要求，致使部分钢丝弯曲；拉链式接头机或90°帘布裁断机接头装置间隙过小、风压过大，导致胎体帘线受到过度挤压等。

3）胎体帘线裂缝表现为在90°帘布裁断机接头处或成型接头处裂开。其产生机理包括但不限于；90°帘布裁断机接头装置风压低或接头装置间隙过大，90°帘布裁断机接头后在接头处开缝或接头处胶料过多，帘线间距大于正常压延帘线间距；附胶帘布停放时间过长、帘布黏性不好或帘布喷霜；成型或硫化时定型压力过大；成型过程中供料与导开速度不匹配，帘布受到拉伸；成型过程中使用汽油过多，汽油渗入接头区域；胎体帘布裁断长度小于规定尺寸，成型时胎体帘布受到拉伸等。

4）胎体帘线弯曲表现为胎体帘线出现周向弯曲。其产生机理包括但不限于；帘布压延过程中张力控制不均或钢丝帘线平直度及残余应力超过技术要求；平宽宽度超过公差范围，使两钢丝圈间帘布的实际长度大于设计长度；成型过程中两钢丝圈夹持环同心度出现偏歪，钢丝圈扣到胎体上时胎体帘布发生扭曲；成型过程中两侧鼓内扇形块压力控制不准，使胎体帘线平直度差或者两钢丝圈之间胎体帘线长短不一；在成型过程中滚压胎面或胎侧时，滚压盘压力与成型鼓间压力不匹配；硫化定型时压力过大，造成胎坯膨胀过大，使帘线伸张过度，合模过程中在合模力与内压的作用下膨胀的胎坯受到挤压等。

（3）气泡类缺陷　在轮胎硫化过程中，如果打压压力不标准、部件黏性不足、含水率高、宽度和厚度不符合标准等造成的漏水、漏气、漏油均会出现气泡类缺陷，如图6-4所示。根据产生原因与所处位置的不同，气泡类缺陷主要包括胎肩气泡、纱线气泡、胎体内部气泡、胎侧气泡、胎圈气泡，该类缺陷的X射线成像不明显且形状较小，不易观察，下面逐一介绍。

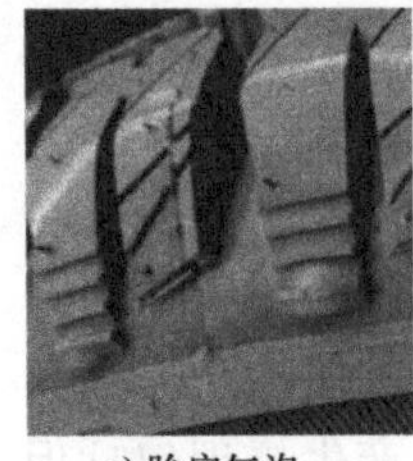
a) 胎肩气泡

b) 纱线气泡

c) 胎体内部气泡

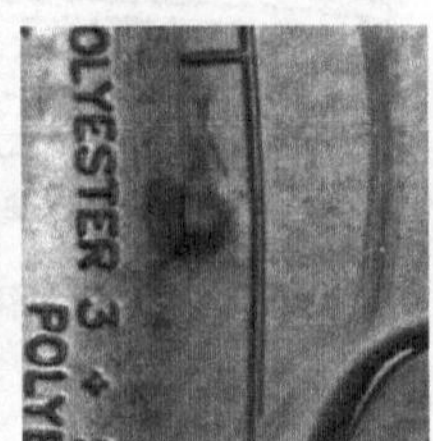

d) 胎侧气泡

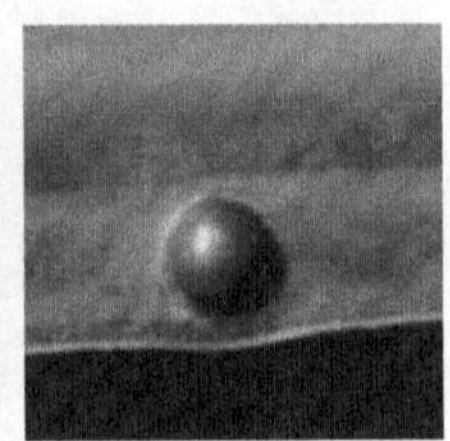
e) 胎圈气泡

图 6-4　常见的气泡类缺陷

1）胎肩气泡主要位于轮胎胎冠翼胶端点位置，又可分为胎冠翼胶与胎侧胶间气泡、胎冠胶与胎冠底层黏合胶片间气泡、胎冠基部胶与胎冠底层黏合胶片间气泡，以及胎冠胶与冠带层间气泡。其产生机理包括但不限于；胎冠底层黏合胶片宽度不足、未完全覆盖胎冠胶。因未被完全覆盖的胎冠胶黏性不足，致使肩部打压不实而产生气泡；胎侧垫胶位置厚度过渡不良，或胎侧设计时胎侧垫胶位置在较短距离内有较大厚度差，导致胎冠打压过程中胎侧垫胶位置空气不易排出而产生气泡；胎冠底层黏合胶片与胎冠胶或胎冠基部胶之间黏合不良，打压后在胎冠胶、胎冠基部胶与胎冠底层黏合胶片之间产生气泡；打压压力不标准、停顿点不良和停顿时间不足等均会造成胎肩打压不实、漏压等，致使产生肩空而造成胎肩气泡；冠带层缠绕不良，冠带层材料搭接不良，厚度落差大，打压后易出现窝气导致胎肩气泡；部件黏性不足，胎冠、胎侧、带束层和冠带层黏性不良均会造成胎肩打压不实而出现胎肩气泡；材料污染、杂物等导致出现胎肩气泡等。

2）帘布压延过程增加辐射预硫化设备后，帘布黏性下降，在帘布纱线（又称标识线、排气线）位置易产生气泡，气泡易出现在胎肩、胎侧位置，剖开断面会发现每个气泡中间都有 1 根纱线，也称为纱线气泡。其产生机理包括但不限于；压延纱线不干燥，含水率高，成型后形成纱线气泡；挤出胎侧表面有水迹，与纱线接触后形成纱线气泡；纱线规格、摆放密度不符合标准等。

3）胎体内部气泡是最常见的轮胎气泡，其出现位置较多，包括内衬层与帘布间的气泡，帘布与胎侧、三角胶、带束层间的气泡，以及胎冠与胎侧间的气泡等。其产生机理包括但不限于：设备漏油、部件有油污，导致胎里层间产生气泡；喷涂液从内衬层接头渗到胎里导致内衬层接头位置产生多个气泡；帘布接头后未处理气泡或不按标准处理气泡均会导致帘布接头位置产生气泡；成型时帘布反包不实，帘布与三角胶间有空气，硫化后空气无法排出，形成气泡；成型段海绵辊破损、辊压不到位，会导致胎里气泡；帘布接头与内衬层接头间距过小，会导致接头处气泡；裁断帘布接头打孔不符合标准，导致空气无法排出，形成气泡等。

4）胎侧气泡在轮胎外部胎侧位置出现，位于帘布与胎侧或三角胶之间。其产生机理包括但不限于：成型段下压辊参数设定不符合标准要求；下压辊与机鼓间距过大、打压压力不足、停顿点不正确均会导致胎侧打压不到位，形成胎侧气泡；胎侧贴合时海绵辊滚压不足一圈、压力异常导致胎侧打压不实，出现气泡；胎侧接头过大，搭接处窝气产生气泡；胎侧或帘布喷霜、部件有水或油污等杂质也易产生胎侧气泡。

5）胎圈气泡往往出现在钢丝圈底部倒角位置，是半钢子午线轮胎常见的气泡形式之一。其产生机理包括但不限于：内衬层宽度、厚度不符合标准要求，导致胎圈处部件分布不良，材料不足，产生胎圈气泡；胎坯打压不良，导致出现气泡，硫化过程中气泡不能排出，形成成品胎圈气泡；成型胶囊进鼓量不足，内衬层反包压力不足，易产生气泡；三角胶与钢丝圈吻合不良，反包后三角胶底部容易窝气，产生气泡；成型段指形片排列不整齐，有高度差的位置易产生气泡等。

轮胎寿命通常为 5 年左右，使用里程约 6 万~8 万 km，使用期间轮胎会面临复杂的行车环境与长期摩擦损耗，胎面部分不可避免地会出现裂纹、鼓包、碎片嵌入等损伤，如图 6-5 所示。本书根据损伤类型和损伤位置将其分为 3 类，分别是：胎面鼓包、裂纹和碎片嵌入，下面分别介绍。

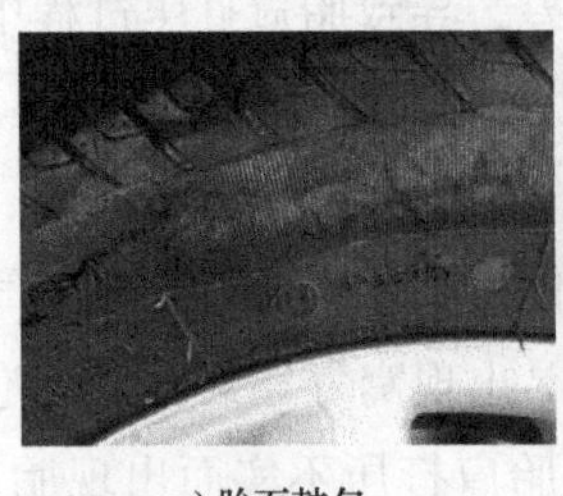
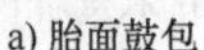
a) 胎面鼓包

b) 裂纹

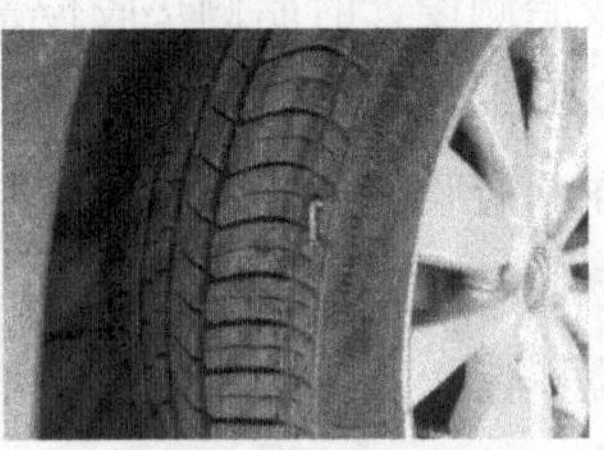
c) 碎片嵌入

图 6-5 轮胎损伤

（1）胎面鼓包与产生机理 轮胎鼓包分为帘子线断裂引起的鼓包和脱层鼓包，脱层鼓包又主要包括冠空、肩空、子口空三种情况。其产生机理包括但不限于下列几个方面：轮胎在制造过程中出现帘布层搭接不到位或帘线稀疏，引起局部胎体（帘布层）强度减弱而产生鼓包现象；车辆在行驶时挤压或撞到台阶、凹坑，使胎体（帘布层）因受到强烈的挤压而出现帘布层帘线断裂，从而使局部胎体强度减弱而出现鼓包现象；胎体（帘布层）存在接头搭接现象，如果接头搭接帘线过多，造成局部强度过大，轮胎充气后出现凹陷现象；轮胎气压低，行驶过程中轮胎两侧胎体（帘布层）出现屈曲或伸缩严重，造成两侧胎体（帘布层）帘线疲劳断裂，轻者造成胎侧鼓包现象，重者致使轮胎爆胎。

（2）胎面裂纹与产生机理 胎面或胎冠部分出现裂纹、橡胶材料丢失、老化开裂等的产生机理包括但不限于下列几个方面：硫化过的橡胶提升了硬度，但是时间长了会老化。轮胎橡胶自然老化一般是因为轮胎使用的年份久了，橡胶表面出现很多细小的裂纹，这样的裂纹称为“龟裂”；受到剐蹭或坚硬物划破导致的裂纹，形成原因一般是保养不善，或者行驶于路况不好的道路上，坚硬锐利物体接触到轮胎，致使轮胎胎面破裂。即使在正常路面行驶，也不可避免地会遇到被坚硬锐利物体割伤、外力撞击撕裂等状况，从而产生大小不等的胎面裂纹；汽车轮胎意外受损导致胎面橡胶缺块，通常胎面缺块表现为胎面花纹块缺失。汽车轮胎遭受到坚硬物体严重剐蹭、冲击、割伤等极易造成胎面损伤，橡胶轮胎容易被化学腐蚀品腐蚀，且轮胎气压不足容易碾压损伤等，都会导致轮胎缺块。

（3）碎片嵌入与产生机理 如果出现玻璃碎片、钉子、尖锐石子等嵌入胎体部分，根据嵌入深度与位置的不同，其处理措施也不同。通常情况下，如果破坏了帘线层等内部结构，就必须更换；车辆行驶的路况不佳也会造成此损伤。

6.2 轮胎缺陷与损伤识别

6.2.1 概述

1. 缺陷识别与检测技术

随着汽车的快速普及，轮胎缺陷检测受到国内外学者、汽车维修检测设备厂商的关注。由于轮胎内部结构复杂，在生产过程中易出现质量问题。因此，在轮胎投入市场前必须进行质量检测，以保障公共交通安全。目前，轮胎缺陷检测算法可以分为两类：基于图像处理技术的轮胎缺陷检测算法和基于深度学习的轮胎缺陷检测算法。

（1）基于图像处理技术的轮胎缺陷检测算法　该检测算法首先对采集的轮胎图像进行预处理，包括：图像分割、图像分析、图像识别等技术，通过提取其几何、灰度、纹理等特征，完成轮胎缺陷检测。这类算法对于特征明显的缺陷检测精度较高，检测过程也较简单，参数易于调节。其缺点是：对于每类缺陷都需要设计对应的缺陷检测算法，需要算法工程师对每类缺陷都有较为深刻的认识，且能够对缺陷特征准确表达，因此鲁棒性较差。

（2）基于深度学习的轮胎缺陷检测算法　近年来，随着深度学习的快速发展，它在各个领域都焕发出新光彩。当然，深度学习也被应用于轮胎缺陷检测中，并取得了较好的效果。与传统的视觉检测技术相比，基于深度学习的检测方法因其强大的特征提取能力和参数自学习能力而备受关注，通常包括 3 种情况：图像分类（Image Classification）、目标检测（Object Detection）和语义分割（Semantic Segmenation）。其中，图像分类指的是根据图像中不同信息特征（例如，色彩、纹理和形状等信息），利用计算机代替人的视觉对图像进行定量分析，将图像划分为不同的类别；目标检测则主要是利用计算机找出图片或者视频中感兴趣的区域（Region of Interest，ROI），确定其位置和类别；语义分割则通过对图像中的像素进行分类实现对感兴趣区域（ROI）的分割。

2. 损伤识别与检测技术

近年来，在用轮胎的损伤识别与检测技术的研究也在蓬勃发展。但是，大部分研究工作针对静止轮胎进行安全评估，图像采集设备选取时需要考虑光照环境等因素。随着算法的进一步发展，低速在用轮胎的损伤识别相关研究工作也开始逐渐引起重视。目前，针对在用轮胎的损伤检测方式大致可以分为两类，分别是基于硬件传感器采集信息的轮胎损伤监测、基于机器视觉的轮胎损伤检测。

（1）基于硬件传感器采集信息的在用轮胎损伤检测　该检测方式主要通过安装速度、激光、振动等传感器，持续采集轮胎信息（如加速度、振动幅度、色彩误差、表面平整度、充放气的扩张与收缩率等），根据比较其无损与磨损条件下的工作状态，完成对胎面损伤的识别。该方法具有较高的检测精度，并且不受光照、温度等因素的影响，但存在初期投入成

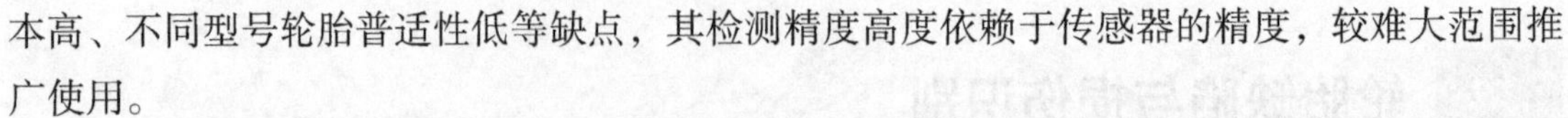

本高、不同型号轮胎普适性低等缺点，其检测精度高度依赖于传感器的精度，较难大范围推广使用。

（2）基于机器视觉的在用轮胎损伤检测　基于图像处理技术实现轮胎损伤检测的研究始于 20 世纪 80 年代，由美国 Alkn-bradley 公司首先将机器视觉检测技术应用于轮胎损伤。传统的基于图像处理技术的损伤检测方法大多基于低级图像信息（如颜色、纹理、阴影、视角、阴影和散焦等），通过自适应阈值算子、小波变换、多尺度变换、Canny 边缘检测与投影变换算法等进行特征搜索与匹配。

上述两种方法在特定条件下都具有高准确率、低误报率的优点，但需要特定的拍摄环境，很难实现实时检测。对排除路面、车轮拱罩、轮辋盖等无关背景的干扰问题较难解决。随着计算机技术的快速发展，基于机器视觉与深度学习算法的轮胎损伤检测技术具有部署灵活、成本低等优点，且无须手动裁剪特征，对无关信息的干扰也有一定的鲁棒性，因此本书选择该技术实现轮胎。

6.2.2 深度学习算法基础

人工神经网络（Artificial Neural Networks，ANN）是一种通过模拟生物神经系统的结构和行为，进行分布式并行信息处理的数学模型。1943 年，麦卡洛克和皮兹联合发表论文《神经活动中内在思想的逻辑演算》（A Logical Calculus of the Ideas Immanent in Nervous Activity），文中首次提出了 MCP 模型，它是人类历史上第 1 个神经网络模型，虽然相对简单，但具备里程碑意义。

人工神经网络通过调整内部神经元与神经元之间的权重关系，达到处理信息的目的。20 世纪 80 年代，Fukushima 在感受野概念的基础上，提出了神经感知机的概念，可以看作是实现的第 1 个人工神经网络。神经感知机将一个视觉模式分解成许多子模式（特征），然后进入分层递阶式相连的特征平面进行处理，它试图将视觉系统模型化，即使物体有位移或轻微变形，也能够完成识别。其中，神经元是人工神经网络的基本处理单元，一般是多输入、单输出单元，其结构模型如图 6-6 所示。

图 6-6 中，x_i 表示输入信号，共 n 个输入信号同时输入神经元 j；w_{ij} 表示输入信号 x_i 与神经元 j 连接的权重，b_j 表示神经元的内部状态，即偏置值，y_j 为神经元的输出；输入与输出之间的关系见式（6-1）

$$y_j = f\left[b_j + \sum_{i=1}^{n}(x_i \times w_{ij})\right] \tag{6-1}$$

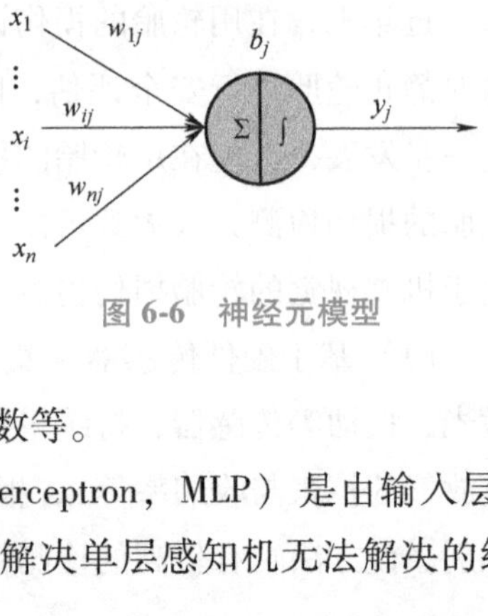

图 6-6　神经元模型

式中，$f(\cdot)$ 为激励函数，可以是线性纠正函数（Rectified Linear Unit，ReLU）、sigmoid 函数、tanh(x) 函数、径向基函数等。

卷积神经网络发展的前身——多层感知器（Multilayer Perceptron，MLP）是由输入层、隐含层（一层或多层）及输出层构成的神经网络模型，可以解决单层感知机无法解决的线性不可分问题。图 6-7 所示为一个包含 2 个隐含层的多层感知机的网络拓扑结构图。

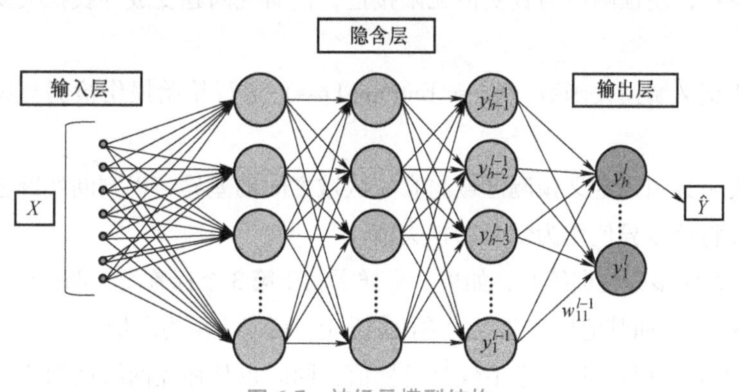

图 6-7　神经元模型结构

由图 6-7 可以看出：输入层神经元接收输入信号，隐含层和输出层的每个神经元与之相邻层的所有神经元连接，即全连接，而同一层的神经元之间互不相连。有箭头的线段表示神经元间的连接和信号传输方向，且每个连接都有一个连接权值。隐含层和输出层中每个神经元的输入为前一层所有神经元输出值的加权和。多层感知机虽然简单，但是基本具备神经网络的所有主要组成部分和思想，包括：权重学习、损失函数、梯度下降法等，下面将分别介绍。

1. 权重学习

如果将每一层的输入和输出值表示为向量，将权重表示为矩阵，将误差表示为向量，如图 6-7 所示，即神经网络的本质为 1 个多参量函数，该函数将向量作为输入，对它们进行相应变换，然后输出变换后的向量。

图 6-7 中，从一个输入层开始，给其输入第一个函数，该函数计算各分量的线性组合，将结果向量作为输出；然后将该向量用作激活函数的输入，以此类推，直到到达序列中最后一个函数，而最后一个函数的输出则是神经网络的预测值。

2. 损失函数

神经网络实质上只是一个函数，一个由按顺序排列的小函数组成的大函数，该函数有一组参数，开始时并不知道这些参数的值是什么，读者可以理解为只是进行初始化操作。如果要使神经网络在图像识别中拥有类似于人类的智能，则需要使函数中的各个值能够明确区分不同分类的图像，即不同标签的数字图像输入网络后，得到的输出差异足够大，以便于区分。

在求出函数值之前，需要一种评估神经网络性能优劣的方法。因此，需要设计一个函数，将神经网络的预测值和数据集中的真实标签作为输入，并将表示神经网络性能的数字作为输出。然后，可以将学习问题转化为寻找函数的最小值或最大值的优化问题。在机器学习中，该函数用来评判预测结果有多糟糕，因此，起名损失函数（loss function）。该函数用来评测模型预测值 $f(x)$ 与真实值 Y 的相似程度，损失函数越小，代表模型的鲁棒性越好。通常，根据损失函数的变化情况，来反向传播修改模型参数。机器学习的最终目的是学习一组参数，使预测值与真实值无限接近，使研究问题变成寻找损失函数最小化的神经网络参数。

本章将使用交叉熵损失函数（Cross Entropy Loss）进行轮胎损伤检测与识别，下面详细介绍。

交叉熵损失函数用来定义预测区域与真实区域之间的差异，以判断实际输出与期望输出的接近程度，并将该差异值作为学习的损失值。

举例来说：在做多分类训练时，如果一个样本属于第 3 个标签类，那么该类别所对应的输出节点的值应该为 1，而其他标签节点的输出都为 0，可以表示为向量［0,0,1,0,…,0］，该数组也就是样本的标签（Label），它不仅是目标值，同时也是神经网络最期望的输出结果。但是，其输出通常为［$y_1,y_2,y_3,\cdots,y_n$］，且 $y_1\cdots y_n$ 的输出并非为 0，此时损失值可以描述为［0,0,1,0,…,0］与［$y_1,y_2,y_3,\cdots,y_n$］之间的概率分布差距，假设分布距离真实标签越近，则交叉熵越小，模型越好。

交叉熵损失函数也是 pytorch 图像分类中最常用的损失函数，在某些不平衡数据集的分类问题中拥有较好的表现。交叉熵损失函数如式（6-2）所示

$$\mathrm{loss}_n = -w_{y_n}\lg\frac{\exp(x_n,y_n)}{\sum_{c=1}^{C}\exp(x_{n,c})}\cdot 1 \tag{6-2}$$

式中，x 表示输入；y 表示目标值；w 表示权重；C 表示类的数量；n 表示批量数据的编号。

3. 梯度下降法

由前面知识可知：损失函数的损失值是衡量预测值与目标值之间差异的一个数值，而神经网络可以看作一个函数，为了使该函数能够获得全局最优解，则需要不断更新网络函数值使其损失函数最小化。因此，提出了梯度下降法。

梯度下降法是迭代法的一种，可以用于求解最小二乘问题（线性和非线性都可以）。当求解机器学习算法模型参数（即无约束优化问题）时，梯度下降（Gradient Descent）法是最常采用的方法之一，其具体运行过程如图 6-8 所示。假设函数定义为 $y=wx+b$，其中，y，x 分别表示预测输出值和数据输入值，而 w，b 则表示所需计算的权重值。loss 值可定义为：$\mathrm{loss}=(wx+b-y)^2$。函数梯度指的是斜率最大的上升方向，如果取梯度为负值，则给出最陡的下降方向，即可以在该方向上最快地寻找到最小值（全局最优）。因此，在每次迭代（又称训练轮次）时，通过计算损失函数的梯度，引入学习率因子（衡量每次迭代对原函数的改变程度，相当于下山过程迈出的步长，如果该值过小则表示下降速度很慢，如果过大则可能导致无法收敛，出现损失值无法进一步下降的情况），对旧参数更新处理后，即可得到神经网络模型的新参数。

本章后文将要用到随机梯度下降法（Stochastic Gradient Descent，SGD），下面详细介绍其实现过程。

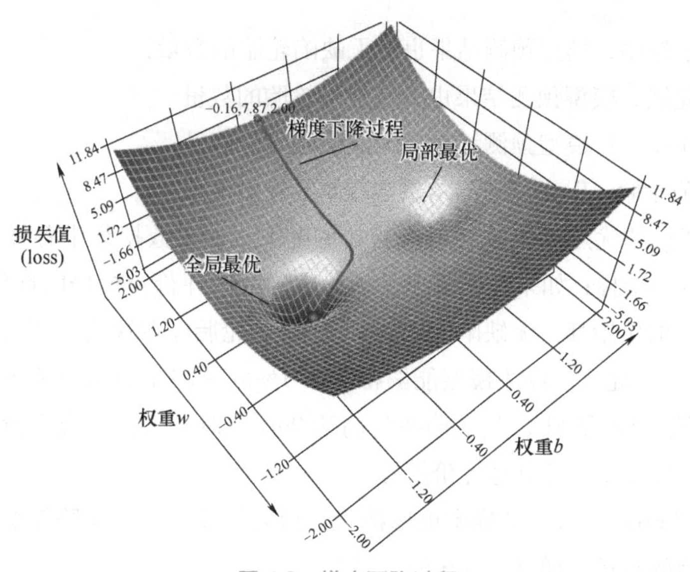

图 6-8　梯度下降过程

随机梯度下降法指的是每次计算的目标函数仅是单个样本误差，即每次只带入计算一个样本目标函数的梯度来更新权重，再取下一个样本重复此过程。它对每个训练组的信息 $x^{(i)}$ 和标签 $y^{(i)}$ 执行参数更新，遍历样本集，每遇到一个样本便更新一次参数。该过程简单高效，通常可以较好地避免更新迭代收敛到局部最优解问题，迭代形式如式（6-3）所示

$$\theta=\theta-\eta\cdot\nabla_{\theta}J(\theta;x^{(i)};y^{(i)}) \tag{6-3}$$

式中，θ 表示模型参数；$J(\theta)$ 表示目标函数，$\nabla_{\theta}J(\theta)$ 则表示该函数在 θ 时刻对应的梯度；η 表示学习率。批处理梯度下降对大型数据集执行冗余计算，原因是它需要在每个参数更新之前重新计算梯度。

4. 算法评价指标

评价指标指的是将相同的数据输入不同算法模型，或者输入不同参数的同一算法模型，而给出该算法或者参数好坏的定量指标。

在模型评估过程中，往往需要选用多种不同指标来评估。在众多评价指标中，大部分指标只能片面地反映模型的部分性能，如果选择的评估指标不合适，不仅无法发现模型存在的问题，甚至可能得出错误结论。对于图像分类，常用的评价指标包括：准确率（Accuracy）、精确率（Precision）、召回率（Recall）和 F1 Score，下面分别介绍。

（1）准确率（Accuracy）　准确率指的是预测正确的样本数与样本数总数的比值，计算公式如式（6-4）所示

$$\text{Accuracy}=\frac{\text{TP}+\text{TN}}{\text{TP}+\text{TN}+\text{FP}+\text{FN}}\times 100\% \tag{6-4}$$

式中，TP（True Positive）、TN（True Negative）和 FP（False Positive）、FN（False Negative）分别表示正确和错误地分类到所在类别的数量。以轮胎缺陷识别为例，其含义

如下。

TP：是无缺陷轮胎，模型预测结果也为无缺陷轮胎的数量；

TN：是缺陷轮胎，模型预测结果也为有缺陷轮胎的数量；

FP：是缺陷轮胎，但模型预测结果为无缺陷轮胎的数量；

FN：是无缺陷轮胎，但模型预测结果为有缺陷轮胎的数量；

准确率评价指标的优点是简单直观。通常情况下，如果数据集中各样本的数据比较平衡，通常关注准确率指标；如果数据集不平衡，准确率的评价指标局限性就非常大。例如，假如生产线上99%的轮胎都为无缺陷轮胎，只有1%的轮胎存在缺陷（当然，在实际生产线中缺陷率可能更低）。此时，算法模型能够检测出1%的缺陷轮胎将至关重要，如果模型将检测样本全部识别为TP和FP，其准确率将高达99%，但是该网络模型没有实际意义。因此，除了准确率，还需要关注其他评价指标。

（2）精确率（Precision） 精确率也称精度，指的是预测为无缺陷轮胎的样本中，包含确实为无缺陷轮胎的数量，详见式（6-5）

$$\text{Precision}=\frac{\text{TP}}{\text{TP}+\text{FP}}\times 100\% \tag{6-5}$$

如果将True看作无缺陷轮胎，精确率则表示不希望把所有无缺陷轮胎都识别出来，但希望在预测为无缺陷轮胎的样本中，可能存在的缺陷样本数量尽量少。

精确率通常用来评价要求某些分类准确率高，而其余分类相对不太重要的情况。例如，在对轮胎生产线进行缺陷检测时，如果把某个缺陷轮胎标记为正常轮胎造成的影响很大，但如果有个别无缺陷轮胎标记为缺陷轮胎，成本则非常低。

（3）召回率（Recall） 召回率指的是实际上为True的样本有多少被挑选出来，如式（6-6）所示

$$\text{Recall}=\frac{\text{TP}}{\text{TP}+\text{FN}}\times 100\% \tag{6-6}$$

如果将缺陷轮胎视为True，则TP变成了缺陷轮胎被识别为缺陷轮胎，则召回率表示希望把所有的缺陷轮胎全部找出，即找出的样本中包含多少个无缺陷的轮胎样本。

（4）F1 Score 当实际识别时，读者通常希望精确率和召回率都比较高。但是在很多情况下，如果仅看其中的一个指标，有可能会在不知情的情况下走向极端。因此，需要引入一个相对全能的综合指标——F-Score，既能够兼顾召回率和精确率，又不会受到不平衡样本的影响。

F-Score是对Precision和Recall的加权调和平均，如式（6-7）所示

$$\text{F-Score}=\frac{(a^2+1)\,\text{Precision}\times\text{Recall}}{a^2\times(\text{Precision}+\text{Recall})}\times 100\% \tag{6-7}$$

式中，a为该指标是否更偏向关注Recall，通常情况下取Recall与Precision同等重要，也就是F1 Score（$a=1$）。在大多数情况下，可以直接用F1 Score来评价和选择模型。

6.2.3 轮胎缺陷识别算法

1. 卷积神经网络（CNN）

1962 年，Hubel 和 Wiesel 通过对猫脑视觉皮层的研究，首次提出一种新概念——“感受野”，这对人工神经网络的发展有着重要的启示作用。感受野（Receptive Field）指的是卷积神经网络每一层输出特征图（feature map）的像素点在输入图片上映射的区域大小，可以简单理解为特征图上的某点对应输入图片上的一块区域。1980 年，Fukushima 基于生物神经学的感受野理论提出“神经感知机和权重共享的卷积神经层”，通常认为是卷积神经网络的雏形。1989 年，LeCun 综合反向传播算法与权值共享的卷积神经层发明了卷积神经网络（CNN），首次将卷积神经网络成功应用于美国邮局的手写字符识别系统中。1998 年，LeCun 提出了卷积神经网络的经典网络模型 LeNet-5，再次提高了手写字符识别的正确率。

CNN 本质上是一个多层感知机，其广受欢迎的重要原因在于它采用了局部连接和共享权值的方式，不仅减少了权值数量，使网络易于优化，而且降低了过拟合的风险。其权值共享网络结构类似于生物神经网络，能够降低网络模型的复杂程度，减少权值数量。对于多维图像，能够让图像直接作为网络输入，避免了传统识别算法中复杂特征提取和数据重建过程。对于二维图像处理，则有下列优势：卷积神经网络能够自行抽取图像特征（颜色、纹理、形状及图像的拓扑结构）；识别位移、缩放及其他形式扭曲不变性时具有良好的鲁棒性和运算效率等。CNN 可以采用不同的神经元和学习规则的组合形式，具有较好的容错能力、并行处理能力和自学习能力，能够较好地处理环境信息复杂、背景知识缺乏、推理规则不明确的问题；允许样品有较大缺损、畸变，而且运行速度快，自适应性能好，具有较高的分辨率。

卷积神经网络是一种前馈神经网络，其基本结构由输入层、卷积层、池化层（也称为取样层）、全连接层及输出层构成。卷积层和池化层一般会取若干个，采用卷积层和池化层交替的设置方式，即一个卷积层连接一个池化层，池化层后再连接一个卷积层，以此类推。由于卷积层中输出特征图的每个神经元与其输入进行局部连接，并通过对应的连接权值与局部输入加权求和再加上偏置值，便可得到神经元输入值，该过程即为卷积过程。下面逐一介绍卷积神经网络结构的各个组成部分。

卷积层（Convolutional layer）：由若干个卷积单元组成，每个卷积单元的参数都是通过反向传播算法优化得到。卷积运算的目的是提取输入的不同特征，第一层卷积层可能只提取一些低级特征（如边缘、线条和角度等），多层网络能够从低级特征中迭代提取更加复杂的特征。

激活层（ReLU layer）：激活层中最关键的是选取激活函数（Activation Function），它是在人工神经网络的神经元上运行的函数，目的是将神经元的输入映射到输出端。

全连接层（Fully-Connected layer）：该层把所有局部特征综合后转换成全局特征，用来计算最后每一类的得分（如 F1 Score）。

图 6-9 所示为卷积神经网络各层的应用实例。其中，Conv 列的图片为经过卷积层后数据变换的结果，Relu 与 Max_pool 分别表示激活函数与最大值池化。数据经过多个网络层计算后，在全连接层（FC_Confidence）中转变为原始图片对应的标签类（本章分别代表损伤、缺陷的种类）的概率。最大概率表示特征与该类标签模型的关键特征最相符，则识别图片属于该类标签。

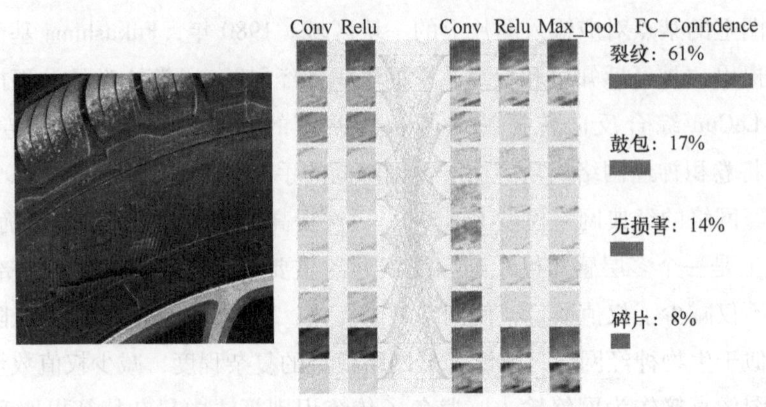

图 6-9　卷积神经网络各层的应用实例

（1）卷积层　通常情况下，神经网络把输入层和隐含层进行“全连接”设计。从计算角度来讲，较小的图像计算特征是可行的。但较大的图像（如 96×96 像素），则要通过全联通网络的方法学习整幅图像的特征，非常耗时，需要设计 10^4（10000）个输入单元，假设需要学习 100 个特征，则有 10^6 个参数需要学习。与 28×28 像素的小图像相比，96×96 像素的图像使用前向输送或者后向传导的计算方式，效率将变为原来的 1/100。

通常情况下，解决这类问题的一种简单方法是限制隐藏单元和输入单元间的连接，使每个隐藏单元只能够连接输入单元的一部分（例如，每个隐藏单元仅连接输入图像的一小片相邻区域）。每个隐藏单元连接的输入区域大小称为神经元的感受野（receptive field）。由于卷积层的神经元是三维的，因此也具有深度。卷积层参数中包含一系列过滤器（filter），每个过滤器训练一个深度，有几个过滤器，则输出单元就有多少个深度。

如图 6-10 所示，输入单元大小是 32×32×3，输出单元深度是 5，对于输出单元不同深度的同一位置，与输入图片连接的区域是相同的，但是参数（过滤器）不同。

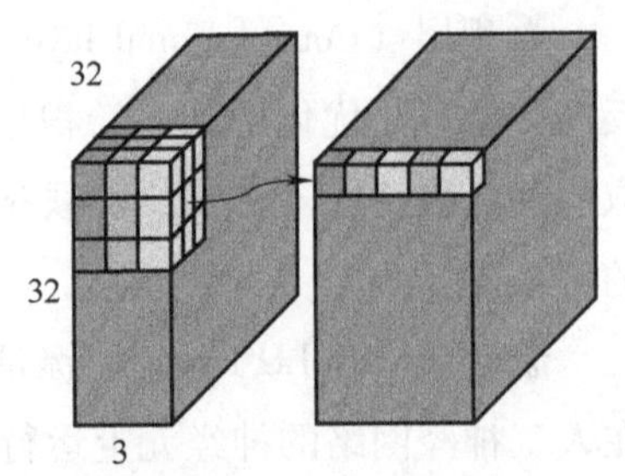

图 6-10　输入示例图

一个输出单元的大小通常由以下 3 个参数控制：深度（depth）、步幅（stride）和补零（zero-padding）。其中，深度参数用来控制输出单元的深度，即过滤器的个数。步幅参数用来控制同一深度相邻两个隐藏单元与它们相连接输入区域的距离。如果步幅很小（例如，stride = 1），相邻隐藏单元的输入区域重叠部分会很多；如果步幅很大，则重叠区域减少。通过在输入单元周围补零来改变输入单元整体大小，从而控制输出单元的空间大小，也称为补零。

式（6-8）可以计算某个维度（宽度或高度）内一个输出单元包含的隐藏单元的个数 N

$$N=\frac{W-F+2P}{S}+1 \tag{6-8}$$

式中，W 表示输入单元的大小（宽或高）；F 表示感受野；S 表示步幅；P 表示补零的个数。

如果计算结果为非整数，则表明计算参数不适合，步幅设置不当，通常需要补零处理，举例说明如下：

图 6-11 所示为一个一维的实例，左边模型有 5 个输入单元，即 $W=5$，左右边界各补了 1 个零，即 $P=1$，步幅是 1，即 $S=1$。由于每个输出隐藏单元连接 3 个输入单元，因此，感受野是 3，即 $F=3$。根据式（6-8），可以计算出输出隐藏单元的个数是 5，与图 6-11 吻合。右边模型则把步幅改为 2，其余参数不变，可以算出输出隐藏单元的个数为 3，也与图 6-11 吻合。如果把步幅修改为 3，则式（6-8）无法整除，表明步幅为 3 无法恰好吻合输入单元的大小。

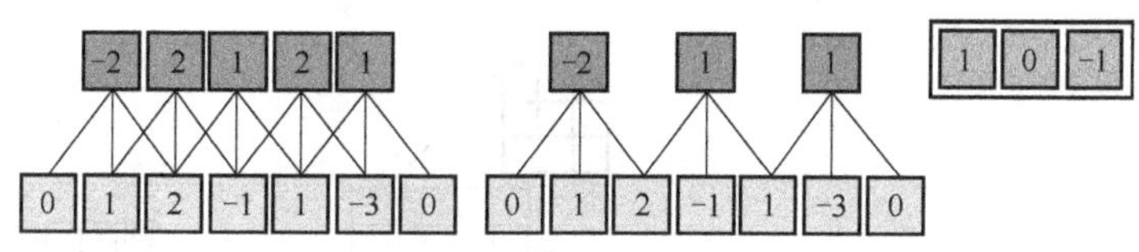

图 6-11　一维空间排列组合示例图

在实际训练模型的过程中，应用参数共享策略可以大大减少参数的个数。参数共享技术基于下列假设：如果图像中一点（x_1,y_1）的特征很重要，则它应该与同一深度的另一点（x_2,y_2）同等重要。如果把同一深度的平面叫作深度切片（depth slice），则同一个切片应该共享同一组权重和偏置值。只需要对原始算法做微小的改动，便仍然可以使用梯度下降法来学习它们，此处共享权值梯度指的是所有共享参数梯度的总和。

权重共享策略能够更有效地提取特征，极大地减少所需学习的自由变量的个数；同时，重复单元能够对特征进行识别，而无须考虑它在可视域中的位置；通过控制模型规模，卷积网络可以具有很好的泛化能力。

神经元的权重可以表示为局部感受野范围的小图像。图 6-12 所示为两个可能的权重集，称为卷积核（或过滤器）。左边卷积核从上到下分布为-1、0、1，表现为增强横向特征，减弱竖向与斜向特征，原因是卷积核矩阵中横向相加值变化增大，相当于经过特征过滤并增强。竖向与斜向相加值为零，相当于特征减弱。而右边卷积核表现为增强竖向特征，原理与左侧卷积核类似。

为便于理解，以图 6-13 所示的实例介绍：选择一个大小为 5×5 的图像和一个3×3 的卷积核，此处卷积核包含 9 个参数，即：卷积核有 9 个神经元，它们的输出组成一个 3×3（步

图 6-12　两个不同卷积核获得两个特征映射效果

幅=1）或 2×2（步幅=2）的矩阵，也称为特征图。第 1 个神经元连接到图像的第 1 个 3×3 的局部，第 2 个神经元则连接到第 2 个局部（需要注意的是：此处有重叠！如同目光扫视是连续扫视）。

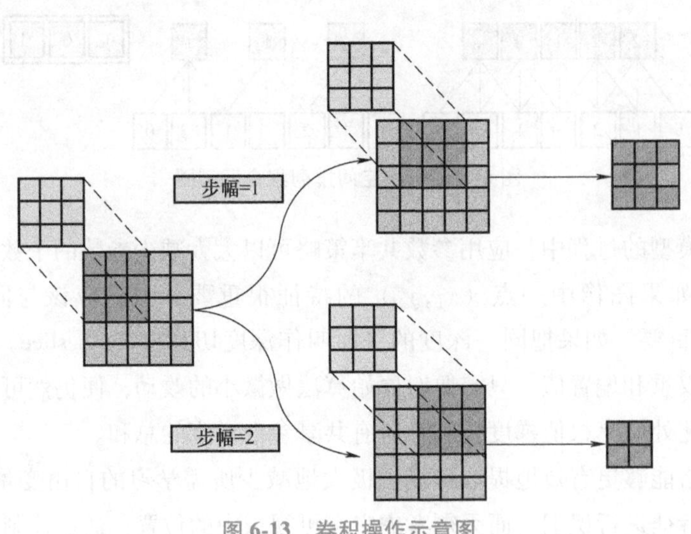

图 6-13　卷积操作示意图

每个神经元的计算如式（6-9）所示

$$f(x) = \mathrm{act}\left(\sum_{i,j}^{n} \theta_{(n-i)(n-j)} x_{ij} + b\right) \tag{6-9}$$

图 6-13 中的 9 个神经元均完成输出后，实际上等价于图像和卷积核的卷积操作完毕。

（2）池化层　池化（pool）操作即下采样（down samples），目的是对输入图像进行二次抽样（收缩），以减少计算规模（内存占用和参数个数），避免出现过拟合。池化层计算方法包括下列 4 种情况。

1）最大值池化（Max Pooling）：它是最常用的池化方法，取4个点的最大值。

2）均值池化（Mean Pooling）：该方法取4个点的均值。

3）高斯池化：该方法借鉴高斯模糊的方法来处理，不常用。

4）可训练池化：训练函数接收4个点作为输入，而输出为1个点，该法不常用。

最常见的池化层规模为2×2，步幅为2，对输入的每个深度切片进行下采样。每个最大池化操作都选择最大的4个数，如图6-14所示。

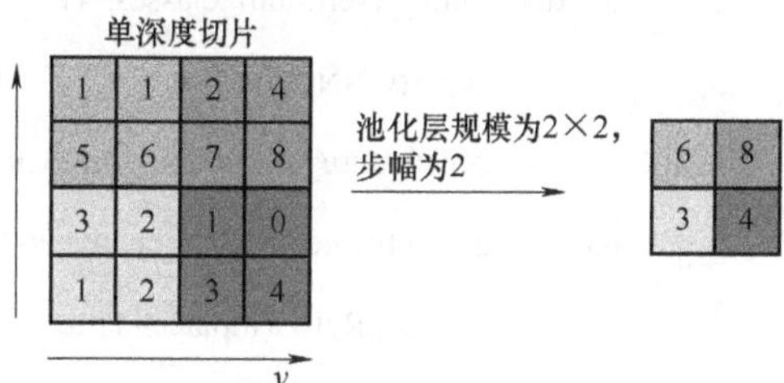

图6-14　池化操作示意图

池化操作将保持深度大小不变。与卷积层类似，池化层中每个神经元都连接到前一层中神经元的输出，且都在1个小的矩形感受野内。但是，汇集的神经元没有权重，它只是使用聚合函数（如最大值或平均值）来聚合输入。图6-15给出了最大池层（卷积核为2×2，步幅为2）后图像的变化，可以看出：最大池化操作能够在减少计算量的同时，保留图像中的主要信息。

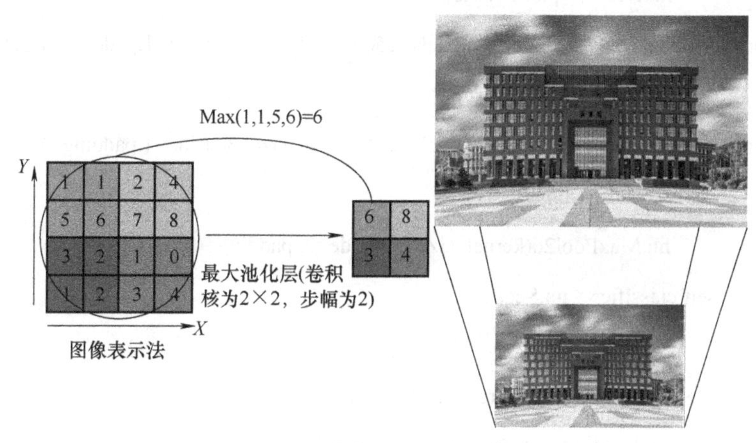

图6-15　最大池化操作示意图

（3）全连接层　全连接层（Fully Connected Layers，FC）在CNN中起“分类器”的作用。卷积层、池化层和激活函数都是将原始数据映射到隐层特征空间，而全连接层则将学到的“分布式特征”映射到样本标记空间。全连接层的核心操作是矩阵向量乘积，其本质是由一个特征空间线性变换到另一个特征空间。目标空间的任一维（隐藏层的一个神经元）都会受到源空间的每一维参数的影响。在CNN中，全连接层通常在最后几层，用来对前面设计的特征加权求和。

本节选取经典的AlexNet来详细介绍卷积神经网络算法，模型使用8层卷积神经网络，由5个卷积层、3个池化层和3个全连接层构成。AlexNet使用更多的卷积层和参数来拟合大规模数据集，是浅层神经网络和深度神经网络的分界线。与其他神经网络算法相比，AlexNet 均采用 CNN 中最常见的网络结构，可以更好地帮助读者理解基本概念。Pytorch 源代码详见随书资源包：\chapter 6\缺陷\cnn. py。

```
1   class CNN(nn.Module):
2       def __init__(self,num_classes=4):
3           super(CNN,self).__init__()
4           self.feature_extraction = nn.Sequential(
5   nn.Conv2d(in_channels=3,out_channels=96,kernel_size=11,stride=4,padding=2,bias=False),
6               nn.ReLU(inplace=True),
7               nn.MaxPool2d(kernel_size=3,stride=2,padding=0),
8   nn.Conv2d(in_channels=96,out_channels=192,kernel_size=5,stride=1,padding=2,bias=False),
9               nn.ReLU(inplace=True),
10              nn.MaxPool2d(kernel_size=3,stride=2,padding=0),
11  nn.Conv2d(in_channels=192,out_channels=384,kernel_size=3,stride=1,padding=1,bias=False),
12              nn.ReLU(inplace=True),
13  nn.Conv2d(in_channels=384,out_channels=256,kernel_size=3,stride=1,padding=1,bias=False),
14              nn.ReLU(inplace=True),
15  nn.Conv2d(in_channels=256,out_channels=256,kernel_size=3,stride=1,padding=1,bias=False),
16              nn.ReLU(inplace=True),
17              nn.MaxPool2d(kernel_size=3, stride=2, padding=0), )
18          self.classifier = nn.Sequential(
19              nn.Dropout(p=0.5),
20              nn.Linear(in_features=256*6*6,out_features=4096),
21              nn.Dropout(p=0.5),
22              nn.Linear(in_features=4096, out_features=4096),
23              nn.Linear(in_features=4096, out_features=num_classes), )
24      def forward(self,x):
25          x = self.feature_extraction(x)
26          x = x.view(x.size(0),256*6*6)
27          output= self.classifier(x)
28          return output
```

- 第 4~24 行代码的功能是实现卷积神经网络的架构。

- 第 5、8、11、13、15 行代码的功能是构造卷积层，Conv2d( ) 代表一层卷积层；in_channels 与 out_channels 分别表示输入、输出通道的大小；kernel_size 表示卷积核的大小；stride 表示步幅长度；padding 表示图像边缘填充 0 的长度。
- 第 6、9、12、14、16 行代码的功能是构造激活层，并选用 ReLU( ) 作为激活函数。
- 第 7、10、17 行代码的功能是调用 MaxPool2d( ) 函数构造最大池化层。
- 第 18 行代码的功能是构造网络分类结构，即图像的标签分类。
- 为了避免过拟合，在第 19、21 行代码中调用 Dropout( ) 函数，将数据按比例暂时随机丢弃。
- 第 20、22、23 行代码调用 Linear( ) 函数构造全连接层。其中，in_features 与 out_features 参数分别表示输入、输出数据的通道大小，num_classes 参数表示待识别图像的标签数量。
- 第 25 行代码中的 x 表示调用原始数据提取函数 feature_extraction( ) 的特征数据。
- 第 26 行代码表示对输出特征数据定义数据的形状。
- 第 28 行代码的功能是输出结果数据。

2. 深度残差网络（ResNet）

在搭建卷积神经网络时，特征的“等级”随着网络深度的增加而增加，虽然网络深度是获得较好识别效果的重要原因之一，但是梯度弥散/爆炸成为训练深层网络的障碍，往往导致分析无法收敛。虽然归一初始化、各层输入归一化等技术使可以收敛的网络深度提升为原来的 10 倍。但是，虽然模型能够收敛，但是网络却开始退化，增加网络层数反而可能导致误差更大。

为了解决上述问题，Kaiming He 等人开发了深度残差网络（Residual Network-ResNet），该网络的 top-5 错误率小于 3. 6%。Res Net 网络由 152 层组成，能够训练如此深的网络的关键是采用跳过连接（skip connection，也称为快捷连接），即某层的输入信号也会添加到下一层输出。在图 6-16 中，Layer 表示“网络层”，Input 表示输入数据。训练神经网络模型的目标是寻找目标函数 $h(x)$，如果将输入 x 添加到网络输出中（即添加跳过连接），网络将被迫模拟 $f(x)=h(x)-x$ 而非 $h(x)$，该过程称为残差学习。

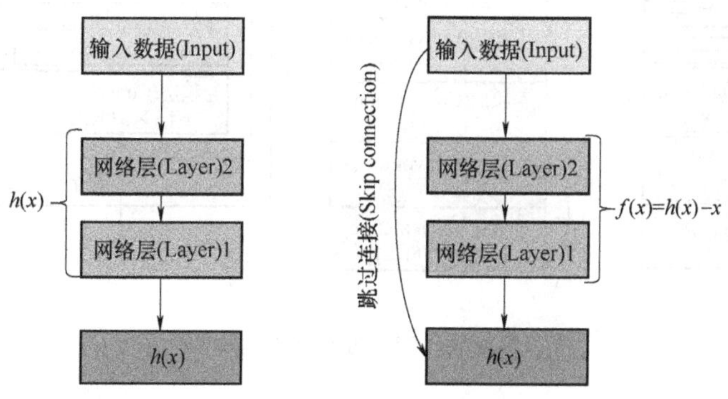

图 6-16　残差学习示意图

当初始化一个普通的神经网络时，其权重接近于零，因此，网络只输出接近零的值。如果添加跳过连接，则生成的网络只输出其输入的副本，即它最初只对身份函数建模。如果目标函数与身份函数非常接近，这将大大加快训练模型的速度。如果添加了许多跳转连接，即使几个层还没有开始学习，网络也可以进行（如图 6-17 所示，其中叉层表示输出接近于零并阻止反向传播的层）。由于跳过连接的存在，信号可以很容易地通过整个网络。深度残差网络可以看作是一堆剩余单位，其中每个剩余单位是一个有跳过连接的小型神经网络。

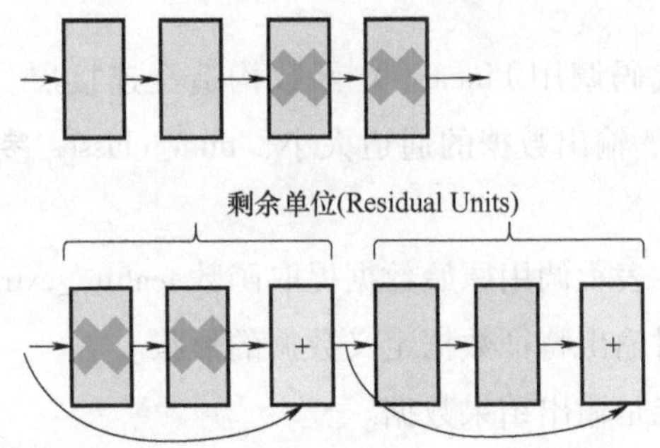

图 6-17　常规深度神经网络（上）和深度残差网络（下）

深度残差网络结构如图 6-18 所示，其中，Convolution 表示卷积层，Fully Connected 表示全连接层，Max Pool 和 Avg Pool 分别表示最大池化层和平均池化层。其开始与结束只是一堆简单的残余单位。每个残差单元由两个卷积层组成，使用 3×3 的内核和保存空间维度（步幅为 1，SAME 填充），选择批量归一化（BN）和 ReLU 激活函数。

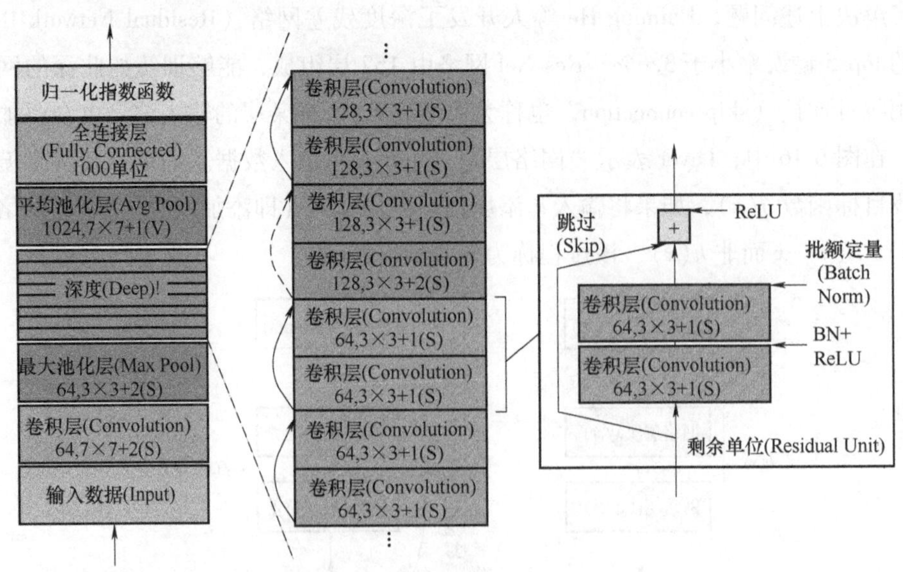

图 6-18　深度残差网络结构

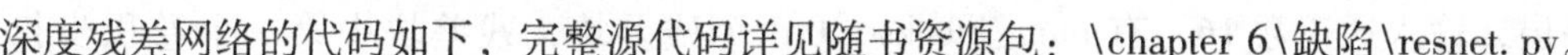

深度残差网络的代码如下，完整源代码详见随书资源包：\chapter 6\缺陷\resnet. py。

```
1  class ResNet(nn.Module):
2      def __init__(self, block, num_blocks, num_classes=10):
3          super(ResNet, self).__init__()
4          self.in_planes = 16
5          self.conv1 = nn.Conv2d(3, 16, kernel_size=3, stride=1, padding=1, bias=False)
6          self.bn1 = nn.BatchNorm2d(16)
7          self.layer1 = self._make_layer(block, 16, num_blocks[0], stride=1)
8          self.layer2 = self._make_layer(block, 32, num_blocks[1], stride=2)
9          self.layer3 = self._make_layer(block, 64, num_blocks[2], stride=2)
10         self.linear = nn.Linear(64, num_classes)
11         self.apply(_weights_init)
12     def _make_layer(self, block, planes, num_blocks, stride):
13         strides = [stride] + [1]*(num_blocks-1)
14         layers = []
15         for stride in strides:
16             layers.append(block(self.in_planes, planes, stride))
17             self.in_planes = planes * block.expansion
18         return nn.Sequential(*layers)
19     def forward(self, x):
20         out = F.relu(self.bn1(self.conv1(x)))
21         out = self.layer1(out)
22         out = self.layer2(out)
23         out = self.layer3(out)
24         out = F.avg_pool2d(out, out.size()[3])
25         out = out.view(out.size(0), -1)
26         out = self.linear(out)
27         return out
```

- 第 5~10 行代码的功能是搭建网络。
- 第 5 行代码的功能是搭建一层卷积核为 3，步幅为 1，边缘填充为 1 的卷积层。
- 第 6 行代码的功能是搭建一层二维数据归一化层，16 为输入图像的通道数量。
- 第 7~9 行代码的功能是构建网络残差学习块。以第 7 行代码为例，其功能是定义第一层，输入通道数 16，有 num_blocks［0］个残差块，残差块中第一个卷积步长定义为 1。

- 第 10 行代码的功能是构建全连接层，并进行分类。
- 第 12~18 行代码的功能是搭建 ResNet 网络的残差块学习。
- 第 14 行代码的功能是创建一个空列表用来放置层。
- 第 16 行代码的功能是创建残差块并添加进本层。
- 第 17 行代码的功能是更新本层下一个残差块的输入通道数或本层遍历结束后作为下一层的输入通道数，它始终接收第一层的特征并与最终特征进行求和。

3. 注意力加持神经网络（SENet）

如果待解决的问题为复杂物体，它包含非常多的特征，如何训练网络使其明白哪些特征非常重要，哪些特征无关紧要，便成为关键问题之一。Momenta 提出了 SENet（Squeeze-and-Excitation Networks）网络模型，引入了不同的图像注意力机制。该机制发表于 CVPR2017，SENet 网络模型获得 ImageNet 最后一届（2017）的图像识别冠军，其核心在于对 CNN 中的特征通道（feature channel）依赖性进行创新，思想简单，可以很容易地加持到现有的网络模型框架，受到广大用户的青睐。对于 CNN 网络来说，其核心计算是卷积算子，通过卷积核从输入特征图学习到新特征图。从本质上讲，卷积是对一个局部区域进行特征融合，包括空间（H 和 W 维度）及通道间（C 维度）的特征融合。

SENet 通过显式地建立通道之间的相互依赖关系，自适应地重新校准通道的特征响应，即学习了通道间的相关性，筛选出针对通道的注意力，该算法虽然增加了一些网络计算工作量，但是识别效果较好。

图 6-19 所示为 SENet 的 Block 单元，其中，F_{tr}是传统卷积操作，x 和 U 分别为 F_{tr}的输入（$c_1 \times h \times w$）和输出（$c_2 \times h \times w$）。SENet 新增的部分是 U 后的结构：对 U 先做一个 Global Average Pooling $F_{sq}(\cdot)$（称之为 Squeeze），输出的特征图（$1 \times 1 \times c_2$）再经过两级全连接 $F_{ex}(\cdot, w)$（称之为 Excitation，通常是降维后再升维，后来有学者使用 1×1 卷积替换全连接层），最后用 Sigmoid（Self-gating Mechanism）限制到［0，1］的范围，把该值作为 scale（相当于通道重要性向量）按元素一一对应乘到 U 的 c_2个通道上，从而得到经过通道重要性加权的新特征图。

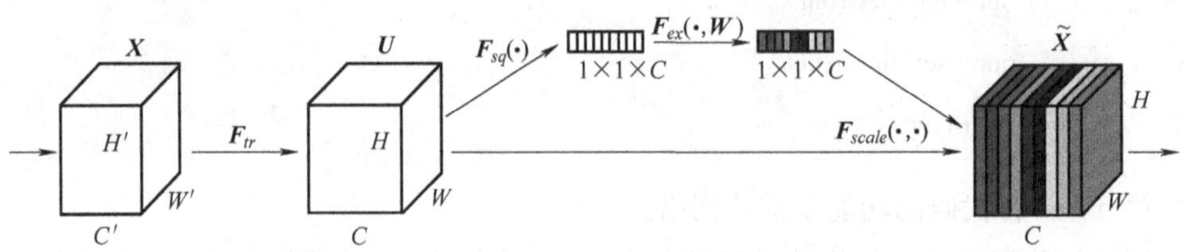

图 6-19　SENet 的 Block 单元

该结构的原理是处理卷积得到的特征图，从而得到一个与通道数相同的一维向量来作为每个通道的评价分，然后将该评价分分别施加到对应通道得到结果，相当于在原有基础上增加了一个模块，即：希望通过控制 scale 的大小，增强重要特征，弱化不重要特征，使提取的特征指向性更强。SENet 网络结构简单、易部署、植入性强，无须引入新的函数或卷积层，而且增加的参数数量较少，是一个非常有效地增加神经网络分类准确率的方法。本书第 6.3 节“轮胎损伤与缺陷识别实例分析”中，选择 ResNet 作为基础网络的 SENet，通过一个 Global Pooling 层连接 FC-ReLU-FC-Sigmoid 层，目的是通过第一层把通道值降下来，第二层再把通道值升上去，得到与通道数相同的权重，分别对相应通道加权，将 SENet 嵌入 ResNet 网络的结构如图 6-20 所示。

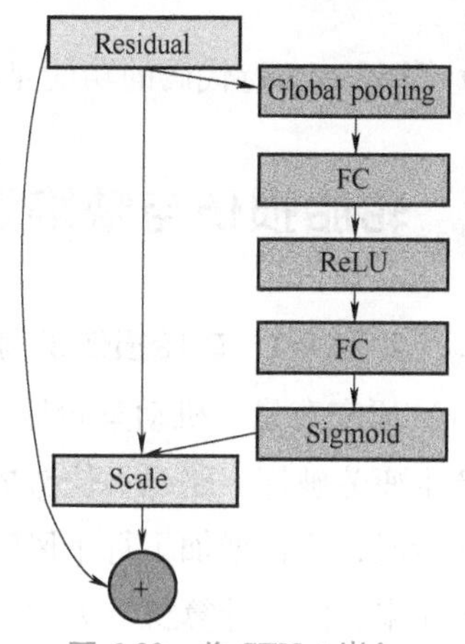

图 6-20　将 SENet 嵌入 ResNet 网络嵌入结构示意图

SENet 通常嵌入其他网络来发挥作用，此处仅介绍注意力机制部分相关代码，完整的源代码详见随书资源包：\chapter 6\缺陷\senet. py。

```
1  class SELayer(nn.Module):
2      def __init__(self, channel, reduction=16):
3          super(SELayer, self).__init__()
4          self.avg_pool = nn.AdaptiveAvgPool2d(1)
5          self.fc = nn.Sequential(
6              nn.Linear(channel, channel // reduction, bias=False),
7              nn.ReLU(inplace=True),
8              nn.Linear(channel // reduction, channel, bias=False),
9              nn.Sigmoid()
10         )
11     def forward(self, x):
12         b, c, _, _ = x.size()
13         y = self.avg_pool(x).view(b, c)
14         y = self.fc(y).view(b, c, 1, 1)
15         return x * y.expand_as(x)
```

- 第 6~9 行代码的功能是搭建网络。
- 第 6 行代码调用 Linear( ) 函数表示第 1 个全连接层，对数据进行降维处理。
- 第 7 行代码调用功能是构建激活层。
- 第 8 行代码调用 Linear( ) 函数表示第 2 个全连接层，作用是对数据进行升维处理。

- 第 9 行代码调用 Sigmoid( ) 函数与第 7 行的 ReLU( ) 函数类似，表示非线性激活函数层。
- 第 12~15 行代码的功能是构建网络与输入数据。

6.3 轮胎损伤与缺陷识别实例分析

1.『实例 6-1』轮胎损伤识别

(1) 研究背景　机动车轮胎。在行驶过程中，由于硬物挤压导致侧面帘线断裂、交变应力产生疲劳破坏、路况不佳造成划痕等问题时有发生。然而，车主往往无法第一时间了解其损伤情况，不仅增加了行车风险，也严重威胁到人民生命财产安全。

近年来，随着计算机算力的提高和计算设备小型化的进步，在较小的空间中部署复杂的监测算法成为可能。计算机视觉与人工智能技术的快速发展，让轮胎实现实时损伤检测变得可能。欧洲部分实验室正在进行基于此类技术的低速行驶轮胎型号自动采集的相关实验及设备开发，并尝试将损伤、磨损程度的监测与型号采集功能集成。因此，开发实时损伤监测算法及设备，推进轮胎损伤监测的自动化与鲁棒性，对实现轮胎健康与行车安全具有重要意义。

(2) 数据集　本书搭建了一个包含轮胎常见损伤图像的数据集，共 4 类分别为：“鼓包”“裂纹”“杂物（钉子、石子等）嵌入”“无损伤”，提供了 200 张 224×224 像素的图片，详见随书资源包\chapter 6\损伤\damage_data\（见图 6-21 和表 6-1）。

鼓包

裂纹

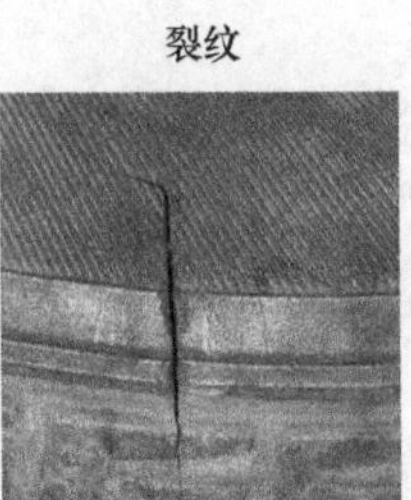

杂物嵌入

无损伤

图 6-21　数据集中的部分图像

表 6-1　损伤类别与对应数据集

类别	对应名称	数据集位置
杂物嵌入	Debris	.\随书代码\损伤\damage_data\Debris
鼓包	Bulge	.\随书代码\损伤\damage_data\Bulge
无损伤	No damage	.\随书代码\损伤\damage_data\No damage
裂纹	Crack	.\随书代码\损伤\damage_data\Crack

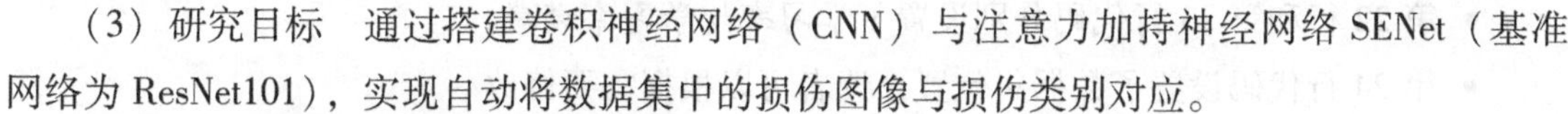

（3）研究目标　通过搭建卷积神经网络（CNN）与注意力加持神经网络 SENet（基准网络为 ResNet101），实现自动将数据集中的损伤图像与损伤类别对应。

（4）搭建网络　完整的搭建过程如下：

1）导入相应模块，设置初始训练参数。

源代码详见随书资源包：\chapter 6\损伤\train. py。

```
1   from __future__ import print_function, division
2   import os
3   import math
4   import argparse
5   from openpyxl import load_workbook
6   import torch
7   import torch.optim as optim
8   from torch.utils.tensorboard import SummaryWriter
9   from torchvision import transforms
10   import torch.optim.lr_scheduler as lr_scheduler
11   from resnet import resnet20 ,resnet32,resnet44,resnet56,resnet110,resnet1202
12   from senet import se_resnet101,se_resnet50,se_resnet34,se_resnet18,se_resnet152
13   from cnn import CNNnet
14   from my_dataset import MyDataSet
15   from utils import read_split_data, train_one_epoch,evaluate1
16   from torchvision import models
17   import torch.nn as nn
18   parser = argparse.ArgumentParser()
19   parser.add_argument('--num_classes', type=int, default=4)
20   parser.add_argument('--epochs', type=int, default=100)
21   parser.add_argument('--batch-size', type=int, default=16)
22   parser.add_argument('--lr', type=float, default=0.01)
23   parser.add_argument('--lrf', type=float, default=0.01)
24   parser.add_argument('--data-path', type=str, default="./xraydata/")
25   parser.add_argument('--preweights', type=str, default='./preweights/resnet101-63fe2227.pth',
                          help='initial weights path')
26   parser.add_argument('--device', default='cuda:0', help='device id (i.e. 0 or 0,1 or cpu)')
27   opt = parser.parse_args()
```

- 第 19~27 行代码的功能是设置具体参数。
- 19 行代码的功能是设置标签数量，默认为 4。
- 第 20 代码设置了迭代次数，默认为 100。
- 第 21 行代码设置了每次训练放入网络的图片数，默认为 16。

轮胎设计研发智能化技术

- 第 22 行和第 23 行代码分别设置了学习率与学习率衰减。
- 第 24 行代码设置了数据集位置，读者可以根据需要修改。
- 第 25 行和第 26 行代码的功能是设置预训练模型及算力设备（本章实例代码均采用 CPU 进行训练，如果读者已配置好 cuda 环境可以将"cpu" 替换成"cuda" ）。

2）编写副函数读取与划分数据集。

源代码详见随书资源包：\chapter 6\损伤\utils. py。

```
def read_split_data(root: str, val_rate: float = 0.3):
    random.seed(0)
    assert os.path.exists(root), "dataset root: {} does not exist.".format(root)
    flower_class = [cla for cla in os.listdir(root) if os.path.isdir(os.path.join(root, cla))]
    flower_class.sort()
    class_indices = dict((k, v) for v, k in enumerate(flower_class))
    train_images_path = []
    train_images_label = []
    val_images_path = []
    val_images_label = []
    every_class_num = []
    supported = [".jpg", ".JPG", ".png", ".PNG"]
    for cla in flower_class:
        cla_path = os.path.join(root, cla)
        images = [os.path.join(root, cla, i) for i in os.listdir(cla_path)
                  if os.path.splitext(i)[-1] in supported]
        image_class = class_indices[cla]
        every_class_num.append(len(images))
        val_path = random.sample(images, k=int(len(images) * val_rate))

        for img_path in images:
            if img_path in val_path:
                val_images_path.append(img_path)
                val_images_label.append(image_class)
            else:
                train_images_path.append(img_path)
                train_images_label.append(image_class)
    print("{} images were found in the dataset.".format(sum(every_class_num)))
    print("{} images for training.".format(len(train_images_path)))
    print("{} images for validation.".format(len(val_images_path)))
```

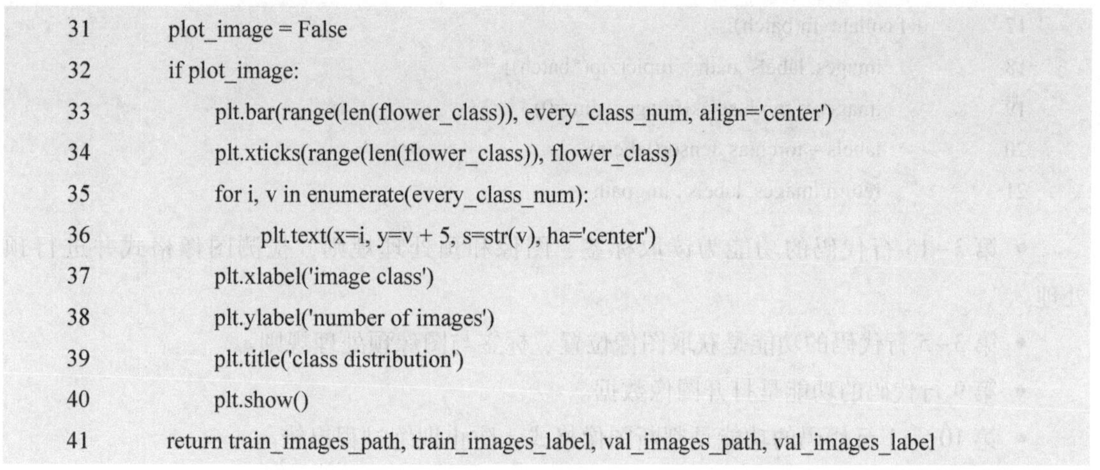

```
31        plot_image = False
32        if plot_image:
33            plt.bar(range(len(flower_class)), every_class_num, align='center')
34            plt.xticks(range(len(flower_class)), flower_class)
35            for i, v in enumerate(every_class_num):
36                plt.text(x=i, y=v + 5, s=str(v), ha='center')
37            plt.xlabel('image class')
38            plt.ylabel('number of images')
39            plt.title('class distribution')
40            plt.show()
41        return train_images_path, train_images_label, val_images_path, val_images_label
```

- 第 3~12 行代码的功能是分别用对变量初始化。其中，第 6 行代码的功能为识别指定文件夹待识别图像的类别数，保存位置见表 6-1。
- 第 12 行代码的功能是定义支持识别的图像格式。
- 第 14~27 行代码的功能为读取图像数据，并随机划分训练集与测试集（val_rate = 训练集图像数/总图像数），并从指定位置读取图像。
- 第 21 行代码的功能是遍历图像数据集。
- 第 22 行代码的功能是判断图像是否为测试集。
- 第 23~27 行代码的功能是分隔测试集与训练集的图像位置及标签。

3）编写标签、图像集读取与预处理类函数。

源代码详见随书资源包：\chapter 6\损伤\my_dataset. py。

```
class MyDataSet(Dataset):
    def __init__(self, images_path: list, images_class: list, transform=None):
        self.images_path = images_path
        self.images_class = images_class
        self.transform = transform
    def __len__(self):
        return len(self.images_path)
    def __getitem__(self, item):
        img = Image.open(self.images_path[item])
        if img.mode != 'RGB':
            raise ValueError("image: {} isn't RGB mode.".format(self.images_path[item]))
        label = self.images_class[item]
        if self.transform is not None:
            img = self.transform(img)
        return img, label, imgpath
    @staticmethod
```

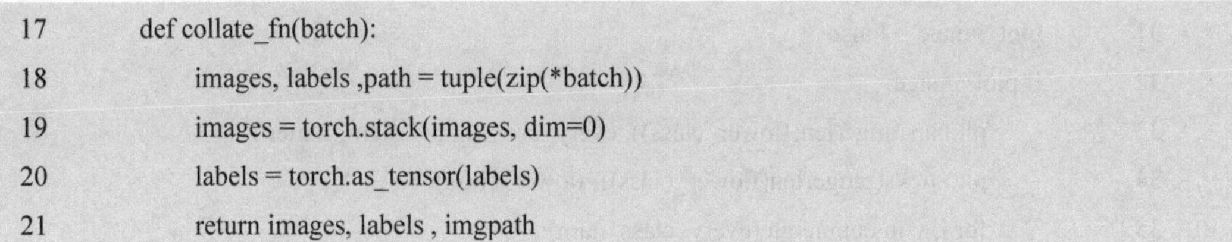

```
17          def collate_fn(batch):
18              images, labels ,path = tuple(zip(*batch))
19              images = torch.stack(images, dim=0)
20              labels = torch.as_tensor(labels)
21              return images, labels , imgpath
```

- 第 3~15 行代码的功能为读取标签、图像和预处理规则，检测图像格式并进行预处理。
- 第 3~5 行代码的功能是获取图像位置、标签与图像预处理规则。
- 第 9 行代码的功能是打开图像数据。
- 第 10、11 行代码的功能是判断图像格式，防止训练过程出错。
- 第 12 行代码的功能是读取图像标签。
- 第 14 行代码的功能是将预处理规则应用于图像数据变换并保存。
- 第 18~21 行代码的功能则是按照设定值划分图像集，设置每 batch_size 个图像为一个训练批次。
- 第 18 行代码中的 images、labels、path 分别表示图像、标签与位置数据。
- 第 19 行代码的功能是连接图像数据张量，方便后期训练时调用。
- 第 20 行代码的功能是将 labels 的数据格式转换为张量（tensor）。

4）数据集预处理与读取。

源代码详见随书资源包：\chapter 6\损伤\utils. py。

```
train_images_pat h, train_images_label, val_images_path, val_images_label = read_split_data("./data/")
data_transform = {
"train": transforms.Compose([transforms.Resize((224,224)),
                             transforms.RandomHorizontalFlip(),
                             transforms.RandomGrayscale(p=0.2),
                             transforms.ToTensor(),
 transforms.Normalize([0.4914, 0.4822, 0.4465], [0.2023, 0.1994, 0.2010])]),
"val": transforms.Compose([transforms.Resize((224,224)),
                           transforms.RandomHorizontalFlip(),
                           transforms.RandomGrayscale(p=0.2),
                           transforms.ToTensor(),
transforms.Normalize([0.4914, 0.4822, 0.4465], [0.2023, 0.1994, 0.2010])])}
train_dataset = MyDataSet(images_path=train_images_path,
                          images_class=train_images_label, transform=data_transform["train"])
val_dataset = MyDataSet(images_path=val_images_path,
                        images_class=val_images_label, transform=data_transform["val"])
```

```
17 train_loader = torch.utils.data.DataLoader(train_dataset,
18                                            batch_size=batch_size,
19                                            shuffle=True,
20                                            pin_memory=True,
21                                            num_workers=0,
22                                            collate_fn=train_dataset.collate_fn)
24 val_loader = torch.utils.data.DataLoader(val_dataset,
25                                          batch_size=batch_size,
26                                          shuffle=False,
27                                          pin_memory=True,
28                                          num_workers=0,
29                                          collate_fn=val_dataset.collate_fn)
```

- 第 1 行代码的功能是调用数据集读取与划分副函数。
- 第 2~7 行代码的功能是设置训练集预处理规则，本章的预处理规则为：统一大小 224×224 像素，随机翻转+20%概率（p = 0. 2）转成灰度图+转变为 Tensor 数据（训练与测试格式）+数据归一化。
- 第 4 行代码的功能是随机图像翻转。
- 第 5 行代码的功能是按照 0. 2 的概率将图像转化为灰度图。
- 第 6、7 行代码的功能是将图像数据转换为张量（Tensor）数据并归一化。
- 第 8 ~ 12 行代码则为测试集变换规则，与训练集规则相同，此处不再赘述。

5）编写一次迭代的副函数。

源代码详见随书资源包：\chapter 6\损伤\utils. py。

```
def train_one_epoch(model, optimizer, data_loader, device, epoch):
    model.train()
    loss_function = torch.nn.CrossEntropyLoss()
    mean_loss = torch.zeros(1).to(device)
    optimizer.zero_grad()
    data_loader = tqdm(data_loader)
    for step, data in enumerate(data_loader):
        images, labels ,path= data
        pred = model(images.to(device))
        loss = loss_function(pred, labels.to(device))
        loss.backward()
        mean_loss = (mean_loss * step + loss.detach()) / (step + 1)
        data_loader.desc = "[epoch {}] mean loss {}".format(epoch, round(mean_loss.item(), 3))
        if not torch.isfinite(loss):
            print('WARNING: non-finite loss, ending training ', loss)
```

轮胎设计研发智能化技术

```
16                sys.exit(1)
17            optimizer.step()
18            optimizer.zero_grad()
19        return mean_loss.item()
```

- 第 3 行代码的功能是将损失函数设置为 CrossEntropyLoss。
- 第 4 行代码的功能是创建一个零向量（tensor），用来存放训练过程中的 loss 值。
- 第 5 行代码调用 zero_grad( ) 函数清除优化器中的所有值。
- 第 6 行代码的功能是读取训练集数据，调用 tqdm( ) 函数实时获取进度条信息。
- 第 7~13 行代码的功能是读取数据集并实地预测，images、labels 和 path 参数分别表示图像数据、标签值和图像的路径。
- 第 9 行代码的功能是调用网络结构及参数，并将读取的图像数据放入网络结构中，计算并获得预测值 pred。
- 第 10 行代码的功能是计算预测值与真实标签值之间的损失值。
- 第 11 行代码的功能是将损失值（loss）向输入侧反向传播，计算变量梯度，并将其进行累积计算。
- 第 12 行代码的功能是计算平均损失值。

6）编写评价函数。

源代码详见随书资源包：\chapter 6\损伤\utils. py。

```
def evaluate1(model, data_loader, device,classnum):
    model.eval()
    total_num = len(data_loader.dataset)
    sum_num = torch.zeros(1).to(device)
    data_loader = tqdm(data_loader)
    labels1=[]
    pred1=[]
    for step, data in enumerate(data_loader):
        images, labels ,path = data
        pred = model(images.to(device))
        pred = torch.max(pred, dim=1)[1]
        sum_num += torch.eq(pred, labels.to(device)).sum()
        labels1 = np.hstack((labels1, labels.cpu().numpy()))
        pred1 = np.hstack((pred1, pred.cpu().numpy()))
    p_class, r_class, f_class,_ = precision_recall_fscore_support(labels1,pred1,labels=[0,1,2,3])
    acc=sum_num.item() / total_num
    print("acc",acc)
    return r_class,p_class,f_class,acc
```

- 第 8~16 行代码的功能是实现数据集预测与指标计算。
- 第 8 行和第 9 行代码的功能是遍历数据并赋值给对应变量。
- 第 10 行和第 11 行代码的功能是调用网络结构并输入图像，获得总预测值数组。
- 第 12 行代码的功能是计算并获取预测正确的数量。
- 第 13 行和第 14 代码的功能是对预测元组按水平方向叠加。
- 第 15 行代码的功能是调用 precision_recall_fscore_support() 函数分别计算 precision（准确率）、recall（召回率）和 F1-score。
- 第 16 行代码的功能是计算准确率。
- 第 18 行代码的功能是返回评价指标。

7）搭建 CNN 识别网络。

源代码详见随书资源包：\chapter 6\损伤\cnn. py。

```
class CNN(nn.Module):
    def __init__(self,num_classes=4):
        super(CNN,self).__init__()
        self.feature_extraction = nn.Sequential(
            nn.Conv2d(in_channels=3,out_channels=96,kernel_size=11,stride=4,padding=2,bias=False),
            nn.ReLU(inplace=True),
            nn.MaxPool2d(kernel_size=3,stride=2,padding=0),
            nn.Conv2d(in_channels=96,out_channels=192,kernel_size=5,stride=1,padding=2,bias=False),
            nn.ReLU(inplace=True),
            nn.MaxPool2d(kernel_size=3,stride=2,padding=0),
            nn.Conv2d(in_channels=192,out_channels=384,kernel_size=3,stride=1,padding=1,bias=False),
            nn.ReLU(inplace=True),
            nn.Conv2d(in_channels=384,out_channels=256,kernel_size=3,stride=1,padding=1,bias=False),
            nn.ReLU(inplace=True),
            nn.Conv2d(in_channels=256,out_channels=256,kernel_size=3,stride=1,padding=1,bias=False),
            nn.ReLU(inplace=True),
            nn.MaxPool2d(kernel_size=3, stride=2, padding=0),
        )
        self.classifier = nn.Sequential(
            nn.Dropout(p=0.5),
            nn.Linear(in_features=256*6*6,out_features=4096),
```

轮胎设计研发智能化技术

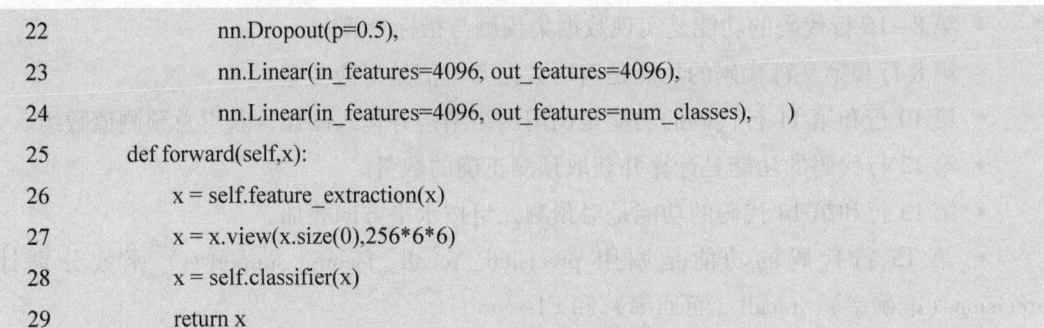

```
22                    nn.Dropout(p=0.5),
23                    nn.Linear(in_features=4096, out_features=4096),
24                    nn.Linear(in_features=4096, out_features=num_classes),    )
25          def forward(self,x):
26                x = self.feature_extraction(x)
27                x = x.view(x.size(0),256*6*6)
28                x = self.classifier(x)
29                return x
```

- 第 4~24 行代码的功能是实现卷积神经网络的架构。
- 第 5、8、11、13、15 行代码的功能均为构造卷积层，其中，Conv2d( ) 表示 1 层卷积层，in_channels 与 out_channels 参数分别表示输入、输出通道的大小，kernel_size 参数表示卷积核大小；stride 参数表示步幅长度；padding 参数表示图像边缘填充 0 的长度。
- 第 6、9、12、14、16 行代码的功能是构造激活层，采用 ReLU( ) 作为激活函数。
- MaxPool2d( ) 函数的功能是构造 1 层最大池化层，分别在代码的第 7、10、17 行中实现。
- 第 19 行代码的功能是构造网络分类结构，即具体决定图像的标签分类。
- 第 20 行和第 22 行的功能是构造 Dropout( ) 函数，目的是将数据按比例暂时随机丢去，防止网络过拟合。
- 第 21 行代码的功能是调用 Linear( ) 函数构造 1 层全连接层，目的是为了综合所有特征数据来进行图像标签分类。其中，in_features 与 out_features 参数分别表示输入、输出数据通道的大小，num_classes 参数表示待识别图像的标签数量。
- 第 26~29 行代码的功能是输入数据。其中，第 26 行代码中的 x 表示调用原始数据输入 feature_extraction 的特征数据。
- 第 27 行代码的功能是对输出的特征数据进行形状规范。
- 第 28 行代码的功能是输出计算结果。

8）模型实例化与训练参数设置。

源代码详见随书资源包：\chapter 6\损伤\train. py。

```
1    model = CNN(num_classes=args.num_classes)
2    print(model)
3    pg = [p for p in model.parameters() if p.requires_grad]
4    optimizer = optim.SGD(pg, lr=args.lr, momentum=0.9, weight_decay=1E-4)
5    lf = lambda x: ((1 + math.cos(x * math.pi / args.epochs)) / 2) * (1 - args.lrf) + args.lrf
6    scheduler = lr_scheduler.LambdaLR(optimizer,lr_lambda=lf)
7    tb_writer = SummaryWriter()
```

- 第 1、2 行代码的功能是调用卷积神经网络并输出。

- 第 3~7 行代码的功能是定义学习率的下降过程。前面曾经介绍过，学习率的合理设置对网络模型达到高度拟合状态至关重要，设置学习率过大与过小会分别造成网络模型难以拟合或拟合偏慢等情况。在实际网络训练时，通常在开始阶段设置较大的学习率以便于快速完成初期训练，在迭代末期则需要以较小的学习率迭代。因此，本实例代码采用余弦衰减（Cosine Decay）学习率的方法，与步数衰减方法相比，余弦衰减法减少过程更平滑。其下降过程如图 6-22 所示。

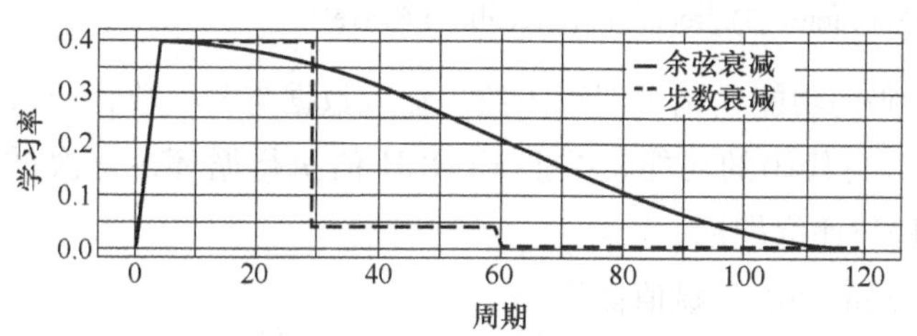

图 6-22　学习率衰减过程比较

9）训练模型，输出训练状态，保存权重文件。

源代码详见随书资源包\chapter 6\损伤\train. py。

```
for epoch in range(args.epochs):
    mean_loss = train_one_epoch(model=model,
                                optimizer=optimizer,
                                data_loader=train_loader,
                                device=device,
                                epoch=epoch)
    scheduler.step()
    recall,precision,F1,accuracy=evaluate1(model=model, data_loader=val_loader device=device,
classnum=4)
    sumre,sumpr,sumF1=0,0,0
    for i in recall:
        sumre=sumre+i
    for i in precision:
        sumpr=sumpr+i
    for i in F1:
        sumF1=sumF1+i
    F1ave=round(sumF1/len(F1),3)
    recallave=round(sumre/len(recall),3)
    precisionave=round(sumpr/len(precision),3)
    print("[epoch    {}]    accuracy:    {}    precisionave:    {}    recallave:{}    F1ave:{}
".format(epoch,round(accuracy, 3),precisionave,recallave,F1ave))
    tags = ["loss", "accuracy","precisionave","recallave","F1ave","learning_rate"]
```

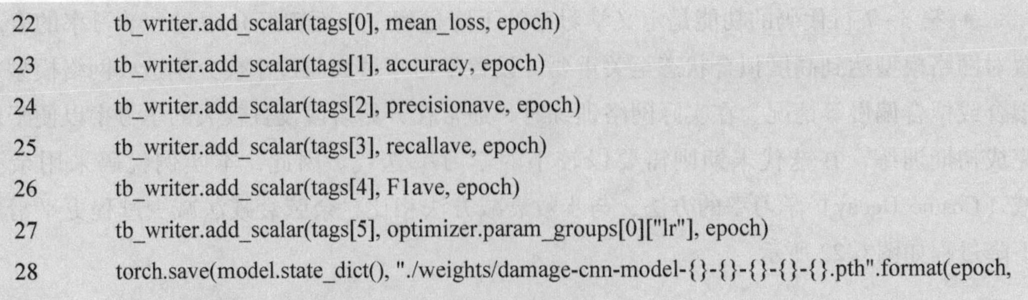

```
22          tb_writer.add_scalar(tags[0], mean_loss, epoch)
23          tb_writer.add_scalar(tags[1], accuracy, epoch)
24          tb_writer.add_scalar(tags[2], precisionave, epoch)
25          tb_writer.add_scalar(tags[3], recallave, epoch)
26          tb_writer.add_scalar(tags[4], F1ave, epoch)
27          tb_writer.add_scalar(tags[5], optimizer.param_groups[0]["lr"], epoch)
28          torch.save(model.state_dict(), "./weights/damage-cnn-model-{}-{}-{}-{}-{}.pth".format(epoch,
              round(accuracy, 3),precisionave,recallave,F1ave))
```

- 第 1~7 行代码的功能是调用训练函数、输入数据与各参数，开始训练模型。
- 第 1 行和第 2 行代码的功能是按照 EPOCH 值执行循环，每次循环代表网络迭代一次，并记录迭代过程与评价指标。
- 第 3~6 行代码的功能为赋值操作。
- 第 7 行代码的功能为更新优化器的学习率。
- 第 8~28 行代码的功能包括：调用评价函数，输入迭代模型，将分别得到各标签的召回率、精确率、F1 score 和正确率。
- 第 12~19 行代码的功能是求总平均值（原本输出的是每一类标签的评价值）。
- 第 22 行代码设置为每迭代一次则输出一次，方便读者调整训练状态。
- 第 20~27 行代码的功能是保存训练过程，便于训练结果的可视化。
- 第 28 行代码的功能是保存模型的权重值到 “weight” 文件夹。

10）搭建注意力层。

源代码详见随书资源包：\chapter 6\损伤\senet. py。

```
1   class SELayer(nn.Module):
2       def __init__(self, channel, reduction=16):
3           super(SELayer, self).__init__()
4           self.avg_pool = nn.AdaptiveAvgPool2d(1)
5           self.fc = nn.Sequential(
6               nn.Linear(channel, channel // reduction, bias=False),
7               nn.ReLU(inplace=True),
8               nn.Linear(channel // reduction, channel, bias=False),
9               nn.Sigmoid()
10          )
11      def forward(self, x):
12          b, c, _, _ = x.size()
13          y = self.avg_pool(x).view(b, c)
14          y = self.fc(y).view(b, c, 1, 1)
15          return x * y.expand_as(x)
```

- 第 6~9 行代码的功能是搭建网络。
- 第 6 行代码中调用 Linear( ) 函数表示第 1 个全连接层，目的是对数据降维。
- 第 7 行代码的功能是构建激活层。

- 第 8 行代码调用 Linear( ) 函数创建第 2 个全连接层，目的是对数据升维。
- 第 9 行代码的 Sigmoid( ) 函数与第 7 行代码的 ReLU( ) 函数类似，表示非线性激活函数层。
- 第 12~15 行代码的功能是构建网络和输入数据。

11）注意力加持神经网络（SENet）基础与网络结构搭建。

请参考第 6. 2. 3. 3 节和随书资源包 chapter 6\损伤\senet. py，此处不再赘述。

12）网络调用与载入预训练权重。

源代码详见随书资源包：\chapter 6\损伤\senet. py 和：\chapter 6\损伤\test. py。

```
1   def se_resnet101(num_classes=1000):
2       model = ResNet(SEBottleneck, [3, 4, 23, 3], num_classes=num_classes)
3       model.avgpool = nn.AdaptiveAvgPool2d(1)
4       return model
5   model = se_resnet101(num_classes=4)
6   print(model)
7   pretrained_dict = torch.load(args.preweights)
8   model_dict = model.state_dict()
9   pretrained_dict = {k: v for k, v in pretrained_dict.items() if (k in model_dict and 'fc' not in k)}
10  model_dict.update(pretrained_dict)
11  model.load_state_dict(model_dict)
```

- 第 7~11 行代码的功能是载入预训练网络的权重系数。
- 由于部分在用轮胎的缺陷特征不太明显，可以选用适合 cifar10 数据集的 ResNet101 网络来预训练权重（如果不想调用，可注释掉第 7~11 行代码），主要目的是尽可能多地训练数据，以提取尽可能多的共性特征，从而减轻模型的学习负担。预训练不仅可以减少网络达到最大拟合的时间，而且预训练权重可以有效地降低网络陷入局部最优的概率，从而提高识别准确性。
- 第 9 行代码的功能是调用预训练模型参数。
- 第 10 行代码的功能是基于调用参数来改变待训练网络对应层的初始值。

13）训练网络。

源代码详见随书资源包：\chapter\损伤\train. py，此处不再赘述。

14）调用训练完毕的模型。

已经训练完毕的模型保存在 weights 文件夹，此处以 seresnet101 为例加以介绍。源代码详见随书资源包：\chapter 6\损伤\test. py。

```
test_path = r"./weights/dmg-seresnet101-model-145-0.921-0.921-0.919-0.92.pth"
device = torch.device('cuda:0'if torch.cuda.is_available() else "cpu")
model = se_resnet101(num_classes=4).to(device)
checkpoint = torch.load(test_path)
```

轮胎设计研发智能化技术

```
5    model.load_state_dict(checkpoint)
6    model.eval()
```

- 第 3 行代码的功能是调用载入的网络模型。
- 第 1 行和第 3~6 行代码赋予该模型权重。此时 model 变量便成为 1 个“函数”，用来识别轮胎损伤。

15）应用训练模型。

源代码详见随书资源包：\chapter 6\损伤\utils. py。

```
1    def confusion(model, data_loader, device,classnum):
2        conf_matrix = torch.zeros(classnum, classnum)
3        prediction_result,true_result,total_path=[],[],[]
4        for batch_idx,(batch_images, batch_labels,batch_path) in enumerate(data_loader):
5            batch_images, batch_labels = batch_images.cpu(),batch_labels.5cpu()
6            out = model(batch_images)
7            prediction = torch.max(out, 1)[1]
8            conf_matrix = confusion_matrix(prediction, labels=batch_labels, conf_matrix=conf_matrix)
9            prediction_result.extend(prediction.cpu().numpy())
10           true_result.extend(batch_labels.cpu().numpy())
11           total_path.extend(batch_path)
12       attack_types = ['Bulge', 'Crack', 'No Damage', 'Debris']
13       wb = openpyxl.Workbook()
14       sheet= wb.worksheets[0]
15       sheet.cell(row=1,column=1,value="图片路径")
16       sheet.cell(row=1,column=2,value="预测标签")
17       sheet.cell(row=1,column=3,value="真实标签")
18       for i in range(0,int(len(total_path))):
19           sheet.cell(row=2+i,column=1,value=total_path[i])
20           sheet.cell(row=2+i,column=2,value=attack_types[int(prediction_result[i])])
21           sheet.cell(row=2+i,column=3,value=attack_types[int(true_result[i])])
22       wb.save('prediction-reslut.xlsx')
23   confusion(model=model,data_loader=val_loader,device=device,classnum=4)
```

- 第 4 行和第 5 行代码的功能为读取数据。
- 第 6 行代码的功能是调用模型函数，并按照 batch_size 的值依次输入图像数据。out 变量表示 4 个损伤分类的置信度。
- 第 7 行代码的功能是获取 out 中最大置信度的分类。
- 第 12~22 行代码的功能是分别将测试图片路径、预测标签、真实标签按顺序存入 prediction-reslut. xlsx 文件中。

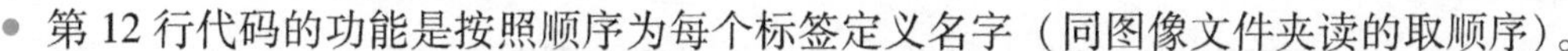

- 第 12 行代码的功能是按照顺序为每个标签定义名字（同图像文件夹读的取顺序）。
- 第 13~17 代码的功能为定义每列的名字，分别为图片路径、预测损伤类别与真实损伤类别。
- 第 18~21 行的功能则是将数据写入 excel 表格中。
- 第 22 行代码的功能是保存数据 prediction-reslut. xlsx。图 6-23 所示为该模型的损伤识别结果。

图片路径	预测类别	真实类别
./damage_data/Bulge\bulge (18).jpg	Bulge	Bulge
./damage_data/Bulge\bulge (19).jpg	Bulge	Bulge
./damage_data/Bulge\bulge (20).jpg	Bulge	Bulge
./damage_data/Bulge\bulge (25).jpg	Bulge	Bulge
./damage_data/Bulge\bulge (26).jpg	Bulge	Bulge
./damage_data/Bulge\bulge (34).jpg	Bulge	Bulge
./damage_data/Bulge\bulge (39).jpg	Bulge	Bulge
./damage_data/Bulge\bulge (42).jpg	Bulge	Bulge
./damage_data/Bulge\bulge (45).jpg	Bulge	Bulge
./damage_data/Bulge\bulge (46).jpg	Bulge	Bulge
./damage_data/Bulge\bulge (48).jpg	Bulge	Bulge
./damage_data/Bulge\bulge (50).jpg	Bulge	Bulge
./damage_data/Bulge\bulge (6).jpg	Bulge	Bulge
./damage_data/Bulge\bulge (64).jpg	Crack	Bulge
./damage_data/Bulge\bulge (68).jpg	Crack	Bulge
./damage_data/Bulge\bulge (8).jpg	Bulge	Bulge
./damage_data/Bulge\gb1 (2).jpg	Bulge	Bulge
./damage_data/Bulge\gb102.jpg	Bulge	Bulge
./damage_data/Bulge\gb12.jpg	Bulge	Bulge

图 6-23　损伤识别结果

16）识别结果。

本实例的 CNN 与 SENet 网络模型的识别结果见表 6-2，可以看出：SENet 网络在残差结构与注意力机制的加持下，识别效果较理想。同时，为使读者进一步理解卷积的作用，本书将 SENet 网络的最后一层（该层决定哪些特征将影响损伤识别的分类）与其损伤原图进行可视化。训练模型的实质是通过训练滤波器中的权重，使其能够尽可能多地提取损伤信息，并尽可能多地屏蔽背景等无关信息。从图 6-24 中可以看出：不同训练厚度的神经网络，可以通过卷积的滤波器作用过滤无用信息，更加关注损伤信息。

表 6-2　CNN 与 SENet 网络模型的识别结果

方法	Metric			
	Recall（%）	Precision（%）	F1 score	Accuracy（%）
CNN	70.1	68.2	68.2	68.1
SENet	92.1	91.9	92	92.1

本实例在训练模型和识别分类过程中，可能遇到下列问题：

① 特征表现与形成原因复杂，使各损伤标签的特征不明显；

② 损伤处于初级阶段，其表现形式较弱；

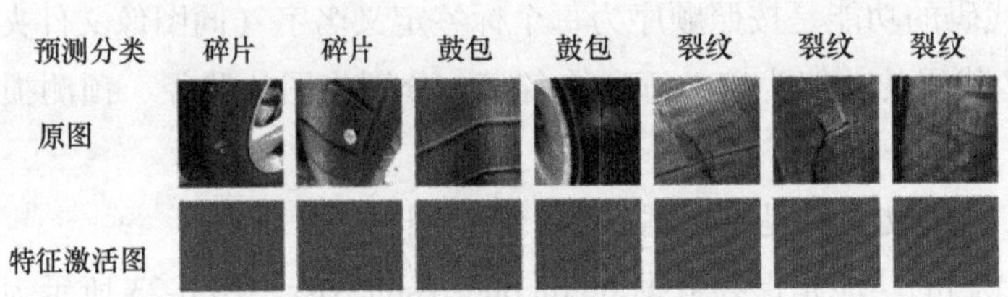

图 6-24　SENet 最终层特征激活图

③ 数据集不平衡，无损伤数据量过大，损伤数据量过小（正样本大，负样本小）；

④ 背景占比大，无关信息过多。

针对上述问题，笔者经过大量测试与分析，建议分别采用下列措施来处理：

对于问题 1，通常可以通过增加图像标签分类来解决。例如，本章实例中为了方便，将胎面划痕、碎片引起的裂纹、老化磨损引起的开裂等均视作同一类损伤。实质上，上述损伤的关键特征（位置、颜色、裂纹走向与分布、深度、长度等）有较大差别，在识别过程中可以根据形成原因、损伤规模、损伤位置等增加损伤种类，便于神经网络区分不同损伤分类的特征。

对于问题 2，通常见于部分鼓包、气泡或划痕等损伤，无明显的颜色变化或割裂，属于较难识别的损伤。针对这种情况，可采用图像均衡、锐化、颜色失真等图像变换增强其特征，也可以尝试遮挡部分其他图像信息或截取损伤部分的信息放入网络学习中。

对于问题 3，可以采取增加数据集的图片数量来解决，如果条件不允许，可以通过旋转、截取、旋转灰度图等一系列计算机视觉变换方法，人工增加数据量。

对于问题 4，则需要具体问题具体分析。通常情况下，需要采集的信息只是胎面图像，胎肩外围的车轮拱柱和胎圈内的轮辋均属于无关信息干扰。此时，可以通过识别胎肩圆与胎圈圆来排除无关信息，具体实现方法包括：霍夫变换、特征匹配（识别圆位置）等；读者也可以采用深度学习中的语义分割和目标检测算法，先定位轮胎的像素范围再进行识别。

2. 『实例 6-2』轮胎缺陷识别

（1）研究背景　我国汽车工业发展突飞猛进，汽车轮胎的需求量大大增加，轮胎年产量约为世界总产量的 1/4，轮胎工业在国民经济中的地位逐年上升。作为车辆与地面接触的唯一组件，轮胎用于支持车辆的全部质量，承受汽车的负荷，传动汽车的前行，保证与地面有良好的附着性。而作为轮胎的受力骨架层，帘线层需具备足够的强度和可靠性，帘线缺陷可能导致车辆在行驶过程中存在爆胎的安全隐患。因此，轮胎的缺陷检测是生产过程中的重要工作之一。

子午线轮胎是轮胎发展的主流方向，对制造工艺的要求也越来越高。在制造过程中，由于受生产设备及工艺流程等因素的影响，有时会出现帘线稀疏、弯曲、排列不均、交叉搭接、压入杂质、胎内气泡等质量问题，影响产品质量和轮胎使用寿命。因此，子午线轮胎出厂前必须对每一条成品轮胎进行检验，以便及时发现问题，调整工艺，提高产品质量。

目前，轮胎缺陷检测方法包括人眼目测和 X 射线等。长时间采用人工检测，容易造成工人眼睛疲劳，无法集中注意力，产品漏检等现象。基于 X 射线的图像分析和模式识别主要包括基于频谱的方法（离散傅立叶变换、光学傅里叶变换、加窗傅里叶变换、滤波器和小波变换方法等）、基于模型的方法（泊松模型、聚类模型等）、基于统计的方法（灰度分布统计算法、形态运算、边缘检测、共生矩阵特征、局部线性变换和神经网络等）。其中，深度神经网络技术迭代快、运行效率高，且无须手动制作特征表，具有很强的普适性，受到了各行业研究者的青睐。

鉴于此，本实例将使用深度神经网络算法来实现轮胎的缺陷识别。

（2）数据集　为研究方便，本节搭建了 X 射线轮胎缺陷数据集，包括下列 4 类：帘线缺陷（包含弯曲、分布不均和断裂等）、气泡、正常和杂物混入，其数据经选择、裁剪等扩展操作后共包含 331 张 224×224 像素的图片，详见随书资源包 chapter 6\缺陷\xraydata。各类缺陷数据集位置见表 6-3。图 6-25 给出了部分缺陷图片与缺陷类别的对应关系。

表 6-3　缺陷类别与对应数据集

类别	对应名称	数据集位置
帘线缺陷	Cord	chapter 6\缺陷\xraydata\Cord
气泡	Bubble	chapter 6\缺陷\xraydata\Bubble
正常	No damage	chapter 6\缺陷\xraydata\No damage
杂物混入	Debris	chapter 6\缺陷\xraydata\Debris

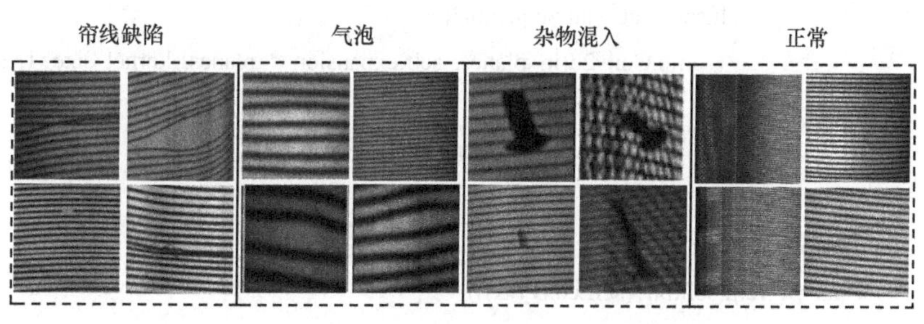

图 6-25　部分缺陷图片与缺陷类别的对应关系

（3）研究目标　本实例的研究目标是通过搭建 ResNet56 与 SENet（基准网络为 ResNet101）网络，自动判断缺陷数据集中的真实缺陷类别。

（4）搭建网络　本实例搭建网络的步骤 1）~6）与［实例 6-1］完全相同，步骤 7）为搭建 SENet 网络所需的网络框架，请读者参考随书资源包 chapter 6\缺陷\，此处不再赘述。下面从步骤 7）开始介绍。

轮胎设计研发智能化技术

7）搭建 ResNet 基础模块。

源代码详见随书资源包：\chapter 6\缺陷\resnet. py。

```
1   class LambdaLayer(nn.Module):
2       def __init__(self, lambd):
3           super(LambdaLayer, self).__init__()
4           self.lambd = lambd
5       def forward(self, x):
6           return self.lambd(x)
7   class BasicBlock(nn.Module):
8       expansion = 1
9       def __init__(self, in_planes, planes, stride=1, option='A'):
10          super(BasicBlock, self).__init__()
11          self.conv1 = nn.Conv2d(in_planes, planes, kernel_size=3, stride=stride, padding=1, bias=False)
12          self.bn1 = nn.BatchNorm2d(planes)
13          self.conv2 = nn.Conv2d(planes, planes, kernel_size=3, stride=1, padding=1, bias=False)
14          self.bn2 = nn.BatchNorm2d(planes)
15
16          self.shortcut = nn.Sequential()
17          if stride != 1 or in_planes != planes:
18              if option == 'A':
19                  self.shortcut = LambdaLayer(lambda x:
20                                              F.pad(x[:, :, ::2, ::2], (0, 0, 0, 0, planes//4,
                                            planes//4), "constant", 0))
21              elif option == 'B':
22                  self.shortcut = nn.Sequential(
23                      nn.Conv2d(in_planes, self.expansion * planes, kernel_size=1, stride=stride,
                          bias=False),
24                      nn.BatchNorm2d(self.expansion * planes)
25                  )
26      def forward(self, x):
27          out = F.relu(self.bn1(self.conv1(x)))
28          out = self.bn2(self.conv2(out))
29          out += self.shortcut(x)
30          out = F.relu(out)
31          return out
```

- 第 1~19 行代码的功能是搭建 ResNet 基础模块。
- 第 5、7 和 17 行代码的功能是构造卷积层，其中，Conv2d( ) 表示一层卷积层，变量 in_planes 与 planes 分别表示输入、输出通道的设置；kernel_size 表示卷积核的大小；stride

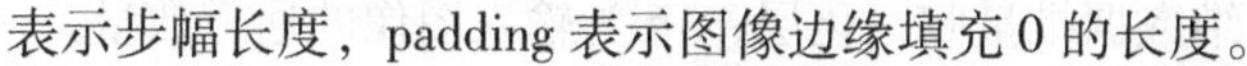

表示步幅长度，padding 表示图像边缘填充 0 的长度。

- 第 12 行代码中的 BatchNorm2d( ) 函数为批量归一化层，分别在第 6、8、18 行代码中构造。
- 第 12～19 行代码表示两种残差的连接方式，本实例采用 A 型连接。主要用来解决 Block 前后的数据维度是否一致，如果不一致需要设置 option＝'B'。通常维度不一致包括空间维度不一致和深度不一致。如果空间不一致，可以为 X 增加卷积池化操作；如果深度不一致，可以增加 1 个卷积层进行升维或者补零操作。

8）ResNet 网络结构。

源代码详见随书资源包：\chapter 6\缺陷\resnet. py。

```
1   class ResNet(nn.Module):
2       def __init__(self, block, num_blocks, num_classes=10):
3           super(ResNet, self).__init__()
4           self.in_planes = 16
5           self.conv1 = nn.Conv2d(3, 16, kernel_size=3, stride=1, padding=1, bias=False)
6           self.bn1 = nn.BatchNorm2d(16)
7           self.layer1 = self._make_layer(block, 16, num_blocks[0], stride=1)
8           self.layer2 = self._make_layer(block, 32, num_blocks[1], stride=2)
9           self.layer3 = self._make_layer(block, 64, num_blocks[2], stride=2)
10          self.linear = nn.Linear(64, num_classes)
11          self.apply(_weights_init)
12      def _make_layer(self, block, planes, num_blocks, stride):
13          strides = [stride] + [1]*(num_blocks-1)
14          layers = []
15          for stride in strides:
16              layers.append(block(self.in_planes, planes, stride))
17              self.in_planes = planes * block.expansion
18          return nn.Sequential(*layers)
19      def forward(self, x):
20          out = F.relu(self.bn1(self.conv1(x)))
21          out = self.layer1(out)
22          out = self.layer2(out)
23          out = self.layer3(out)
24          out = F.avg_pool2d(out, out.size()[3])
25          out = out.view(out.size(0), -1)
26          out = self.linear(out)
27          return out
```

- 第 5～10 行代码的功能为搭建网络。
- 第 5 行代码的功能是搭建一层卷积核为 3、步幅为 1、边缘填充为 1 的卷积层。

轮胎设计研发智能化技术

- 第 6 行代码的功能是搭建一层二维数据批量归一化层，16 为输入图像的通道数量。
- 第 7~9 行代码的功能是构建网络残差学习块。第 7 行代码表示定义第 1 层，输入通道数 16，有 num_blocks[0] 个残差块，残差块中第 1 个卷积步长自定义为 1。
- 第 10 行代码的功能是构建全连接层并进行分类。
- 第 13~18 行代码的功能是搭建 ResNet 网络的残差块。
- 第 16 行代码的功能是创建残差块并添加至本层。
- 第 17 行代码的功能是更新本层下一个残差块的输入通道数或本层遍历结束后作为下一层的输入通道数，它始终接收第 1 层特征并与最终特征进行求和。

9）调用 ResNet 网络并设置参数。

源代码详见随书资源包：\chapter 6\缺陷\train. py。

```
1   def resnet56(num_classes=1000):
2       return ResNet(BasicBlock, [9, 9, 9],num_classes=num_classes)
3   model = resnet56(num_classes=4).to(device)
4   print(model)
5   pg = [p for p in model.parameters() if p.requires_grad]
6   optimizer = optim.SGD(pg, lr=args.lr, momentum=0.9, weight_decay=1E-4)
7   lf = lambda x: ((1 + math.cos(x * math.pi / args.epochs)) / 2) * (1 - args.lrf) + args.lrf
8   scheduler = lr_scheduler.LambdaLR(optimizer, lr_lambda=lf)
9   tb_writer = SummaryWriter()
```

- 第 1~3 行代码的功能为调用网络结构。
- 第 5~8 代码与［实例 6-1］中学习率下降方法相同，此处不再赘述。

10）SeNet 基础 block 与网络结构搭建。

源代码详见附书资源包：\chapter 6\缺陷\senet. py，此处不再赘述。

11）训练卷积神经网络

源代码与［实例 6-1］中步骤 9）相同，详见随书资源包：\chapter\缺陷\train. py，此处不再赘述。

12）应用网络与识别

对［实例 6-1］中步骤 14）和 15）稍加修改，即可得到本实例代码。目的是调用训练好的网络模型进行缺陷识别测试，并将图片路径、预测结果、真实标签按顺序存入 prediction-reslut. xlsx 文件。其中，Cord、Bubble、Debris、No damage 分别表示图像存在帘线缺陷、气泡、杂物混入、无缺陷的类别，图 6-26 所示为模型的缺陷识别结果。

本实例中 ResNet 与 SENet 网络的识别结果见表 6-4，可以看出：SENet 在注意力机制加持下，识别效果较好，各项指标较均衡。为了让读者更好地观察到注意力机制的识别效果，本书将 SENet 的网络注意力进行可视化，热力图颜色越深表示其特征在网络中所占权重越大，如图 6-27 所示。

图片路径	预测类别	真实类别
./xraydata/lx\lx49.png	Cord	Cord
./xraydata/lx\lx50.png	Cord	Cord
./xraydata/qp\qp (1).png	Bubble	Bubble
./xraydata/qp\qp (12).png	Bubble	Bubble
./xraydata/qp\qp (14).png	Bubble	Bubble
./xraydata/qp\qp (21).png	Bubble	Bubble
./xraydata/qp\qp (24).png	Bubble	Bubble
./xraydata/qp\qp (5).png	Bubble	Bubble
./xraydata/qp\qp1.png	Bubble	Bubble
./xraydata/qp\qp11.png	Bubble	Bubble
./xraydata/qp\qp12.png	Bubble	Bubble
./xraydata/qp\qp14.png	Bubble	Bubble
./xraydata/qp\qp17.png	Bubble	Bubble
./xraydata/qp\qp19.png	Bubble	Bubble
./xraydata/qp\qp22.png	Bubble	Bubble
./xraydata/qp\qp23.png	Bubble	Bubble
./xraydata/qp\qp4.png	Bubble	Bubble
./xraydata/yw\yw (1).png	Debris	Debris

图 6-26　缺陷识别结果

表 6-4　ResNet 与 SENet 网络识别结果

方法	评价指标			
	Recall（%）	**Precision（%）**	**F1 score**	**Accuracy（%）**
ResNet	80.2	81.4	79.8	80.6
SENet	95.7	96.3	95.8	95.4

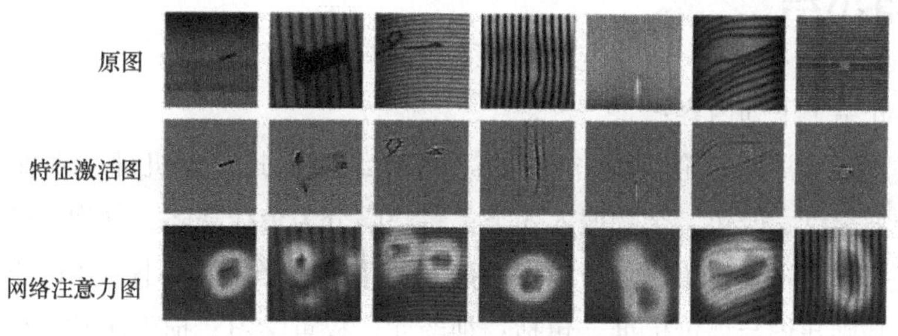

图 6-27　SENet 特征激活与网络注意力图

特征激活图指的是将损伤图像输入后，经过滤波器（卷积等图像特征提取）操作后留下来并进入到全连接层进行分类的图像信息，注意力图则是可视化上述信息在全连接层中的分类权重。不同信息的权重大小会影响到最终网络给予各项标签的置信度大小，从而影响最终分类结果。

模型训练的实质是通过训练滤波器权重，使其能够尽可能全地提取到缺陷信息，并尽可能多地屏蔽背景等无关信息。通常情况下，如果所训练网络的缺陷识别结果未达到预期，可查看分类的评价指标，挑选较差的分类；然后，识别该分类中的图像，挑选识别错误的图像并分析特征激活图和网络注意力可视化。如果训练完毕的模型出现识别错误，可能的原因是不同标签之间存在部分特征重合或关键特征的权重值较小。此时，读者可以尝试在训练模型过程中人为遮挡或裁去部分无关特征，或者对训练图像进行图像变换，增加网络学习关键特征的效率；或者，可以尝试修改网络结构和参数（例如，增大 batch_size 值、添加卷积层等）。本章总结了常见的几种优化措施，供读者参考：

① 改变优化算法（如改为 RMSprop、Adam 等），或者改变激活函数；

② 设置更好的超参数，如降低学习率、减弱正则化；

③ 增加隐藏节点数、增加卷积、全连接层数；

④ 使用新的网络架构；

⑤ 添加训练数据量。

总体来说，X 射线下的缺陷识别比损伤识别更容易，主要原因是干扰环境相对少一些。对于本实例类似场景的缺陷识别，训练识别过程中可能遇到下列问题：

① 训练的网络模型不收敛；

② 关键损伤特征权重过小或没有学习到。

对于问题①，出现的原因通常是数据集过小或训练参数设置有误，读者可尝试扩充数据量并优化训练参数。有些情况下，采用预训练模型也可以帮助模型更快收敛。

对于问题②，出现的原因是：对于 X 射线下的图像，帘线是其重要的特征之一，与气泡、杂质混入等缺陷的表现形式差别较大。在优化过程中，可以尝试采用边缘识别、均衡化、阈值分割等技术增强特征，帮助卷积神经网络学习关键特征。

6.4 本章小结

本章主要介绍了下列内容：

第 6.1 节介绍了常见的轮胎缺陷与损伤，并详细介绍其产生机理、表现形式与影响因素。将损伤分为裂纹、鼓包、杂物嵌入 3 类；将缺陷分为帘线缺陷、气泡、杂物混入 3 类。

第 6.2 节首先介绍了轮胎缺陷损伤识别技术，并简要介绍了本书采用的方法；然后，详细介绍了专业基础知识与评价标准，包括：神经元、权重学习、损失函数、梯度下降等；接着，分别详细介绍了 3 个神经网络算法：卷积神经网络（CNN）、深度残差网络（ResNet）、注意力加持神经网络（SENet），并详细介绍了原理与代码解析（残差链接、注意力机制），并总结算法特点与思路。

第 6.3 节通过对两个实例分别进行了详细介绍。对于［实例 6-1］，按顺序分别搭建了 CNN 与 SENET（基准网络为 ResNet101）网络实现了轮胎的损伤识别，最后分析了在实际应用过程中可能遇到的问题，并提供了解决思路。对于［实例 6-2］，分别搭建了 ResNet56 与 SENet 网络对轮胎 X 射线条件下的缺陷进行识别，并分析了训练过程中可能遇到的问题，同时给出相应的解决方法。

参考文献

[1] GERON A. Hands-On Machine Learning with Scikit-Learn & Tensorflow O’ Reilly Media, Inc [J]. O’-

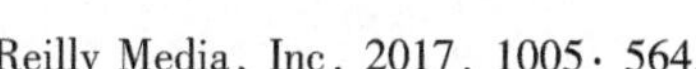

Reilly Media, Inc, 2017, 1005: 564.

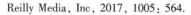

[2] 刘国英，张凤杰，赵辉. 半钢子午线轮胎气泡的原因分析及解决措施 [J]. 橡胶科技，2021，19 (12): 612-615.

[3] 高鹏. 基于X光图像的轮胎内部缺陷检测技术研究 [D]. 天津：天津大学，2009.

[4] 康宇豪. 子午线轮胎胎体帘线缺陷视觉检测方法研究 [D]. 沈阳：沈阳工业大学，2020.

[5] 孙虹霞. 轮胎X光图像缺陷检测算法研究 [D]. 合肥：中国科学技术大学，2021.

[6] 崔雪红. 基于深度学习的轮胎缺陷无损检测与分类技术研究 [D]. 青岛：青岛科技大学，2018.

[7] 郑洲洲. 基于深度学习的轮胎缺陷检测方法研究 [D]. 青岛：青岛科技大学，2021.

[8] 张岩. 基于计算机视觉的轮胎缺陷无损检测关键问题研究 [D]. 青岛：青岛科技大学，2014.

[9] MCCULLOCH W S, PITTS W. A logical calculus of the ideas immanent in nervous activity [J]. The bulletin of mathematical biophysics, 1943, 5: 115-133.